**Sonderband
der Veröffentlichungen des
Instituts Wiener Kreis**

Hrsg. Friedrich Stadler

Heinz von Foerster

Konstruktivismus und Kognitionswissenschaft

Kulturelle Wurzeln und Ergebnisse

Heinz von Foerster gewidmet

Herausgegeben von
Albert Müller, Karl H. Müller
und Friedrich Stadler

Zweite, aktualisierte
und erweiterte Auflage

SpringerWienNewYork

Dr. Albert Müller
Institut für Zeitgeschichte
Universität Wien
Wien, Österreich

Dr. Karl H. Müller
Institut für Höhere Studien
Wien, Österreich

Ao. Univ.-Prof. Dr. Friedrich Stadler
Universität Wien und Institut „Wiener Kreis"
Wien, Österreich

© 2001 Springer-Verlag/Wien
Printed in Austria

Satz: Reproduktionsfertige Vorlage der Herausgeber
Druck: Manz Crossmedia GmbH & Co KG, A-1051 Wien
Graphisches Konzept: Ecke Bonk

Gedruckt auf säurefreiem, chlorfrei gebleichtem Papier – TCF
SPIN: 10788464

Mit 22 Abbildungen und 1 Frontispiz

Die Deutsche Bibliothek – CIP-Einheitsaufnahme
Ein Titeldatensatz für diese Publikation ist bei
Der Deutschen Bibliothek erhältlich

ISBN 3-211-83585-7 Springer-Verlag Wien New York

Inhalt

Albert Müller, Karl H. Müller, Friedrich Stadler

Konstruktivismus und Kognitivismus –
Versuchsstationen für „Parallelaktionen"

Die literarische Form der „Parallelaktion" ist für Feiern und Festkontexte – den Anlaß für diesen Band bildete ja der 85. Geburtstag von Heinz von Foerster am 11. November 1996 – im austrokakanischen Milieu nahezu klassisch verankert. In diesem Einleitungsteil werden sich die in den Raum gestellten „Parallelaktionen" gleich in mehrfachen Formen ausbreiten, geht es doch unter anderem um die Parallelitäten und gemeinsamen Entstehungsgeschichten zwischen einem „konstruktivistischen Forschungsprogramm" und den Kognitionswissenschaften – oder auch und besonders um den Jubilar selbst, für den wohl im Kern jene leicht adaptierte „erste Proposition" gilt, die er „an sich" für das Binnenverhältnis von doppelt rekursiv geschlossenen Systemen reserviert hat:

Der Sinn der Foersterschen Werke wird durch sein Leben bestimmt – und der Sinn des Lebens durch seine Werke.[1]

Vor diesem Hintergrund werden die nachfolgenden Bemerkungen drei Abschnitte enthalten, nämlich einen kleinen Hinweis auf unser persönliches Vertrautwerden mit Heinz von Foerster und seinen Arbeitsfeldern, weiters einen von uns gestalteten Kurzversuch in Richtung einer „Hetero-Bio⟺Bibliographie" dieses Heinz von Foersters – und schließlich einige Hinweise auf die Strukturen und Konturen des weiteren Bandes.

Im März 1987 luden zwei der Herausgeber, Karl H. Müller und Friedrich Stadler, Heinz von Foerster zu einem repräsentativen Vortrag über *Ordnung, Organisation, Selbstorganisation. Vom neuen Weltbild der Naturwissenschaften* nach Wien ein, der vom Institut für Wissenschaft und Kunst veranstaltet wurde. Spätestens seitdem waren wir uns der außerordentlichen Bedeutung des Lebens⟺Werkes Heinz von Foersters bewußt, und es war dies zugleich ein Anstoß für die langsame, aber regelmäßige Rückkehr des „Magiers und Kybernetikers"[2] nach Österreich, das er im Jahre 1948 in Richtung USA verlassen hatte.

Dieser seinerzeitige Aufbruch nach dem Westen am Beginn einer internationalen wissenschaftlichen Karriere stellte zugleich einen damals kaum registrierten Verlust für das „größere Österreich" dar, und es war für uns selbstverständlich, die Biographie dieses originellen Denkers und Forschers im Rahmen des Ausstellungs- und Buchprojektes *The Cultural Exodus from Austria* (mit Präsentationen in Venedig, Wien, Frankfurt, New York und Los Angeles) zu dokumentieren. (Stadler/Weibel 1995)

Im Rahmen des Österreich-Schwerpunktes der Frankfurter Buchmesse 1995 hat uns Heinz von Foerster zudem mit einem brillanten Vortrag auf dem Symposion *Wissenschaft als Kultur – Österreichs Beitrag zur Moderne* nochmals deutlich die Wiener Wurzeln seines intellektuellen Werdegangs vor Augen geführt: *Der Wiener Kreis – Parabel für einen Denkstil* (Foerster 1997) lautete dieser anregende Exkurs zum kulturellen Milieu um Ludwig Wittgenstein, Moritz Schlick, Hans Hahn, Rudolf Carnap, Karl Menger – mit folgender Kurzfassung (Foerster 1995):

Ich sehe Wissenschaft als eine Tätigkeit, einen bestimmten Bereich zu verstehen; Interdisziplinarität bedeutet das Verständnis zumindest eines zweiten solchen Bereichs; in der Transdisziplinarität jedoch ist der zu verstehende Bereich das Verständnis selbst; wir wollen Verstehen verstehen.
Mit diesem Schritt zur Reflexivität, Zirkularität, Selbstbezüglichkeit etc. betritt man den Bereich zweiter Ordnung wie ‚Bewußtsein', ‚Zweck', ‚Lernen', ‚Sprache' und den vielen anderen Begriffen, die sich auf sich selbst anwenden lassen.
Ich möchte daran erinnern, daß diese aus dem Wiener Kreis geborene Sicht einen Denkstil fördert, dem das Sprachliche explizit, aber das Ethische implizit zu Grunde liegt.

Heinz von Foerster ist kein klassischer System-Denker und Universal-Philosoph, sondern ein grenzüberschreitender Aphoristiker, ein fächerübergreifender Forscher und vor allem auch ein Techniker von „Geist und Natur", der in seinem Werk idealerweise den linguistic und den cognitive turn mitvollzogen hat. Eine späte Würdigung Heinz von Foersters im Rahmen der Kognitionswissenschaft hat Howard Gardner in seinem Buch *The Mind's New Science. A History of the Cognitive Revolution* (1985) nachgereicht, wenn wir im Nachwort zur deutschen Übersetzung lesen:

Dieses Buch begann mit der Beschreibung einiger herausragender Personen, die an der Gründung und mit dem ersten Aufblühen der Kognitionswissenschaft beteiligt waren. Aus der Distanz einiger Jahre nach der Erstveröffentlichung betrachtet, bleibt die Liste im großen und ganzen unverändert; eine wichtige Ausnahme ist, daß ich heute vermutlich jenen Personen größere Aufmerksamkeit schenken würde, die eng mit der Theorie der verteilten Parallelverarbeitung verbunden sind ... Und ich würde die wichtigen Arbeiten erwähnen, die in den vierziger Jahren von dem aus Österreich stammenden Kybernetiker Heinz von Foerster sowie vom britischen Universalgelehrten Kenneth Craik geleistet wurden. (Gardner 1989:416)

Damit ist Heinz von Foerster ein Repräsentant jener inter- und transdisziplinären Wissenschaftskultur, die heute die älteren Debatten seit C.P. Snows Kritik am Dualismus von literarischer und naturwissenschaftlicher Intelligenz geradezu als antiquiert erscheinen läßt. Man kann in diesem Zusammenhang z.B. auf John Brockmans bemerkenswerten Band *The Third Culture. Beyond the Scientific Revolution* (1995) verweisen. Darin werden die bloß literarisierenden Intellektuellen, die glauben, ohne die Einsichten neuerer naturwissenschaftlicher Forschung leben zu können, der Ignoranz und des Anachronismus geziehen. Wörtlich heißt es bei Brockman mit Bezug auf Ergebnisse der Evolutionstheorie, künstlichen Intelligenz, Komplexitäts- und Chaostheorie, Kybernetik bis hin zur Biologie der Kognition:

The third culture consists of those scientists and other thinkers in the empirical world who, through their work and expository writing, are taking the place of the traditional intellectual in rendering visible the deeper meanings of our lives, redefining who and what we are. (Brockman 1995:17)

Dem scheint Heinz von Foerster direkt zu entsprechen. Und er hat mit seinen transdisziplinären, epistemologischen und sprachkritischen Ausrichtungen „Wiener Provenienz" die rein naturwissenschaftliche Orientierung dieser Forschergemeinschaft wesentlich bereichert. Damit ist er zugleich bis heute – und hoffentlich noch sehr lange – eine Provokation für die „alten Übersichtlichkeiten" jener Intellektuellen, die sich vor allem im deutschsprachigen Raum auf Anmerkungen zum „Zeitgeist" und auf Kommentare zu Kommentaren oder auf Fußnoten zu Fußnoten selbstbeschränken und ihre geistigen Endlosschleifen innerhalb eines sehr lokalen „Maximums" ziehen.

Spätestens an dieser Stelle ist es geboten, die wichtigen biographischen Stationen und Wege aus diesem Wissenschaftler-Leben in der für Heinz von Foerster typischen Parallelaktion von Biographie und wissenschaftlichen Produktionen nachzuzeichnen.

Hetero – Bio ⟺ Bibliographisches

Verfasser einer Kurz-Bio⟺Bibliographie stehen allerdings vor einem doppelten Problem: Erstens wissen sie gewöhnlich nicht soviel, wie sie gerne wissen würden (selbst wenn sie in ihren Ansprüchen bescheiden sind), und zweitens erlaubt ihnen die gebotene Kürze des Sujets nicht, das Einige oder Wenige, das sie schon wissen, auch zu sagen oder auszubreiten. Im Fall einer (Kurz-)Bio⟺Bibliographie Heinz von Foersters ergibt sich noch ein zusätzliches Problem mit geradezu dramatischen Folgen: Niemand kann so gut und spannend von und aus dem Lebens⟺Werk Heinz von Foersters erzählen wie Heinz von Foerster selbst, und jeder Versuch von (Kurz)-Bio⟺Bibliographen macht vor allem einmal den Unterschied zwischen seiner und allen anderen Erzählungen deutlich. Wir begnügen uns daher mit der Nennung allernotwendigster Daten und Publikationen sowie kürzesten Versuchen einer Einordnung.

Heinz von Foerster wurde am 13. November 1911 in Wien als Sohn seiner noch jung verheirateten Eltern Emil und Lilith geboren. Sein Vater war Ingenieur, sein Großvater väterlicherseits war im Wien der Ringstraßen-Ära ein bedeutender Architekt und Stadtplaner. Seine Mutter war bildende Künstlerin, die sowohl den Wiener Werkstätten als auch

Vertretern der Avantgarde, wie Oskar Kokoschka, nahestand. Die Großmutter mütterlicherseits, Marie Lang, gilt als eine bedeutende Vertreterin
der Wiener Frauen(rechts)bewegung. Bereits 1914, zu Beginn des Ersten
Weltkriegs wurde der Vater des dreijährigen Heinz zum Militärdienst
eingezogen und geriet rasch in jahrelange Gefangenschaft, sodaß für das
Aufwachsen Heinz von Foersters seiner Mutter und einem ausgedehnten, nicht nur verwandtschaftlichen Netzwerk besondere Bedeutung zu-
kam. Besonders eng war und blieb die Verbindung zu seinem Onkel Erwin Lang, einem bildenden Künstler, dessen Frau, der Tänzerin Grete
Wiesenthal, und deren beider Sohn, Foersters Cousin Martin Lang. Zu
jenen Personen, mit denen Heinz von Foerster innerhalb dieses Netzwer-
kes bereits als Kind in Kontakt kam, zählte auch Ludwig Wittgenstein.
Die Grundzüge dieses spezifischen sozialen und kulturellen Umfeldes,
das mit den Begriffen bürgerlich und liberal, künstlerisch und ästhetisch
bzw. ästhetisierend, aufgeschlossen auch für avantgardistische Entwicklungen bei gleichzeitiger Traditionsbindung, interessiert an Problemen
der Sprache und der Form nur notdürftig beschrieben ist, wurde bisher
wohl am besten in Janiks und Toulmins *Wittgenstein's Vienna* dargestellt. Bio⟺Bibliographen waren und sind oft trivialerweise versucht,
von „Prägung" durch ein bestimmtes „Milieu" zu sprechen. Gerade das
Beispiel Foersters scheint aber darauf hinzuweisen, daß es vielmehr auf
den kreativen Umgang mit den Gegebenheiten eines Herkunftsmilieus
ankommt.

Sein Schulbesuch in Wien verlief keineswegs friktionsfrei. Er selbst beschreibt sich als schlechten und faulen Schüler, der seine Lehrer aber
immer wieder mit seiner mathematischen und naturwissenschaftlichen
Begabung überraschte. Größeres Interesse als dem Schulbesuch widmete
der jugendliche Heinz der Zauberei, die er ebenso gemeinsam mit seinem
Cousin Martin betrieb wie die Jazz- und Unterhaltungsmusik.

1930 inskribierte Heinz von Foerster an der Technischen Hochschule in
Wien das neu eingerichtete Fach „Technische Physik". Ab 1933 besuchte
er öffentlich zugängliche Vortragszyklen mit Mitgliedern des Wiener Kreises an der Wiener Universität, die von Karl Menger organisiert wurden.[3]
Sein besonderes Interesse galt damals bereits Ludwig Wittgensteins Traktat. Dies alles erweckte zunehmend sein Interesse an Problemen der Lo-

gik oder an mathematischen Grundproblemen, etwa dem „intuitionistischen" Grundlagenstreit um den Gegenstandsbereich der Mathematik.

Diese intellektuelle Welt der Wiener Zirkeln, Kreise, Vorlesungen oder Publikationen dürfte – auch nach den autobiographischen Selbstzuschreibungen Heinz von Foersters – in mehrfacher Hinsicht Denkmuster und Denkstil mitbestimmt haben, die sich im Lauf der weiteren Jahrzehnte zwar verfeinerten, deren „große Heuristiken" und „Grundoperationen" aber in jenen Wiener Jahren programmatisch entwickelt wurden. Und worin diese „großen Heuristiken" bestanden? Nun, es lassen sich hiefür, gestützt durch Foerstersche bio-autographische Rekollektionen, zumindest die drei folgenden Bereiche identifizieren.

Da wäre zunächst der schon erwähnte Traktat Wittgensteins zu nennen, dessen logisch-formale Strukturen wenigstens in zweifacher Hinsicht grundlegend wurden. Einerseits diente der Traktat als Referenzpunkt für einen axiomatisch strukturierten „Aufbau der Welt", wie dies auch durch Heinz von Foerster eindringlich beschrieben worden ist:

I began to read the Tractatus. It was out of this world! I must have been twenty-one, or twenty-two ... I was reading it again and again ... I adopted for myself an interpretation of the Tractatus as if it were written in the spirit of Euclid's ‚Elements', the twelve volumes that establish the foundations of geometry ... My interpretation of the Tractaus was to read its several fundamental propositions 1 to 7 very much in the sense of Euclid as the seven Axioms of a constant system of thought from which all philosophy can be deduced. (Foerster 1992:5f.)

Und andererseits erwies sich der Traktat als Plattform zur Konstruktion alternativer Systematisierungen, von denen zumindest eine als „radikal konstruktivistisch" qualifiziert werden kann. Interessanterweise – und darin liegt eine der wichtigsten Bedeutungen des Ausdrucks „Parallelaktion" – verdankt sich die Geburt des Konstruktivismus aus den Sätzen des Traktats einer Operation, die „Inversion" genannt werden könnte, hinter der nichts anderes als ein „elementarer Widerspruchgeist" steckt.[4] Angewandt auf das Euklidsche Parallelenaxiom resultierten daraus bekanntermaßen neue geometrische Systeme –

If the Euclidean axioms determine a consistent system of thought, one may negate one of them, say Axiom # 5 (the famous „Parallel Axiom"), and one would still get a consistent system of thought, however, considerably different from the original one ... (Foerster 1992:6)

Und die „Parallelaktion" solcher „Inversionen" im Philosophischen?

As an example for my strategy I suggest taking a paraphrase of Proposition 2, namely 2.12, as one of Wittgenstein's Axioms ...
2.12 The picture is a model of reality ...
Let's apply to this proposition (an) inversion:
2.12 Reality is a model of the picture.
As expected, this inversion generates another consistent system of thought, namely „Constructivism" whose basic tenet may be expressed into a proposition of the form: „Experience is the cause, the world is the consequence". (Foerster 1992:6f.)

Zweitens kann als wichtiger Angelpunkt des Foersterschen Denkstils auf die Diskussionen im Bereich logischer Antinomien, auf Kurt Gödel und seine Unvollständigkeitstheoreme, aber auch auf die Ausgestaltung einer „logischen Syntax der Sprache" durch Rudolf Carnap oder die Anfänge der „Semantik" durch Alfred Tarski hingewiesen werden. Sehr summarisch betrachtet wurden in diesen Debatten Lösungswege im Umgang mit Selbstreferenzen und Selbstbezüglichkeiten generiert, die auf Hierarchien, Separierungen und Kaskaden von Meta-Sprachen, Meta-Meta-Sprachen ... hinausliefen und generell in hetero-referentielle Designs mündeten. Auch hier gewinnt der „Foerstersche Umkehroperator" Bedeutung, der den Bereich der „Selbstreferenzen" vom obskuren Objekt der Nichtbegierden und Hierarchien in ein heuristisch fruchtbares Feld lebendiger Operationen und der heterarchischen Architekturen dreht.

Und drittens wird das so stark inter- und transdisziplinär durchmischte Ambiente des seinerzeitigen Wien selbst anzuführen sein. Für Heinz von Foerster, wie auch für seine später so berühmt gewordenen Wiener Altersgenossen wie Friedrich Hayek oder Karl Popper, war der Übergang von der „Ordnung der Sinne" zu Grundlagenproblemen der Quantenmechanik hin zur gesellschaftlichen Selbstorganisation und retour weniger ungewöhnlich als die andernorts üblichen Sphärentrennungen. Wenigstens eine Person aus diesem Umfeld sei besonders erwähnt, weil sie einen Konnex zwischen Biologie und Mechanik hergestellt hat, nämlich Ludwig von Bertalanffy, dessen *Theoretische Biologie* für Heinz von Foerster – nach autobiographischen Erzählungen – ein wichtiger Bezugs- und Verbindungspunkt war. Und zumindest eine Anekdote aus dieser Zeit sei noch offeriert, die nicht nur auf eine Vortragsreihe des Wiener Kreises, sondern vor allem auf die prinzipielle Möglichkeit einer Integration von „Leben, Formalisierung und Herstellungsprozesse" verweist –

I went to the first lecture ... It was Scheminzky and the topic was: ‚Is it possible to construct life artificially?' The lecture hall was completely crammed with people. In the first row were the big professors sitting ... Then a gentleman announced the lecturer: Professor Scheminzky is now going to talk: ‚Is it possible to construct life artificially?' At the moment he announced the title of the talk, the first row stood up like one man and walked out in protest. Of course, you could not do more propaganda for the young people than to walk out in protest. We thought, that is the thing really to listen to!' (Foerster 1992:5)

Mit diesen drei knappen Hinweisen auf Inversion – auf die konstruktivistische Inversion des Traktats, auf die Inversion der Rolle von Selbstreferenzen und auf die Inversion im traditionellen Verständnis von „Leben und Maschine" – kann etwas von der „Grundeinstimmung" eines Denkstils vermittelt werden, der sich aber innerhalb der nächsten fünfzehn Jahre publizistisch kaum manifestieren sollte – und konnte.

Denn bald nach den Studententagen an der Technischen Hochschule trat Foerster in das Berufsleben ein und schloß sich einer Kölner Firma an, die physikalische Apparate erzeugte, um Laboratorien auszustatten. Anschließend trat er 1938 dem Forschungslaboratorium von Siemens bei. Er übersiedelte mit seiner Frau Mai nach Berlin, nicht zuletzt um der Situation des Wien nach dem „Anschluß" zu entgehen. In der Terminologie der Nazis war Foerster ein „Mischling zweiten Grades", er war nicht in der Lage, den gewünschten „Ariernachweis" zu erbringen. Dennoch gelang es ihm ab 1939 für die GEMA zu forschen, und zwar im Bereich der als „kriegswichtig" geltenden Kurzwellen- und Plasmaforschung. Foerster sprach vom „Mantel der Wichtigkeit", der ihn lange Zeit vor der Einziehung zum Militärdienst bewahrt hätte. Foerster und seiner Familie, mittlerweile waren drei Söhne geboren worden, gelang es, den Zweiten Weltkrieg zu überleben. Im Frühjahr 1945 ging er nach Wien zurück. Er wurde Mitarbeiter der Firma Schrack-Ericsson, wo er wichtige Wiederaufbauarbeit leistete, und arbeitete zugleich – zunächst unter dem Pseudonym „Dr. Heinrich" – als (Wissenschafts-) Journalist beim Sender Rot-Weiß-Rot und wurde dann Leiter der Wissenschaftsredaktion.

Nicht nur darin zeigt sich Vielseitigkeit Heinz von Foersters, sondern auch daran, daß er – parallel zu seinen beruflichen Laufbahnen – Forschungsinteressen mit innovativem Zuschnitt entwickelte: 1948 veröffentlichte er ein Buch zum Problem *Das Gedächtnis. Eine quantenmechanische Untersuchung* im Wiener Deuticke-Verlag. Damit gelang ihm nicht nur eine quantenphysikalische Interpretation der Ebbinghausschen Messungen zu den Gedächtnisleistungen, sondern vor allem auch ein erstes Opus, in dem der Foerstersche „Denk- und Arbeitsstil" klar zu Tage tritt. Nur zwei Punkte seien an dieser frühen Arbeit besonders hervorgehoben. Einerseits kommt darin deutlich die starke inter- und transdisziplinäre „Durchmischung" von an sich immer schon getrennten Gegenstandsbereiche zum Ausdruck, wenn Heinz von Foerster gleich in der Einleitung schreibt –

Die Zeit scheint gekommen, wo die Wege geistigen Forschens heterogenster Gebiete zu ihrem gemeinsamen Ursprung zusammenfinden. Wir haben unterschieden, um heute zu vereinen. Physikalische Grenzprobleme sind philosophischer Natur; Biologie und Psychologie bedienen sich physikalischer Methoden, und medizinisches Forschen ist eng mit biologischen Grundfragen verknüpft. (Foerster 1948:VII)

Und zur ersten wichtigen kognitiven „Parallelaktion" gerät diese frühe Publikation dadurch, daß darin ein psychologisches Daten- und Beschreibungsrepertoire – Prozesse des „Vergessens", des „Erinnerns" u.a.m. – auf quantenphysikalische Weise fundiert und reformuliert wird –

Der Gedanke, quantentheoretische Überlegungen auf biologische Vorgänge anzuwenden, ist nicht neu ... (Hier) soll ebenfalls versucht werden, das Verhalten der Träger der Erinnerungsmerkmale der ‚Meme' (Memoria = Erinnerung) durch die quantisierten Mikrozustände der Materie zu erklären. (Foerster 1948:20)

Und so wurde denn im Rahmen dieses kleinen Buches eine Transformation der nachstehenden Art vollzogen –

Elementarbewußtseins-Inhalt (EI)	$\Longrightarrow$	In gleicher Weise gehobenes Energieniveau verschiedener Meme oder In verschiedener Weise gehobenes Energieniveau gleicher Meme
Träger der EI	$\Longrightarrow$	Mem
Trägerzerfall	$\Longrightarrow$	Tunneleffekt
Memoration	$\Longrightarrow$	Hebung des Ruheenergieniveaus auf eine höhere Stufe

Andererseits fällt an dem Gedächtnisbuch auf, wie deutlich sich bei Foerster diese Rekombinationen mit einem ganz starken Interesse an „Empirie", an „Daten" und an fundamentalen Relationen, Musterbildungen oder Restriktionen verbinden. Dieser Hinweis scheint vor allem deswegen geboten, weil gerade im deutschsprachigen Raum „konstruktivistische Systemforschungen" oder Analysen auf zweiter Stufe sehr direkt und unmittelbar mit „Empirieverweigerungen" und Entrücktheiten der unheimlichen dritten Art assoziiert werden.[5] Diese Kopplung von quantenphysikalischer Theorie und Daten – im übrigen auch eine der interessanten Facetten für „Parallelaktionen" – führte immerhin dazu, Gedächtnisprozesse in einer Gleichungs- und Meßterminologie von „Zerfallsenergien", „Überwindung von Potentialbergen", „Imprägnationsenergien" oder „mittlere Hirnenergie" mit entsprechenden Größenordnungen und damit auch: mit Vergleichsmöglichkeiten mit jeweiligen elektroenzephalographischen Messungen zu entwickeln.

Diese kreative Leistung fand zwar im akademischen Wien der Nachkriegszeit keine Anerkennung, sie war aber gewissermaßen das Entreebillet in die akademische Welt der Vereinigten Staaten. Bei einem Amerika-Besuch bald nach Publikation seines Buches erlangte Foerster die Anerkennung und Förderung von Warren McCulloch, und er konnte seine Ideen über das Gedächtnis auf einer Tagung der *Josiah Macy Jr. Foundation*, die sich interdisziplinär mit Problemen der Kybernetik beschäftigte, zur Diskussion stellen. Foerster erhielt noch 1949 eine Stelle an der *University of Illinois*, an der er schon 1951 zum *Professor of Electrical Engineering* avancierte. Von 1949 an war Foerster auch der Sekretär der Macy-Tagungen, deren Tagungsberichte er mitherausgab. So erhielt er eine zentrale Position in der Entwicklung der noch jungen Wissenschaft der Kybernetik.

Foersters Interesse an Kybernetik und ihrer Weiterentwicklung mündeten 1957 in der Gründung des *Biological Computer Laboratory* (BCL) an der *University of Illinois,* das in den folgenden fast zwanzig Jahren zu einem der wichtigsten Innovationszentren der Kybernetik und der Kognitionsforschung werden sollte. Der Gründung des BCL entspricht eine Wende in den Publikationen Foersters. Dominierten in den 50er Jahren Arbeiten aus Elektrotechnik und Physik, wandte er sich nun Themen wie Homöostase, selbstorganisierenden Systemen, System-Umwelt-Relationen, Bionics, Bio-Logik, Maschinen-Kommunikation, etc. zu. Versucht man, die Vielfalt der größeren Foersterschen Arbeiten dieser Phase zum Bereich „Cognitive Memory" oder zur Analyse „kognitiver Prozesse" abkürzend auf einen Nenner zu bringen, so können dafür – in Fort- und Weiterführung der bisherigen Charakteristika eines „Wiener Denkstils" – die folgenden drei Merkmale hervorgehoben werden.

Die Fokussierungen des BCL im Interface von Logik, Mathematik, Mechanik, Biologie und Kognitionsforschung bedeuteten eine Renaissance einer Diskussionskultur und einer Themenvielfalt, wie sie im Wien der zwanziger und dreißiger Jahre gepflegt worden sind. Diese transdisziplinäre Festlegung auf das „Verstehen des Verstehens", von der schon einleitend durch Heinz von Foerster selbst die Rede war, sowie die Wendung hin zu Selbstreferenzen, Rekursionen und den daraus resultierenden Eigenschaften und Dynamiken ist zudem klar und deutlich als ein Forschungsprogramm von einer grundsätzlich invertierten „Wiener Mischung" erkennbar. Metaphorisch verkürzt läßt sich dieses entstehende „Second Order-Programm" durchaus treffsicher als „Eigenwert in eigener Sache" apostrophieren, in dem Heinz von Foerster nach Jahrzehnten der „Versuche, Widerlegungen und Versuche ..." stabil verweilen sollte.

Weiters sticht bei Durchsicht der Foersterschen BCL-Publikationen hervor, in welch starkem Ausmaß einer der großen intellektuellen Salons des Wiener Raums in den Ebenen um Urbana, Illinois, zumindest „virtuell" aufgebaut wurden, in dem Ludwig von Bertalanffy, Rudolf Carnap, Kurt Gödel, Hans Hahn, Karl Menger und Ludwig Wittgenstein, aber auch eine physikalisch-philosophische Tradition mit Ernst Mach und Ludwig Boltzmann auf sehr lebendige Art miteinander und vor allem mit den neuen Instrumenten der Kybernetik oder der beginnenden Computergenerationen in Beziehung gesetzt wurden. Man wird in den 60er und frühen 70er Jahren mit Ausnahme des BCL nur sehr wenige Arbeiten oder Gruppen finden können, in denen die „einheitswissenschaftlichen", aber auch die sprachkritischen, die formalen oder die ethischen Traditionen und Heuristiken aus dem Wiener Kreis in aktualisierterer Form im Gebrauch gestanden wären.

Und schließlich kann, in einer weiteren wichtigen Wendung der „Parallelaktionen" von „Konstruktivismus" und „Kognitionswissenschaften", auf die besondere Arbeitsweise hingewiesen werden, in denen das „Verstehen des Verstehens" am BCL bewerkstelligt worden ist. Kognitive Prozesse wurden nicht nur von der Theorie her als Rechenprozesse –

Mein Vorschlag besteht darin, kognitive Prozesse als nie endende rekursive Prozesse des (Er-)Rechnens aufzufassen (Foerster 1985:31) –

konzeptualisiert, es wurden auch neuartige Rechnerarchitekturen und entsprechend vernetzte Maschinen erdacht und zumindest teilweise konstruiert. Diese Parallelaktion von „Konstruktion und Kognition" ist im übrigen wahrscheinlich die aufschlußreichste Bedeutungsnuance in den vielfältigen „Parallelaktionen", die in dieser Einleitung angesprochen werden. So schreibt Edgar Zilsel in seiner subtilen Untersuchung zur Genese der neuzeitlichen Wissenschaften, daß sich diese Revolution einer gelungenen Verbindung von Handwerk, Technik und Wissenschaft verdankt – die Universitätsgelehrten und Humanisten wurden, vermittelt über rational und technisch geschulte Gelehrte vom Schlage eines Galilei, Gilbert, oder Bacon in praktischen Kontexten tätig und die Handwerker in theoretischen. Und in ähnlicher Weise vollzog sich im BCL, das ja Teil des *Department of Electrical Engineering* war, eine Synthese von technischen Kompetenzen, maschinellem „Know how", formalen Analysen und erkenntnistheoretischen, d.h. philosophischen Reflexionen. Zudem folgten diese Arbeiten und Projekte nicht dem seinerzeitigen Mainstream im Bereich der „Künstlichen Intelligenz" – Stichwort: „Top-Down Wissens-Repräsentationen" –, sondern widmeten sich, wiederum in der Foersterschen Umkehroperation, der ungleich schwierigeren Aufgabe einer „bottom up-Wissens-Erzeugung".[6] Diese Form der Parallelität von Kognitionsforschung und konstruktiven, weil maschinellen, Anwendungskontex-

Müller/Müller/Stadler, Konstruktivismus

ten traf im übrigen auch jene zentrale Anforderung, die für „transdisziplinäres Forschen" in der Gegenwart (Gibbons et al. 1994) aufgestellt worden ist, nämlich die Gleichzeitigkeit von „Entdeckungs- und Anwendungszusammenhängen". Die damals wie heute gern kultivierten Trennungen von Grundlagenforschung und anwendungsorientierter Forschung vulgo das „Dogma von der unbefleckten Ideenempfängnis", sie scheinen bei Foerster und dem BCL-Team weitestgehend aufgehoben.

Foerster gelang es in einem durch die Wissenschaftsgeschichte erst zu würdigenden Maß, kreatives Potential an das BCL zu holen und zu binden. Vergleicht man die Themen und Probleme, die am BCL der 60er Jahre behandelt wurden, so unterscheiden sie sich nur wenig von den Themen und Problemen im Schnittfeld von „Artificial Life" und Kognitionsforschung der 90er Jahre. Früh, mitunter „zu früh", wurden am BCL zentrale Probleme im Bereich parallel distribuierter Rechnerarchitekturen, im Feld von strukturellen Speicherungsformen oder von heterarchischen Wissensrepräsentationen formuliert und Lösungsmöglichkeiten diskutiert und vorgeschlagen.

Bezeichnend für den mittlerweile „eingestimmten" und hochoperativen Foersterschen Arbeits- und Forschungsstil erscheint in jenen Jahren immer wieder das „Abschweifen" in „fremde", nicht-naturwissenschaftliche und nicht-technische Gebiete: Computermusik, Symbolforschung oder Bibliothekswissenschaften sind hier Beispiele; oder der Umstand, daß Foerster der Präsident der *Wenner-Gren Foundation*, einer Stiftung für Anthropologie, wurde.

Bedeutsam sind schließlich auch die didaktischen Innovationen am BCL, die vor allem auch auf die Partizipation der Studentinnen und Studenten zielten. Publikationen wie *Cybernetics of Cybernetics or the Control of Control and the Communication of Communication* geben davon ein eindrucksvolles Bild. Diese didaktischen Innovationen fanden nicht immer Zustimmung. Aufgebrachte Eltern und Kollegen veranlaßten Foerster 1970, im Klima der ausklingenden Studentenrevolte, sich für einen Heuristik-Kurs zu rechtfertigen.

1976 emeritierte Foerster und übersiedelte mit seiner Frau Mai nach Pescadero, Kalifornien. Dort erbaute er – nach der Überwindung bürokratischer Hindernisse – weitgehend mit eigenen Händen ein Haus, das sein Sohn Andreas, ein Architekt, entworfen hatte. Zugleich erhielt seine

Arbeit nun ganz neue, zusätzliche Dimensionen: Es waren zuerst Psychologen und Therapeuten der „Schule von Palo Alto", vor allem Paul Watzlawick, die die epistemologische Bedeutung der Ideen Heinz von Foersters für ihre Arbeit erkannten. In der Folge kam es vor allem auch in Europa zu einer breiten Rezeption der Arbeiten Foersters gerade auch außerhalb des engeren Kreises der Kybernetiker in sozial- und geistes- bzw. humanwissenschaftlichen Fächern. Der emeritierte Professor Heinz von Foerster, der sich eigentlich schon im „paradiesischen" Kalifornien zur Ruhe gesetzt hatte, erhielt nun eine große Zahl neuer Leserinnen und Leser, neuer Zuhörerinnen und Zuhörer bei zahlreichen Vorträgen und Kongressen, zu denen er eingeladen wurde.

Diese wohl kaum erwartete Entwicklung führte nun zu einem neuen Schub von Veröffentlichungen vor allem seit den 80er Jahren, die abgesehen von ihrer generellen epistemologischen Bedeutung vor allem auch unter zwei Gesichtspunkten gelesen werden können: der immer wieder neuen kreativen Kombination und Rekombination ebenso interessanter wie irritierender Ideen für neue Felder und Problematiken und der Betonung der ethischen Dimension nicht nur der Wissenschaften, sondern des menschlichen Lebens.

Versuche einer Kurz-Biographie – wie diese – unterschlagen eine ganze Menge, hier vor allem aber eines: die nachhaltige Faszination, die von der Person und der Arbeit Heinz von Foersters nach wie vor ausgeht.

Auto ⟺ Biblio – Graphisches

Aus einer solchen direkten Verschränkung von publizistischem „Curriculum" und „Vita" wird recht plausibel, warum das Institut ‚Wiener Kreis' – keineswegs eine Institution zur expliziten Förderung des sogenannten „radikalen Konstruktivismus" – die auf dem McCulloch-Symposion in Gran Canaria 1995 von Werner DePauli-Schimanovich, Roberto Moreno-Diaz und Peter Weibel geborene Idee zu einem internationalen Symposion aus Anlaß des 85. Geburtstages Heinz von Foersters gerne aufgegriffen und umgesetzt hat. (Moreno-Díaz 1996)

Wie der Titel – „Konstruktivismus und Kognitionswissenschaft – Kulturelle Wurzeln und Ergebnisse" – bereits andeutet, umfaßt die vorliegende Festschrift in Wort und Bild sowohl die (Wiener) Wurzeln, als auch auf die aktuelle Lage der von Heinz von Foerster wesentlich mitgeprägten Bereiche der Kybernetik, der Kognitionswissenschaft und des (gemäßigt bis radikalen) Konstruktivismus. (Vgl. übersichtsartig Foerster 1993)

Es geht, um den vorliegenden Band auto⟺bibliographisch zu beschreiben, also weder um nostalgische Historien-Malerei, noch um Hagiographie einer bis heute innovativen historischen Wissenschaftskultur, sondern um die kritische Gesamtschau und Bestandsaufnahme im Kontext der aktuellen Forschung – ausgelöst durch die sogenannte kognitive Revolution der letzten Jahrzehnte. Dabei werden die Ergebnisse des Konstruktivismus und der Kognitionswissenschaft in der Breite der Disziplinen thematisiert. Inmitten dieser fruchtbaren Diskussion zwischen sprachlicher und kognitiver Wende im Paradigmenwechsel vom „Sein zum Werden" (Prigogine) hätten wir damit (nach einem Entwicklungsszenario des *Scientific American*) zugleich die zwei wichtigsten Topoi der zukünftigen Wissenschaftsentwicklung angesprochen: nämlich das digitale und das biologische Weltbild. (Selbstorganisation, Komplexität und Chaos, Zirkularität, Rekursivität, Künstliche Intelligenz).

Es gibt aber noch eine interessante Entwicklungslinie vom Wiener zum Kybernetik-Kreis, die Heinz von Foerster selbst nicht direkt angesprochen hat, aber seine intellektuelle Bio⟺Bibliographie bestätigt: Die Tradition eines regelmäßigen interdisziplinären Diskussions-Zirkels um Moritz Schlick und Karl Menger (u.a. mit konventionalistischen und konstruktivistischen Elementen in der Wissenschaftstheorie) wurde nach der erzwungenen Emigration der Intellektuellen aus Österreich seit Beginn der 1940er Jahre in Harvard in bemerkenswerter Weise wieder aufgenommen: um den Physiker und Einstein-Biographen Philipp Frank bildete sich eine *Interscientific Discussion Group*, die später durch das *Unity of Science Institute* organisiert wurde. Als Teilnehmer dieser Gruppe zeichnen u.a. Norbert Wiener („The Brain and the Computing Machine", 1945) und im Rahmen einer Konferenz über *Validation of Scientific Theories* (1953) finden wir in der Sektion „Organism and Machine" neben Warren McCulloch („Mysterium Iniquitatis – Of Sinful Man Aspiring into the Place of God") und Benoit Mandelbrot als geladenen Kommentator auch Heinz von Foerster aus Illinois.[7]

Die Befunde des Konstruktivismus und der Kognitionswissenschaft werden in den folgenden Beiträgen im Kontext der Natur-, Sozial- und Geisteswissenschaften bis hin zur Kunst dargestellt und analysiert. Daß dies durch bedeutende Vertreter/innen ihres Genres, teilweise durch persönliche Freunde und Bekannte Heinz von Foersters erfolgt, steigert die Authentizität und persönliche Zugangsweise.

Auch dieses Publikationsprojekt ist ein Ergebnis vielfältiger Zusammenarbeiten, primär eines der persönlichen Kooperation der Herausgeber dieses Bandes und der damit verbundenen Institutionen, nämlich dem Institut ,Wiener Kreis' als Hauptveranstalter, der Abteilung Politikwissenschaft und Soziologie des Institutes für Höhere Studien sowie dem Ludwig-Boltzmann-Institut für Historische Sozialwissenschaft, welches auch die erforderlichen Übersetzungen finanziert hat. Unser Dank geht an die weiteren Mitveranstalter des Symposions: an das Institut für Psychologie der Universität Wien, die Österreichische Gesellschaft für Kognitionswissenschaft, die Österreichische Ludwig Wittgenstein Gesellschaft sowie die Kulturabteilung der Bulgarischen Botschaft als Gastgeber im Haus Wittgenstein. Nicht zuletzt sei dem Team des Instituts ,Wiener Kreis' für seine bewährte Arbeit am Symposion und zur Herstellung dieser Festschrift gedankt, nämlich Angelika Rzihacek, Janós Békési, Robert Kaller und vor allem Helmut Ruck.

Bemerkungen zur zweiten Auflage

Nach verhältnismäßig kurzer Zeit war die erste Auflage dieser Festschrift zum 85. Geburtstag Heinz von Foersters vergriffen. Dem Springer Verlag gebührt nun der Dank dafür, eine zweite erweiterte Auflage ermöglicht zu haben. Die Bearbeitung und den neuen Satz förderte das Institut für Zeitgeschichte der Universität Wien. Gegenüber der Erstauflage wurden Ernst von Glasersfeld *Kleine Geschichte des Konstruktivismus*, Albert Müllers *Zur Geschichte des BCL* sowie Karl Müllers Übersicht zu *Systemforschung, Informationstheorie, Kybernetik und Kognitionswissenschaften 1948–1958* neu aufgenommen. Die *Heinz von Foerster-Bibliographie* wurde auf den Stand des Jahres 2000 gebracht.

Anmerkungen

1. Die Originalproposition für derartige Systeme, beispielsweise jene vom Typus „Sensorium" und „Motorium", lautet folgendermaßen: Der Sinn (oder die Bedeutung) der Signale des Sensoriums wird durch das Motorium bestimmt, und der Sinn (oder die Bedeutung) der Signale des Motoriums wird durch das Sensorium bestimmt. (Foerster 1985:66)
2. So der personifizierende Titel („Magic and Cybernetics") eines Foerster-Aufsatzes in: Stadler/Weibel 1995).
3. Vgl. Stadler 1997 a, Kap. 8.
4. Neben den Hinweisen zu diesem Inversions-Operator aus dem Bereich der „Künstlichen Intelligenz" (vgl. vor allem Hofstadter et al. 1995) sei noch eine philosophiehistorische Notiz eingeschoben: Sodann wendete sich das Gespräch auf das Wesen der Dialektik. ‚Es ist im Grunde nichts weiter', sagte Hegel, ‚als der geregelte, methodisch ausgebildete Widerspruchsgeist, der jedem Menschen innewohnt ...' (Eckermann 1884 III:157)
5. Vgl. diesbezüglich speziell Luhmann 1984.
6. Vgl. zu diesen beiden grundlegend unterschiedlichen Designs auch Hofstadter et al. 1995 und Hofstadter 1997, worin sich im übrigen starke Plädoyers für die, romantisch invertiert, „high road" von „bottom up"-Ansätzen finden.
7. Vgl. dazu das Programm und die Dokumentation der Konferenz bei Frank 1956. Dazu: Stadler 1997b.

Literatur

John Brockman, The Third Culture. Beyond the Scientific Revolution. New York: Simon & Schuster 1995; dt.: Die dritte Kultur. Das Weltbild der modernen Naturwissenschaften. München: btb 1996.

Johann Peter Eckermann, Gespräche mit Goethe in den letzten Jahren seines Lebens. Leipzig: Philipp Reclam jun. 1884.

Heinz von Foerster, Das Gedächtnis. Eine quantenphysikalische Untersuchung. Wien: Franz Deuticke 1948.

Heinz von Foerster, Sicht und Einsicht. Versuche zu einer operativen Erkenntnistheorie. Braunschweig-Wiesbaden: Friedr. Vieweg & Sohn 1985.

Heinz von Foerster, Wissen und Gewissen. Versuch einer Brücke. Hg. von Siegfried J. Schmidt. Frankfurt/M: Suhrkamp 1993.

Heinz von Foerster, „Magic and Cybernetics", in: Friedrich Stadler/Peter Weibel (Hg.), The Cultural Exodus from Austria. Wien-New York: Springer 1995, S. 323–328.

Heinz von Foerster, Abstract zum Vortrag „Der Wiener Kreis – Parabel für einen Denk stil", in: Abstracts zum internationalen Symposion ‚Wissenschaft als Kultur – Österreichs Beitrag zur Moderne' 28.–29. September 1995 in der Städelschule Frankfurt am Main.

Heinz von Foerster, „Der Wiener Kreis – Parabel für einen Denkstil", in: Friedrich

Stadler (Hg.), Wissenschaft als Kultur. Österreichs Beitrag zur Moderne. Wien-New York: Springer 1997, S. 29–47.

Philipp Frank (Hg.), The Validation of Scientific Theories. Boston: The Beacon Press 1956.

Howard Gardner, The Mind's New Science. A History of the Cognitive Revolution. New York: Basic Books 1985. Deutsche Ausgabe: Dem Denken auf der Spur. Der Weg der Kognitionswissenschaft. Stuttgart: Klett Cotta 1989.

Michael Gibbons et al., The New Production of Knowledge. The Dynamics of Science and Research in Contemporary Societies. London: Sage 1994.

Douglas R. Hofstadter, Fluid Analogies Research Group, Fluid Concepts & Creative Analogies. Computer Models of the Fundamental Mechanisms of Thought. New York: BasicBooks 1995.

Douglas R. Hofstadter, Le Ton beau de Marot. In Praise of the Music of Language. New York: BasicBooks 1997.

Niklas Luhmann, Soziale Systeme. Grundriß einer allgemeinen Theorie. Frankfurt am Main: Suhrkamp 1984.

Roberto Moreno-Díaz und José Mira-Mira (Hg.), Brain Processes, Theories and Models. An International Conference in Honor of W. S. McCulloch 25 Years after His Death. Cambridge: MIT Press 1996.

Friedrich Stadler/Peter Weibel (Hg.), The Cultural Exodus from Austria. Wien-New York: Springer 1995.

Friedrich Stadler (1997 a), Studien zum Wiener Kreis. Ursprung, Entwicklung und Wirkung des Logischen Empirismus im Kontext. Frankfurt am Main: Suhrkamp 1997.

Friedrich Stadler (1997 b), Wissenschaftslogik – Philosophy of Science – Wissenschaftstheorie. Transfer, Transformation und Rückwirkung der österreichischen Wissenschaftstheorie. Wien: BMWV – Forschungsbericht.

Edgar Zilsel, Die sozialen Ursprünge der neuzeitlichen Wissenschaft. Frankfurt am Main: Suhrkamp 1976.

Karl H. Müller

„Wittgensteins Neffe"*[1]

„Señora", erwiderte Velásquez, „wir sind Blinde, die an einigen Ecken anstoßen und das Ende mancher Straße kennen, aber man darf uns nicht nach dem Gesamtplan der Stadt fragen. Da Sie es indessen wünschen, werde ich versuchen, Ihnen eine Vorstellung von dem zu geben, was Sie mein System genannt haben und was ich eher als meine Art, die Dinge zu sehen, bezeichnen würde."

Jan Graf Potocki, Die Abenteuer in der Sierra Morena
oder Die Handschriften von Saragossa

„Familien-Beziehungen" und „Wahl-Verwandtschaften"[2] stehen auf einem vielgestaltigen Terrain, das von friedlicher Ko-Existenz bis hin zur teilnehmahmslosen Beobachtung reichen oder, in der Diktion des Onkels, sich von starken zu bloß marginalen „Familienähnlichkeiten" erstrecken kann. Die „Onkelrolle", speziell die mütterlicherseits, spielt dabei selbst in den Gesellschaften der Wiener Moderne eine nicht zu unterschätzende Funktion, zumal im vorliegenden Falle, so Thomas Bernhard, „das Ausland, das schon immer für das Verschrobene ein Ohr gehabt hat"*, den Onkel „groß gemacht hat"*.[3]

Begibt man sich in gut konstruktivistischer Manier auf das Spurenlegen[4], dann stellt sich über längere Zeit kein sinnvolles Muster ein – hier Cambridge und die *Philosophischen Untersuchungen*, dort Wien oder Urbana und eine quantenmechanische Untersuchung des Gedächtnisses. Hier um 1950 *Über Gewißheit*, dort einige Jahre später eine ungewisse Prognose über den globalen Bevölkerungskollaps, der sich übrigens pikanterweise an einem 13. November vollziehen sollte. Hier vermischte Bemerkungen nicht nur über Farben, dort ein unbescheidener Versuch zur Klärung im Bereich der Molekular-Ethologie. Hier eine *Philosophische Grammatik*, dort Mesalliancen zwischen Bibliothekaren und Technik – und so weiter und so weiter ...

In diesem Sinne ließe sich im übrigen der jetzige Vortrag zu einem systematischen Ende treiben, wonach sich „Wittgensteins Neffe"*, wie das bei familienähnlicheren Neffen der Fall gewesen war, auf originelle Weise mit Themen beschäftigte, denen sich sein Onkel typischerweise nicht gewidmet hat. Damit hätte man im übrigen wenigstens ein Muster entdeckt, das sich nach Popper als „Nullmuster" etikettieren ließe und überall dort zur Anwendung zu bringen ist, wo eben keine Muster passen. Um Thomas Bernhard zu variieren –

Ich weiß bis heute nichts über die tatsächliche Beziehung des Heinz zu seinem Onkel Ludwig* ... Ich habe ihn auch niemals danach gefragt* ... Ich weiß nicht einmal, ob sich die beiden jemals gesehen haben*.[5]

Ein anderes Muster an Gemeinsamkeiten und Familienähnlichkeiten zwischen den kognitiven Ausstattungen im „Pavillon Ludwig"* und denen des „Foersterschen Salons"[6] könnte sich daran orientieren, daß Onkel und Neffe, beide auf ihre Weisen, Sprach-Philosophen des Wiener Raumes waren und sind, der eine, der „Onkel", auf vordergründigere Weise, der andere, der „Neffe", in hintergründigerer Form. Zudem hat sich „Wittgensteins Neffe"* Heinz gleich mehrmals auf „Onkel Ludwig"* berufen, beispielsweise dort, wo für den Neffen die zwei Phasen elementaren Verhaltens, nämlich „Annäherung" und „Abwendung" den operationalen Ursprung der beiden fundamentalen Axiome der zweiwertigen Logik, nämlich des „Gesetzes vom ausgeschlossenen Widerspruch" und des „Gesetzes vom ausgeschlossenen Dritten" bilden – und wo „Onkel Ludwig"* mit den Traktatpassagen zitiert wird, daß dem Zeichen ‚nicht' in der Wirklichkeit nichts entspricht. (Foerster 1985:109) Und in diesem Sinne einer gemeinsam geteilten Sprachphilosophie, einmal explizit, einmal eher implizit, könnte wiederum Thomas Bernhard bemüht werden –

Ludwig war der Veröffentlicher seiner Philosophie, Heinz war der Nichtveröffentlicher seiner Philosophie* ... Und wie Ludwig letzten Endes der geborene Veröffentlicher seiner Philosophie gewesen ist*..., war der Heinz der geborene Nichtveröffentlicher seiner Philosophie*.[7]

Damit wären in den Einleitungen zu diesem Vortrag schon zwei mögliche Onkel-Neffen-Beziehungsmuster angeboten worden. Vergleicht man beide Ordnungsschemata, so wird man das erste, wie es einmal „Onkel Ludwig"* ausgedrückt hat, „als das weitaus ärmere erkennen". Aber auch das zweite besitzt seine Tücken und Lücken, beispielsweise den rostigen Nagel und das tonlose Videoband, dessen stumme Zuhandenheit der Familienähnlichkeit von zwei Sprach-Philosophen diametral zuwiderläuft.

Eine der erzwungenen Reaktionsformen auf das *Silent Movie* der Selbstsicht von „Wittgensteins Neffe"* bestand in der interessierten Anschauung und darin, nach der Devise des Onkels –

Denk nicht, sondern schau –

eher auf das Wie der Darstellungen zu achten und dem Was, Warum und Wozu schon technikbedingt kein Gehör zu schenken. Mit dieser Geworfenheit auf die eigenen Anschauungen war aber eine erste wichtige Heuristik gewonnen, sich die Gemeinsamkeiten zwischen dem „Onkel" und dem „Neffen" en miniature zu betrachten –

Sag nicht: Es *muß* ihnen etwas gemeinsam sein, sonst wären sie nicht verwandt – sondern *schau,* ob ihnen beiden etwas gemeinsam ist.[8]

1. Praktiken und Rekursivität

Und eine solche feine Gemeinsamkeit besteht nun textbezogen darin, daß sich der „Onkel Ludwig"* wie der „Neffe" intensiv mit menschlichen Handlungsweisen beschäftigt haben. Der „Onkel Ludwig"* gleich im §2 der *Philosophischen Untersuchungen,* wo eine Lebensform beschrieben wird, bestehend aus einem Bauenden A und aus einem Gehilfen B –

A führt einen Bau auf aus Bausteinen; es sind Würfel, Säulen, Platten und Balken vorhanden. B hat ihm die Bausteine zuzureichen, und zwar nach der Reihe, wie A sie braucht.[9]

Verlassen wir für einen Moment die Baustelle beim „Onkel Ludwig"* und führen uns eine Handlungsbeschreibung beim Neffen Heinz zu Gemüte –

wir schauen zum Beispiel einem Kind in seiner Gehschule zu, wie es versucht, einen Ball aufzuheben und über das Gitter hinauszuwerfen ...[10]

Auf die Baustelle zurückgekehrt, ruft dort A Wörter wie ‚Würfel', ‚Säule',
‚Platte' oder ‚Balken' und

B bringt den Stein, den er gelernt hat, auf diesen Ruf zu bringen.[11]

Mittlerweile hat auch „Wittgensteins Neffe"* Heinz seine Beschreibungs-
formen „protokollarisch" als eine Sequenz von beobachtbaren Phasen der
Aktivität des Kindes zugespitzt, also etwa –

(0) Kind (K) richtet seine Aufmerksamkeit auf einen Ball B in seiner
Gehschule (G);
(1) Kind (K) greift mit rechter Hand nach B; B rollt nach Norden (N).
(2) K krabbelt hinterher, stößt B mit rechter Hand in NO-Ecke von G;
(3) K schiebt mit linker Hand B nach S;
usw, usw.[12]

Genau an dieser Stelle trennen sich aber die Wege vom „Onkel Ludwig"*
und dem „Neffen" fundamental – der eine, „Onkel Ludwig"*, versucht die
„Beulen, die sich der Verstand beim Anrennen an die Grenzen der Sprache
geholt hat" (PU 119), dadurch zu lindern, daß sprachliche Äußerungen
in immer neue und ungeübte Kontexte und Umgebungen getaucht werden, die diesen neue Wichtigkeiten verleihen – und bestehende aufzulösen
vermögen –

Die unsägliche Verschiedenheit aller der tagtäglichen Sprachspiele kommt uns
nicht zum Bewußtsein, weil die Kleider unserer Sprache alles gleichmachen.[13]

„Onkel Ludwig"* hat im Lauf der Jahrzehnte ein schwer erschöpfliches Reservoir an Verfahren und Methoden in Sachen Kontext-Wechsel entwickelt,
beispielsweise, um von den Beulen in eine andere Onkel-Metapher zu
springen, auch die folgende –

Es zerstreut den Nebel, wenn wir die Erscheinungen der Sprache an primitiven
Arten ihrer Verwendung studieren, in denen man den Zweck und das Funktionieren der Wörter klar übersehen kann.[14]

Es wäre überaus reizvoll, sich systematischer mit diesen verschiedenen
Verfahren auseinanderzusetzen, mit deren Hilfe ganze Wolken an Philo-

sophie zu einem Tröpfchen Sprachlehre kondensieren.[15] Aber dieser Vortrag soll ja primär „Wittgensteins Neffen"* gewidmet sein – und deshalb kehren wir in die Gehschule und zum krabbelnden Baby zurück, das mittlerweile eine erstaunliche Karriere durchlaufen hat – und als Operator in eigener Sache zu etikettieren ist.

Da der Ablauf jeder Phase das Kind dazu stimuliert, die nächste Phase einzuleiten, ist es klar, daß man hier ohne weiteres von einem „rekursiven Verhalten" sprechen kann. Das heißt, daß wir das Kind als Operator (Op) auffassen können, das ... aus den jeweiligen Phasen die darauf unmittelbar folgenden erzeugt.[16]

Und weil der „Onkel Ludwig"* über Jahrzehnte intensiv beschäftigt ist, „Friede in den Gedanken" durch das Erfinden und Konstruieren immer anderer Sprachspiele, überraschender „Übergänge" und unbekannter „Zwischenglieder" zu finden, muß sich das Verhältnis zum Neffen an dieser Stelle umkehren. Das Problem lautet jetzt dahingehend, beim „Onkel Ludwig"* Passagen zu finden, die deutlich auf so etwas wie eine Analyse „rekursiven Verhaltens" hinweisen. Und weil genauer bekannt sein muß, wonach gesucht werden soll, muß dieser „rekursive Formalismus" noch detaillierter sichtbar werden. Vom Kind als Operator (Op) war ja schon die Rede –

wir brauchen jetzt nur noch ein Symbol, das für die einzelnen Phasen steht ... Da die Phasen sich stets ändern, muß dieses Symbol eine „Variable" bezeichnen, und – wie Sie sich sicher noch von der Schule erinnern – werden Variablen traditionell mit x (oder y oder z) bezeichnet. Die Kurzschrift für unsere Anfangsphase (mit der Nummer (0)) ist daher x_0, die darauf folgende x_1, die nächste x_2, dann x_3 .... usw. usw.[17]

An dieser Stelle sei der Neffe Heinz auf seinem Weg ins Unendliche nochmals zurückgeholt, um den rekursiven Formalismus vollständig aufzubauen – obwohl, wie schon „Onkel Ludwig"* betonte, „kein Ideal der Genauigkeit oder Vollständigkeit vorgesehen ist" (PU 88).

Um schließlich anzudeuten, daß die jeweilige Phase aus einer Operation an der unmittelbar vorhergehenden hervorgeht, schreiben wir einfach
$x_1 = OP\ (x_0)$,

und für den nächsten Schritt
$x_2 = OP(x_1)$,
und den nächsten
$x_3 = OP(x_2)$
und so weiter, und so weiter und so weiter ...[18]

Und während sich jetzt der Neffe Heinz – „und so weiter und so weiter" –
den Umlaufbahnen der Unendlichkeit nähert, ist mittlerweile auch klar
geworden, wonach beim „Onkel Ludwig"* gesucht werden muß. Denn
genau betrachtet lassen sich alle Sprachspielsequenzen beim „Onkel Ludwig"* – das Verstehen einer mathematischen Reihe, das Lesen eines Textes, Rechnenlernen, das Erkennen eines Bildes u.v.a.m. – rekursiv und
damit phasenweise beschreiben.
   Mittlerweile zum Neffen zurückgekehrt, kann der seinem Formalismus
freien Lauf lassen. Er wendet ihn zwar nicht direkt auf das Kind und die
Gehschule an, sondern auf eine Operation *called* „Wurzelziehen", die, so
würde es wohl der Onkel beschreiben, auf eine stattliche Anzahl unter-
schiedlichster Praktiken verweisen kann – von der Forstwirtschaft über
die Zahnarztpraxen bis hin zu den Schulbänken der 10- bis 14-jährigen,
denen, so „Onkel Ludwig"*, „das Wesen des Rechnens beim Rechnen
beigebracht wird." ... Und letztere sind wohl gemeint, wenn Neffe Heinz
seinen Formalismus weiterentwickelt –

Nehmen wir die Quadratwurzel als Operator und fangen mit der Zahl 100 an:
$Op = \sqrt{}$
$x_0 = 100$
dann ist $x_1 = \sqrt{100} = 10$
also $x_1 = 10$
$x_2 = \sqrt{10} = 3.162278$
also $x_2 = 3.162278$
und so weiter und so weiter ...[19]

Die Pointe an den bisherigen Ausführungen liegt nun darin, daß solche
rekursiven Folgen – trotz der vielen scheinbar unendlichen Betonungen –
„und so weiter und so weiter" – in der Endlichkeit verankert bleiben.

Was heißt das? Das heißt, daß eine unbegrenzte Rekursion zu einem Wert
oder Werten der Variablen x führen kann, der von weiteren Operationen nicht

mehr verändert wird ... Solche Werte werden von Hilbert aus offensichtlichen Gründen „Eigenwerte" genannt. Lassen Sie mich das am Beispiel der Quadratwurzel als Operator demonstrieren. Ich setze einfachheitshalber mein früheres Beispiel weiter fort:

$$\text{Op } \sqrt{}$$
$$x_0 = 100$$
$$x_1 = \sqrt{100} = 10$$
$$x_2 = \sqrt{10} = 3,162$$
$$x_3 = \sqrt{3,162} = 1,778$$
$$x_4 = \sqrt{1,778} = 1,334^{20}$$

Wir müssen jetzt für kurze Zeit den Neffen Heinz verlassen, er wird die verschiedenen rekursiven Stufen durchlaufen und im übrigen bereits an der 15. Stufe beim Wert 1,000 angekommen sein und wird eine weitere rekursive Pflichtübung starten, nämlich die Wurzel aus der Zahl 0,2 ziehen und bereits im 12. Schritt zum Wert 1,000 stoßen ... Vordringlich wird an dieser Stelle eine längere Beschäftigung mit „Onkel Ludwig"* vonnöten. Die Operation *called* „Wurzelziehen" hat scheinbar mittlerweile einen gefährlichen Analogiemangel erzeugt, der jetzt in mehreren Schritten beseitigt werden muß.

Erster Schritt: Die Anfangswerte und Startbedingungen für rekursive Operationen sind im Falle vom „Onkel Ludwig"* meist explizit vorgegeben – etwa in den vielen Situationen mit Lehrern und Schülern, die sich beispielsweise dialogisch in Warumfragen üben. Warumfragen setzen aber typischerweise „Begründungsoperationen" in Bewegung.

Zweiter Schritt: Analog zum Wurzelziehen werden die kognitiven Zugewinne bei mehrfachen Begründungen immer geringer und schon bald gegen Null streben – „Onkel Ludwig"* betont oft genug –

Die Gründe werden mir bald ausgehen[21]

oder an anderer Stelle –

Habe ich die Begründungen erschöpft, so bin ich nun auf dem harten Felsen angelangt, und mein Spaten biegt sich zurück.[22]

Dritter Schritt: Am Ende der Begründungsketten – auf der Ebene der Eigenwerte oder – zeitgemäßer phrasiert – der „Attraktoren" – stehen dann aber, so „Onkel Ludwig"*, bestimmte Handlungen, spezielle Praktiken, besondere Routinen, eine mathematische Reihe so fortzusetzen, einem Hinweis in dieser Richtung zu folgen, so zu schreiben, auf diese Weise zu lesen ... Auf dem harten Felsen und dem zurückbiegenden Spaten – so „Onkel Ludwig"* –

bin ich geneigt zu sagen. So handle ich eben.[23]

Mittlerweile hat „Wittgensteins Neffe"* Heinz seine Wurzeloperationen für die Zahlen 100 und 0,2 mit einem allseits überzeugenden Resultat abgeschlossen –

Ich bin überzeugt, daß Sie schon immer gewußt haben, daß die Quadratwurzel aus Eins Eins ist:
$\sqrt{1} = 1$
deshalb habe ich auch dieses Beispiel gewählt.
Aber ich wollte Ihnen diese alte Bekannte von anderen Seiten zeigen, zum Beispiel in dieser Form:
$\sqrt{1} \leftarrow\!-$
$\lfloor\_\_\_\_\rfloor$

oder ganz allgemein in der Form:
$Op \leftarrow\!-$
$\lfloor\_\_\_\_\rfloor$

in der das Konzept der Schließung besonders deutlich wird.[24]

Der Vollanschluß an den „Onkel Ludwig"* und seinem Netzwerk von – in lingua Luhmannia ausgedrückt – „hochselektiven Kommunikationen" und den sie konstituierenden Lebensformen wird beim Neffen Heinz notwendigerweise auf identische Weise gezogen.

Ich hoffe, daß wir während dieser Zahlenbeispiele das Kind in der Gehschule nicht aus den Augen verloren haben, wie es mit Beharrlichkeit aus jeder gegenwärtigen Phase mit seiner „Operation" immer wieder eine neue hervorruft, bis sich sein Verhalten stabilisiert – zu einem „Eigenverhalten" wird – mit stets demselben Resultat: der Ball fliegt aus der Gehschule heraus ... Was ich hier – um die Entsprechung mit dem Formalismus zu unterstreichen – „Eigenverhalten" nenne, ist offensichtlich die Verhaltenskompetenz des Kindes in bezug auf einen bestimmten Gegenstand, seinen Ball.[25]

Stabilisierte, auch sprachlich stabilisierte Verhaltenskompetenzen, beschrieben über einen rekursiven Grundformalismus beim Neffen, vielfältigste Variationen und Exkursionen in die Welt der bekannten und ungekannten Sprachspiele bei „Onkel Ludwig"* – damit wäre eine erste wesentliche Parallelaktion zum Abschluß gebracht worden.

2. „Gedächtnisse ohne Aufzeichnung" – und die „Verwirrung und Öde in der Psychologie"

Sie kennen wahrscheinlich die Parabel vom Neffen Heinz, der aus Sorge vor der Steuerbehörde zehnstellige Multiplikationstabellen erstellen möchte – und einmal den Aufwand in Form einer akkumulativen Speicherung und einmal in Gestalt einer strukturellen Codierung, nämlich als speziell verzahnter mechanischer Tischrechner vorführt. Im einen Fall muß –

diese Multiplikationstabelle auf einem Bücherregal untergebracht werden, das 10^{15} cm lang ist, d.i. etwa 100mal die Entfernung zwischen Sonne und Erde oder die Länge etwa eines Lichttages. Ein Bibliothekar, der sich mit Lichtgeschwindigkeit bewegt, braucht im Durchschnitt einen halben Tag, um eine einzige Eintragung in dieser Tabelle nachzusehen.[26]

Im anderern Fall wurde ein mechanischer Rechner mit 20 Rädern und im Durchschnitt 50 Kurbeldrehungen konstruiert –

um jedes gewünschte Ergebnis einer Multiplikation von zwei zehnstelligen Zahlen zu erzielen.[27]

Der Wiederanschluß zum „Onkel Ludwig"* kann an dieser Stelle in einer überaus starken Weise generalisiert werden: dadurch nämlich, daß diese Speichermetapher beim Neffen Heinz für eine ganze Reihe von Beispielen steht, in denen unsere eingelebten und intuitiv so plausiblen Annahmen über kognitive Prozesse durch neuartige formale Modelle auf andere Ebenen transferiert werden. Diese „Aspektwechsel" oder diese andersgesetzten Scharniere, „in denen die Türen drehen" – so wieder zwei Metaphern beim „Onkel Ludwig"* – betreffen nicht nur das Verhaltnis von Gedächtnis und Speicherung, sondern manifestieren sich auch in den formalen Beziehungen von Komplexität und Einfachheit oder Ordnung und Unordnung, in den Überwindungen jener scheinbar unüberwindbaren Informationsbarrieren des Spiels *called* Leben über massive Parallelitäten und heterarchische Netzwerkbildungen – „und so weiter und so weiter ...".

Aber genau auf diesen Ebenen – auf den Feldern des Erinnerns, des Verstehens, der Mustererkennungen, des Sehens – hat auch der „Onkel Ludwig"* über Jahrzehnte seine vielgestaltigen und auf den ersten, zweiten und dritten Blick gegenintuitiven Sprachspielbeschreibungen und Explorationen unternommen –

Erinnern hat keinen Erlebnisinhalt [28]
Unser Wissen bildet ein großes System. Und nur in diesem System hat das Einzelne den Wert, den wir ihm beilegen. [29]
Man könnte auch sagen: Man denkt, wenn man in bestimmter Weise lernt. [30]
Sich in der Muttersprache über die Bezeichnung gewisser Dinge nicht irren können ist einfach der gewöhnliche Fall. [31]
Ein Zweifel ohne Ende ist nicht einmal ein Zweifel. [32]
Die Sprache selbst ist das Vehikel des Denkens. [33]

Diese Liste ließe sich nun problemlos über Stunden weitertreiben. Jedenfalls gelangt „Onkel Ludwig"* an einer Stelle seiner Bemerkungen über die „Grundlagen der Psychologie" zu einem wenig schmeichelhaften Resümee –

Die Begriffe der Psychologie sind eben Begriffe des Alltags. Nicht von der Wissenschaft zu ihren Zwecken neu gebildete Begriffe, wie die der Physik und Chemie. Die psychologischen Begriffe verhalten sich etwa zu denen der strengen Wissenschaften wie die Begriffe der wissenschaftlichen Medizin zu denen von alten Weibern, die sich mit der Krankenpflege abgeben. [34]

Und damit kann ein zweites großes Areal an Familienähnlichkeiten hergestellt werden, das bemerkenswerterweise strukturell der ersten Beziehung völlig entspricht. Aus dramaturgischen Gründen muß allerdings die genaue Art dieser Relation erst an den Anfang vom Ende gerückt werden und mit einem weiteren Überschneidungsgebiet – oder Onkel-Neffe-Interface – fortgesetzt werden.

3. Nicht-triviale Maschinen und die Logik der Empfindungen

Eine der „labyrinthischen" und ihrerseits schmerzhaften Tätigkeiten in der Beschäftigung mit dem „Onkel Ludwig"* liegt in seinen Analysen zu Empfindungen, zur Nicht-Privatheit unseres Empfindungs- und Gefühlvokabulars, in denen bekanntlich nicht nur die Käferparabel abgehandelt wird, sondern auch, quasi als radikal konstruktivistische Therapie, das „Ich" von allem Wissen um eigene Schmerzen erlöst wird –

Von mir kann man überhaupt nicht sagen (außer etwa im Spaß), ich wisse, daß ich Schmerzen habe. Was soll es denn heißen – außer etwa, daß ich Schmerzen habe?[35]

Nimmt man dann noch den postmodern anmutenden Zusammenhang von „Privatheit" und „Täuschung" hinzu –

„Gedanken und Gefühle sind privat" heißt ungefähr das gleiche wie „Es gibt Verstellung" oder „Man kann seine Gedanken und Gefühle verbergen; ja lügen und sich verstellen". Und es ist die Frage, was dieses „Es gibt" und „Man kann" bedeutet[36] –

und schreitet – mit „Onkel Ludwig"* zur De-konstruktion von „inneren Zuständen" und „inneren Erfahrungen" –

Das Vorstellungsbild ist das Bild, das beschrieben wird, wenn Einer seine Vorstellungen beschreibt[37] –

dann wird, wieder einmal sehr verkürzt ausgedrückt, beim „Onkel Ludwig"* das Verhältnis von Innenwelt und Außenwelt neu positioniert, indem er – „als verkappter Behaviorist" – die Sicht von außen nimmt – und einen starken Bruch nach innen vornimmt. „Wittgensteins Neffe"* Heinz hingegen teilt diese klassischen Inversionen von –

Und was drinnen ist ist draußen

oder –

Nun haben wirs an einem andern Zipfel
Was einmal Grund war, ist nun Gipfel –,

setzt aber die Brüche von innen nach außen – in der Eigen-Errechnung stabiler Wirklichkeiten, in die innengetriebenen Konstruktionen von „Realitäten", im unspezifischen Verhältnis von äußeren Erregungen, usw. Zudem werden vom Neffen Heinz wiederum vielfältige Maschinen, Formalismen und Modelle aufgebaut, um gerade diese Leitdifferenzen zu veranschaulichen – am besten dürfte mittlerweile wohl die Unterscheidung von trivialen Maschinen und nicht-trivialen Apparaten geläufig sein.

Und damit ist unweigerlich eine dritte Parallelaktion zwischen „Neffe Heinz" und „Onkel Ludwig"* zu ihrem stimmigen Abschluß gekommen.

4. Abschlüsse

Jener induktive Schluß, der sich unbeschadet von Popper aus den bisherigen drei Punkten gewinnen läßt, liefert, so mittlerweile die aus der Autorensicht zentrale Botschaft aus diesem Artikel, eine überaus konsistente Form an Familienähnlichkeiten zu Tage.

Auf der einen Seite steht der „Onkel Ludwig"*, der große Morphologe und Therapeut der Sprach-Spiele, der Lebensformen und des vielfach verkannten und mißdeuteten Charakters von Kognitionsprozessen, von Gefühlen und Empfindungen, Regeln – „und so weiter und so weiter" ... Auf der angrenzenden Seite findet sich „Wittgensteins Neffe"* Heinz als großer Formalist über ebendiese Felder, der durch diese Modellierungspotentiale die Analysemöglichkeiten für Sprach-Spiele, Lebensformen und für den vielfach verkannten und mißdeuteten Charakter von Kognitionsprozessen oder der senso-motorischen Architektur radikal erweitert. Zudem hat „Wittgensteins Neffe"* Heinz, als ein kleines Stück Rückbezüglichkeit, auch einen substantiellen Modellierungs-Beitrag geleistet, um den formalen Unterbau im Oeuvre von seinem „Onkel Ludwig"* zu erhellen.

Diese neu verortete Parallelaktion könnte zudem einige wichtige Anlehnungen bei Thomas Bernhard beziehen – und mit der folgenden Montage über den „Onkel Ludwig"* und seinen Neffen Heinz weitergeführt werden –

Ein Jahrhundert haben die Foersters und die Wittgensteins Gebäude, Waffen und Maschinen erzeugt* ... bis sie endlich den Ludwig und den Heinz erzeugt haben*..., den berühmten epochemachenden Philosophen und den nicht weniger berühmten Formalisten*..., der im Grunde genauso philosophisch war wie sein Onkel Ludwig* ... wie umgekehrt der philosophische Ludwig so formal wie sein Neffe Heinz* ... Der eine, Ludwig, hatte seine Philosophie zu seiner Berühmtheit gemacht*..., der andere, Heinz, seine Formalisierungen*. Der eine, Ludwig, war vielleicht philosophischer*..., der andere, Heinz, vielleicht formaler* ... Beide waren ganz und gar außerordentliche Menschen*... und ganz und gar außerordentliche Gehirne* .. Ich könnte sogar sagen*..., der eine hat sein Gehirn beschrieben*..., der andere hat sein Gehirn formalisiert*... In jedem Falle garantieren die Namen Wittgenstein und Foerster ein hohes, ja höchstes Niveau* ...[38]

Und mit Thomas Bernhard kann, rund sechzig Seiten später aus seinem „Freundschaftsbuch"* „Wittgensteins Neffe"* gleich fortgesetzt werden –

Und beide waren sie*..., jeder auf seine Weise*..., die großen, immer aufregenden und eigenwilligen und umstürzlerischen Denker gewesen*..., auf die ihre und nicht nur ihre Zeit stolz sein kann*.[39]

Die Rätsel und Geheimnisse des Nagels und des Tonbands[40] haben sich mittlerweile erfolgreich aufgelöst. Im Rahmen der vorge-schlagenen Familienähnlichkeiten zwischen „Onkel Ludwig"* und „Wittgensteins Neffen"* Heinz sollten und wollten die beiden Zusendungen vom „Rattle Snake Hill"[41] genau diese Beziehung – wenngleich in rätselhafter Form – „kodieren". Denn die einzige Stelle mit Nägeln in den Philosophischen Untersuchungen ist §11 –

Denk an die Werkzeuge in einem Werkzeugkasten: es ist da ein Hammer, eine Zange, eine Säge, ein Schraubenzieher, ein Maßstab, ein Leimtopf, Leim, Nägel und Schrauben. – So verschieden die Funktionen dieser Gegenstände, so verschieden sind die Funktionen der Wörter.[42]

Die Werkzeuge vom „Onkel Ludwig"*, so der eine Teil der Botschaft von „Wittgensteins Neffen"* Heinz, sind für die Gegenwart für Bauzwecke leicht gerostet und tendenziell unbrauchbar geworden – obschon sie für andere Zwecke und Kontexte ihre wertvollen Dienste weiterhin leisten können. Und da man nach Umberto Eco –

im Text nach dem suchen muß, was der Autor sagen wollte und im Text nach dem suchen muß, was er unabhängig von den Intentionen seines Autors sagt[43] –

so wollte das stumme Videoband von „Wittgensteins Neffen"*, so die vorgeschlagene Leseweise, einen starken Hinweis dafür geben, nicht auf die Beschreibungen und das, was gesagt wird zu achten, sondern wie es gesagt wird: auf die beobachtbaren Abläufe und Sequenzen und die – horribile dictu: „generativen Formalismen" von rekursiver Art, von parallelem Zuschnitt – „und so weiter und so weiter". Denn genau diese Modelle und Formalismen von „Wittgensteins Neffen"* sind es, die sich auch für ein besseres Verständnis und für eine bessere Strukturierung der Sprach-Spiele und der Sequenzen im Oeuvre vom „Onkel Ludwig"* eignen.

Bisher, mit dem letztmaligen Hinweis auf den „Onkel Ludwig"* sind in diesen Text, was auch einem aufmerksamen Leser höchstwahrscheinlich verborgen geblieben ist, rund 82 nicht-triviale Anspielungen auf Thomas Bernhards „Wittgensteins Neffe"* Revue passiert worden. Es wird Zeit sich mit Thomas Bernhard dem 85-er zu nähern –

Ich habe niemals vorher einen Menschen mit einer schärferen Beobachtungsgabe* ..., keinen mit einem größeren Denkvermögen gekannt*.[44]

Anmerkungen

1. Im folgenden Text finden sich immer wieder Textpassagen, die mit einem Stern versehen worden sind, weil sie kleine Anspielungen auf Thomas Bernhards Erzählung von „Wittgensteins Neffe"* darstellen. Insgesamt werden sich – ge-burtstags- und anlaß-bezogen – genau 85 solcher Sterne über den gesamten Text – Endnoten eingeschlossen – verteilt finden.
2. Es soll gleich eingangs betont werden, daß der Titel dieses Vortrags nicht auf tatsächlichen Verwandtschaftsverhältnissen zwischen den Familien Wittgenstein und Foerster beruht – die gibt es in dieser Form nicht, sondern sie beruhen biografisch bestenfalls auf jener Funktion, welche früher ein „Onkel" als Bekannter der Eltern innehatte. Systematisch wird es in diesem kleinen Artikel allerdings primär darum gehen, einige Schlaglichter auf inhaltliche Überschneidungen und die thematischen Familienähnlichkeiten zwischen Ludwig Wittgenstein und Heinz von Foerster darzustellen.
3. Da der vorliegende Text im Kontext einer Geburtstagsfeier entwickelt worden ist, wurde eine größere Freiheit im konstruktivistischen Umgang mit Zitaten gepflogen – und speziell eine Reihe von Thomas Bernhard-Verweisen auf den Anlaßfall des 85. Ge-

burtstags des Heinz von Foerster hin adaptiert. Deshalb werden sich in den Endnoten häufig die passenden Bernhardschen Originalversionen finden.

4. Zum besseren Verständnis speziell für den Schlußteil dieses Textes sei an dieser Stelle auf eine besondere Form der Spuren-Konstruktion hingewiesen. Im Vorfeld der Geburtstagsfeier wurde mir von Heinz zweierlei übersendet: einmal ein Videoband, in dem unter anderem seine Nicht-Verwandtschaftsbeziehungen zu Ludwig Wittgenstein erörtert wurden, das aber auf meinem Videorecorder tonlos ablief; und einmal ein schon etwas patinierter Nagel aus der Wittgensteinschen Hütte in Norwegen. Beide Präsente wurden von mir zu Beginn des Vortrags als ein „Rätsel" in den Raum gestellt, das durch den weiteren Vortrag „entschlüsselt" werden sollte. Und die Rätselfrage? Ganz einfach: Welche zentrale Botschaft hat Heinz von Foerster wohl in Gestalt eines rostigen Nagels aus Wittgensteins Händen und eines für mich stummen Videobandes „kodiert"?

5. „Ich weiß bis heute nichts über die tatsächliche Beziehung des Paul zu seinem Onkel Ludwig. Ich habe ihn auch niemals danach gefragt. Ich weiß nicht einmal, ob sich die beiden jemals gesehen haben." (Bernhard 1987, S. 103)

6. Zur Metapher des „Foersterschen Salons" vgl. auch Müller 1991, S. 210.

7. „Ludwig war der Veröffentlicher (seiner Philosophie), Paul war der Nichtveröffentlicher (seiner Philosophie) und wie der Ludwig letzten Endes doch der geborene Veröffentlicher (seiner Philosophie) gewesen ist, war der Paul der geborene Nichtveröffentlicher (seiner Philosophie)". (Bernhard 1987, S. 102)

8. Wittgenstein 1971a, PU 66.

9. Ibid., PU 2.

10. Foerster 1984, S. 13.

11. Wittgenstein 1971a, PU 2.

12. Foerster 1984, S. 14.

13. Wittgenstein 1971a, S. 261.

14. Ibid., PU 5.

15. „Eine ganze Wolke von Philosophie kondensiert zu einem Tröpfchen Sprachlehre". (Wittgenstein 1971a, S. 258)

16. Foerster 1984, S. 14.

17. Ibid.

18. Ibid.

19. Ibid, S. 14.

20. Ibid., S. 16.

21. Wittgenstein 1971a, PU 211.

22. Ibid., PU 217.

23. Ibid.

24. Foerster 1984, S. 16.

25. Ibid., S. 17.

26. Foerster 1985, S. 134.

27. Ibid., S. 134.

28. Wittgenstein 1971a, S. 267.

29. Wittgenstein 1971b, ÜG 410.

30. Wittgenstein 1982, S. 262.

31. Wittgenstein 1971b, ÜG 630.
32. Ibid., ÜG 625.
33. Wittgenstein 1971a, PU 329.
34. Wittgenstein 1982, S. 230.
35. Wittgenstein 1971a, PU 246.
36. Wittgenstein 1982, S. 112.
37. Wittgenstein 1971a, PU 367.
38. „Ein Jahrhundert haben die Wittgensteins Waffen und Maschinen erzeugt, bis sie schließlich und endlich den Ludwig und den Paul erzeugt haben, den berühmten epochemachenden Philosophen und den, wenigstens in Wien nicht nicht weniger berühmten oder gerade dort noch berühmteren Verrückten, der im Grunde genauso philosophisch war wie sein Onkel Ludwig, wie umgekehrt der philosophische Ludwig so verrückt wie sein Neffe Paul, der eine, Ludwig, hatte seine Philosophie zu seiner Berühmtheit gemacht, der andere Paul, seine Verrücktheit. Der eine, Ludwig, war vielleicht philosophischer, der andere, Paul, vielleicht verrückter ... Beide waren ganz und gar außerordentliche Menschen und ganz und gar außerordentliche Gehirne, der eine hat sein Gehirn publiziert, der andere nicht. Ich könnte sogar sagen, der eine hat sein Gehirn publiziert, der andere hat sein Gehirn praktiziert ... In jedem Fall garantiert der Name Wittgenstein ein hohes, ja höchstes Niveau." (Bernhard 1987, S. 44)
39. „Aber beide waren sie, jeder auf seine Weise, die großen, immer aufregenden und eigenwilligen und umstürzlerischen Denker gewesen, auf die ihre und nicht nur ihre Zeit stolz sein kann". (Ibid., S. 103)
40. Vgl. dazu Anmerkung Nr. 4.
41. So der Name des Hügels, an dem das Foerstersche Wohnhaus in Pescadero liegt.
42. Wittgenstein 1971a, PU 11.
43. Eco 1992, S. 35.
44. „Ich habe niemals vorher einen Menschen mit einer schärferen Beobachtungsgabe, keinen mit einem größeren Denkvermögen gekannt." (Bernhard 1987, S. 38)

Literatur

T. Bernhard, Wittgensteins Neffe. Frankfurt/M.: Suhrkamp 1987.
U. Eco, Die Grenzen der Interpretation. München: Carl Hanser 1992.
H.v. Foerster, Erkenntnistheorien und Selbstorganisation, in: DELFIN IV 1984, S. 6–19.
H.v. Foerster, Sicht und Einsicht. Versuche zu einer operativen Erkenntnistheorie. Braunschweig: Vieweg 1985.
K.H. Müller, Elementare Gründe und Grundelemente für eine konstruktivistische Handlungstheorie, in: P. Watzlawick, P. Krieg (Hg.), Das Auge des Betrachters. Beiträge zum Konstruktivismus. Festschrift für Heinz von Foerster. Müchen: Piper 1991, S. 209–246.
L. Wittgenstein, Philosophische Untersuchungen. Frankfurt/M.: Suhrkamp 1971a.
L. Wittgenstein, Über Gewißheit. Frankfurt/M.: Suhrkamp 1971b.
L. Wittgenstein, Bemerkungen über die Philosophie der Psychologie. Frankfurt/M.: Suhrkamp 1982.

Ernst von Glasersfeld, Edith Ackermann

Dialoge –
Heinz von Foerster, zum 85. Geburtstag

Bei einer der ersten Foerster-Feiern, die im vergangenen Jahr in Chicago stattfand, wurde bereits festgestellt, daß es nicht einen Heinz von Foerster gibt, sondern eine ganze Reihe. Jeder, der ihn längere Zeit kennt, hat sich seinen eigenen Heinz konstruiert. Bei anderen originellen Bekannten ist das ja oft auch so. Aber bei Heinz ist es besonders auffällig. Als geborener Zauberer spielt er die verschiedensten Rollen viel überzeugender als gewöhnliche Sterbliche, die sich einbilden, vielseitig zu sein.

Wir haben also jeder unseren eigenen Heinz, den wir erlebt, beobachtet und interpretiert haben. Unsere Vorstellung ist subjektiv, und das nicht zufällig, sondern absichtlich, denn er hat ja selbst den unvergleichlichen Ausdruck formuliert:

Objektivität ist die Wahnvorstellung, daß Beobachtungen ohne Beobachter gemacht werden können.

Mit dieser Feststellung hat Heinz der Wissenschaftsphilosophie einen Stoß versetzt, von dem sie sich nicht so bald erholen wird – zumal sie ihn noch kaum zur Kenntnis genommen hat. Manche erschreckt der Satz so sehr, daß sie, statt ein bißchen nachzudenken, so schnell wie möglich weitergehen, als hätten sie ihn nicht gesehen. Das ist schade, denn dächten sie einen Augenblick nach, dann kämen sie schnell darauf, daß die Wissenschaft ungestört weiterarbeiten kann und nur den Anspruch auf absolute Wahrheit aufgeben soll. Die Dampfmaschinen, das Fernsehen, die Verkehrsampeln und die Computer werden auch weiterhin funktionieren; nur die Behauptung, daß dieses Funktionieren beweist, man habe ein Stück Realität erkannt, diese Behauptung müßte man aufgeben. Wie Heinz oft sagt, es geht darum, Möglichkeiten zu schaffen und auszubauen. Aber auch wenn man auf Erfolg stößt, so heißt das keineswegs, daß man die objektive Welt erkannt hätte. Es heißt nur, daß es wieder einmal gelungen ist, einen Weg durch die Welt der unergründlichen Schranken zu finden.

Heinz ist Schwachstromphysiker und hochgespannter Philosoph, Sprachkünstler und Mathematiker und zusammen mit seiner lieben Frau Mai praktiziert er eine sanfte Therapie, die manchem anderen und mir des öfteren geholfen hat, das innere Gleichgewicht zu bewahren. All das macht ihn zum abgerundetsten der Kybernetiker. Darum wollen wir zunächst einen Text vorlesen, der von Heinz selber stammt. Es ist ein Stück aus einem Dialog, in dem Heinz und Ernst die Vergangenheit rekonstruieren. Es betrifft die glücklichen und ganz ungeplanten Ereignisse, die Heinz in die Kybernetik führten.

Heinz erzählt: Wie ich nach Amerika kam

Ja, das geht weit zurück in meiner Weltgeschichte. Da war vor dem Ersten Weltkrieg ein Journalist in Wien, der eine Freundin meiner Mutter heiratete. Das war Stefan Grossmann. Das Paar lebte in Wien und im Lauf der Jahre hatten sie zwei Mädchen, Birgit und Maja. Die Birgit war ein bissl jünger, die Maja ein bissl älter als ich und mein Cousin Martin. Unzähligemale haben wir mit meiner Großmutter im Kinderzimmer Eisenbahnen hin- und hergefahren oder Schlösser gebaut. Birgit und Maja kannte ich also schon als Kind sehr gut, sie gehörten sozusagen zur Familie.
Später wurde der Stefan Grossmann Herausgeber vom Berliner Tageblatt. Als dann 1933 die Nazis kamen, war er natürlich unter den ersten, die aus Berlin fliehen mußten. Nach 1945 hörte ich dann in Wien, daß seine Tochter Maja rechtzeitig nach Amerika ausgewandert war. – Als ich nun das erste Mal in New York war, schickte ich ihr ein Exemplar von meinem Buch übers Gedächtnis. Nach wenigen Tagen bekam ich ein Telegramm von ihr: Heinz, komm sofort nach Chicago. Ein Mensch in der *Medical School* möchte mit Dir über das Gedächtnis sprechen.
Nun, andere Pläne hatte ich ohnedies keine, also setzte ich mich sofort in ein Flugzeug – der berühmte Nachtflug. Da flog man um ein Uhr nachts weg und war um acht Uhr früh in Chicago, für 18 Dollar.
Der Flug ging noch schneller als vorgesehen. Ich kam schon um 6 Uhr 30 an.

Um die Zeit konnte ich nicht in die *Medical School* fahren, es war einfach viel zu früh. Da hab ich mich also auf einer Bank im Flughafen ausgestreckt und noch ein bißchen geschlafen. Bis ein Polizist mich aufweckte. Ich dürfe da nicht schlafen, sagte er. Mein Englisch war noch nicht sehr gut, doch ich versuchte ihm zu erklären, daß da weit und breit kein Mensch war, der die Bank benützen wollte. Nein, sagte er, man darf da nicht liegen.

Da war ich sehr beeindruckt, daß man in Chicago auf einer Bank nur sitzend schlafen durfte.

Okay, hab ich also sitzend geschlafen, bis die ersten Straßenbahnen oder was immer in die Medical School gefahren sind. Dort fand ich die liebe Maja, die ich 20 Jahre lang nicht gesehen hatte. Wir begrüßten uns, und dann führte sie mich zu dem Menschen, der mit mir reden wollte. Das war ein langer, hagerer Mann mit einem komischen Ziegenbart, ganz schlaksig und dünn: Warren McCulloch. Der war damals der Direktor der Abteilung für Neuropsychiatrie – dieselbe Stellung praktisch, die mein Freund Viktor Frankl in Wien gehabt hat.

So hab ich also den McCulloch getroffen. Mein Englisch war zu der Zeit also wirklich fast Null – etwa 25 Worte: *how are you, well, fine, okay* und noch ein paar. Wir setzten uns hin, und da begann ein unglaubliches Erlebnis. Anscheinend braucht man eine Sprache gar nicht kennen, wenn man weiß, wovon man spricht. McCulloch hat sich sofort für die ganzen numerischen Konsequenzen interessiert, die ich aus meiner Grundidee gezogen hatte.

„Was wir jetzt messen," sagte er, „und was wir in den letzten zwei, drei Jahren gemessen haben, sind genau die Zahlen, die Sie in ihrem Buch angeben. – Wieso, woher kriegen sie das? Wie kommen Sie zu genau diesen Zahlen?"

„Die Fundamentalidee ist dies und das und so weiter," erklärte ich, „die Zahlen ergeben sich ganz von selbst."

So haben wir die ganze Sache besprochen. Der McCulloch stellte Fragen und ich antwortete in meinem Kauderwelsch.

Währenddem das so geht in seinem Büro, hör ich über die Lautsprecheranlage etwas, was so klingt wie mein Name. Aber ich verstand es nicht ganz. Nach einiger Zeit, als es zum fünften Mal kam, frage ich die Maja, was wird denn da gesagt? „Ach das interessiert dich nicht, sagt sie, das ist ganz unwichtiger Kram."

Dann hör ich's wieder, und dann noch einmal. „Sagt das nicht ‚van Forrster'," frage ich, „reden die von mir?"

„Ja, ja, das bist schon du, aber du brauchst da gar nichts tun."

Dann kommt es noch einmal, und wieder höre ich ganz deutlich, ‚van Forrster'.

„Jetzt sag mir aber bitte doch, wieso die von mir reden!"

„Ach, die sagen nur, daß heute nachmittag um zwei ein Seminar stattfinden wird, ein Vortrag mit zwei Ärzten im großen Auditorium." Dann lacht sie, und sagt: „Da wirst du über dein Gedächtnis sprechen."

„Wer – ich?"

„Ja, ja, natürlich du. – Da ist ja dein Buch, du sprichst, hältst einen Vortrag."

Mein Gott, denk ich – zwei Uhr. Die Nacht bin ich durchgeflogen, am Bahnhof durfte ich nur sitzend schlafen, dann mit dem McCulloch vier Stunden reden über das Gedächtnis, Mittagessen, wo man ununterbrochen mit anderen Leuten reden muß, und dann um zwei einen Vortrag über das Gedächtnis halten – auf Englisch. Das ist ausgeschlossen, das kann man nicht machen.

Aber dann macht man es, und es ist gar kein Problem! Um zwei wird man dorthin gestellt, ins große Auditorium. 300 Leute sitzen da im Amphitheater und – Gott sei Dank – 60% sind entweder Wiener oder Berliner Juden. Da war's überhaupt kein Problem, weil sie sich schief gelacht haben über mein Englisch, und dann sagten: sag's doch auf Deutsch, wir werden es übersetzen.

So hab ich also über mein Gedächtnis geredet, und die haben es in rührender Weise übersetzt und dabei einen Riesenspaß gehabt.

Nachher kam McCulloch und sagte, „Das war etwas zu gut. Das mußt du einer Gruppe vortragen, die mit mir in New York arbeitet. Da ist eine Stiftung, die heißt die Josiah-Macy-Junior-Stiftung und organisiert jedes Jahr ein Treffen über Rückkopplung und zirkuläre Kausalität und so ähnliche Probleme. Ich lade dich als Gast ein. Die Sitzung ist in ungefähr 14 Tagen. In der Zwischenzeit kannst du ja noch dieses Buch lesen."

Und da gibt er mir ein Buch, das hieß: *Cybernetics, Communication and Control in the Animal and the Machine*, von Norbert Wiener.

„Das soll ich lesen? Auf Englisch?"

„Ja, das ist nur Mathematik. Das Englische brauchst du ja nicht lesen, lies die Mathematik. Du wirst schon sehen, worum es geht."

Da hab ich das Buch nach New York mitgenommen, und sehr bald kam dann die Einladung zu diesem Macy-Meeting.

Es war einfach unwahrscheinlich. Die Créme de la Créme of American Science war da versammelt. Warren McCulloch, John von Neumann, Gregory Bateson, Margaret Mead, Larry Frank, der Präsident der National Academy of Science, dann Larry Kuby, der Psychoanalytiker und dann noch Physiologen. Und da habe ich mit meinen 50 Wörtern Englisch einen Vortrag gehalten ohne die Hilfe von Übersetzern wie in Chicago, aber dafür war da eine große Tafel, auf die ich Zahlen schreiben konnte.

Und dann hat die Gesellschaft beschlossen, mir das Erlernen von Englisch so leicht als möglich zu machen – auf ihre Weise.

Später hab ich dann herausgefunden, daß das ein Vorschlag von der Margaret Mead war. Die hat angeblich gesagt, was der Foerster da erzählt hat, war sehr interessant, nur hat er es entsetzlich vorgetragen. Aber er lernt ja anscheinend sehr leicht, und darum machen wir ihn zum Editor, zum Herausgeber von unseren *Transactions*.

Als ich das hörte, dachte ich, die sind ja total verrückt, und versuchte, mich irgendwie zu drücken. Aber Margaret bestand darauf, daß das die Methode sei, wie man Englisch lernt.

Da blieb mir nichts übrig als mich zu bedanken. Ich sei entzückt von dem Auftrag, hätte aber keine Ahnung, ob ich es machen kann. Aber um einen Anfang zu machen, müßte ich bitten, daß man den Titel von dem Symposium ändert, denn so wie er ist, könne ich ihn nicht einmal aussprechen. *Circular Causal and Feedback Mechanisms in Biological and Social Systems* sei ausgeschlossen, denn damit könne kein Mensch etwas anfangen. Warum nennen wir diese Konferenzen nicht einfach *Kybernetik?*

Da haben alle applaudiert und der Wiener, der Norbert Wiener hat sich unheimlich gefreut, denn sein Buch war noch nicht erschienen und er war keineswegs sicher, ob die Leute seinen Kybernetiktitel annehmen würden.

So kam es, daß die *Transactions* von dem Macy-Treffen als *Cybernetics* veröffentlicht wurden, mit dem Untertitel *Circular Causal, and Feedback Mechanisms in Biological and Social Systems.*

Als Herausgeber habe ich dann natürlich auch die ganzen anderen Konferenzberichte bekommen. Unter denen war eine Sache – ich habe im Moment vergessen, wie der Mann hieß – der machte Messungen über das Zeitgefühl des Körpers. Der hat die Patienten in seinem Spital gebeten, sie sollen *The Star Spangled Banner* summen, *The Saints are Coming Home* oder eine andere bekannte Melodie, und er hat ihnen dabei die Temperatur gemessen und alle Schwankungen genau registriert. Er wollte die Zeiteinheit ihres Taktes herausfinden, während sie singen oder sprechen. Dann hat er die Ergebnisse graphisch dargestellt in einer Kurve – und wie ich diese Kurve in seinem Bericht sah, da erkannte ich sie gleich, denn sie war identisch mit der Kurve in meinem Gedächtnisbuch. Es war ganz erstaunlich. Das hab ich ihm geschrieben, und er ist vom Sessel gefallen vor Begeisterung. Auf seinem nächsten Meeting hat er diese Koinzidenz in seinem Vortrag erwähnt und aus meinem Brief vorgelesen, der gezeigt hat, daß durch gewisse Analysen und Molekularverhalten im Hirn genau die Temperaturabhängigkeit des Zeitgefühls gezeigt werden kann, die er bei seinen Patienten gemessen hatte.

Da haben dann viele geglaubt, das sei wirklich so und wir hätten ein Stück Wahrheit gefunden.

Ich hab's damals schon nicht mehr geglaubt. Aber die Idee, daß das Gedächtnis ein Molekularspeicher ist, wurde weit verbreitet und eine ganze Reihe von Forschern hat die Molekulartheorie übernommen. Es war eben eine sehr attraktive Theorie, nicht nur, weil die gemessenen Zahlen übereinstimmten, sondern auch, weil man da endlich genug Platz hatte, um alles, woran man sich erinnern kann, unterzubringen.

Daß das Gedächtnis ein Speicher ist, in dem die Erinnerungen aufbewahrt werden wie in einer Kartei, daran hat damals niemand gezweifelt.
Gut, das war die erste Phase der Gedächtnistheorie.

Das wichtigere Unsicherheitsprinzip

Der Weg zur Kybernetik zweiter Ordnung war schon am Anfang der Kybernetik erster Ordnung vorbereitet. Heinz hatte sich ja lange Zeit mit Neurophysiologie beschäftigt. Daneben hat er den Konstruktivismus konstruiert. Und schließlich hat er einen physiologischen Befund von Johannes Müller aus dem 19. Jahrhundert ausgegraben und meines Wissens zum ersten Mal so dargestellt, daß er alle empirisch ausgerichteten Denker erschüttern sollte. Er schrieb:

Die Reaktion einer Nervenzelle meldet nicht den physischen Charakter der Dinge, die die Reaktion verursacht haben. Gemeldet wird nur „wie viel" an dieser Stelle meines Körpers, aber nicht „was".

Er nannte das „das Prinzip der undifferenzierten Codierung". Es bedeutet schlechthin, daß es, insofern man sich auf empirische Befunde stützen will, unsinnig ist, anzunehmen, daß die Sinnesorgane uns Information darüber vermitteln, wie die Außenwelt beschaffen ist. Wenn die Signale von den sogenannten Rezeptoren sich nur in Frequenz und Intensität unterscheiden, dann muß der wahrnehmende Organismus sich zu allererst auf Grund von Reihenfolgen und internen topographischen Einzelheiten festlegen, welche Signale als „Gesehenes", welche als „Gehörtes" und welche als „Ertastetes" betrachtet werden sollen.

Obschon der Konstruktivismus logisch begründet ist und keine empirischen Daten zur Rechtfertigung braucht, ist es doch angenehm zu sehen, daß er mit den empirischen Modellen der einschlägigen Forscher in gutem Einklang steht.

Die Vernetzung der Gleichgesinnten

Heinz hat uns aber auch auf andere Weise geholfen. Eines seiner vielen Talente ist nämlich die Vernetzung der Aufgeweckten. Mit der Hilfe von

Rowena Swanson (vom U.S. *Air Force Office of Scientific Research*) hat er ein kybernetisches Netzwerk geschaffen, lange bevor andere an Netzwerke dachten. Davon könnte ich selbst einiges erzählen, doch ich will eine jüngere Zeugin vorbringen, die bestätigen kann, daß Heinz dank dieses Talents über weit mehr als eine Generation als Knotenpunkt gewirkt hat.

Edith Ackermann erzählt

Zuerst möchte ich den Organisatoren dieser Tagung, und ganz besonders Dr. Friedrich Stadler, herzlich dafür danken, daß sie mich im letzten Moment, total ungeplant, zu diesem Fest eingeladen haben. Meinem Freund und Nachbarn Ernst von Glasersfeld danke ich dafür, daß er mir angeboten hat, trotz meinem verrosteten Deutsch bei seinem Vortrag mitzumachen und mir die einmalige Gelegenheit bot, Heinz und Mai hier in Wien zu feiern.

Die erste Begegnung

Manche wichtige Begegnungen scheinen in meinem Leben an Geburtstagsfeiern zu geschehen. Vor einem Monat, anläßlich der Feier zu Jean Piagets 100. in Genf, bin ich dem Ernst nächtlicherweise auf der Straße begegnet. Wir setzten uns in ein Café, und die Sprache kam natürlich bald auf Heinz und die heutige Geburtstagsfeier, von der ich da zum ersten Mal hörte.

Den lieben Heinz, meinen Mentor, Adoptivvater und Inspirator, hatte ich vor genau 20 Jahren bei Piagets 80. Geburtstag kennengelernt. Auch das war in Genf, am *Centre International d'Épistémologie Génétique*, wo ich damals Assistentin war. Da hörte ich Heinz sprechen. Verstanden habe ich wenig, doch mir wurde sehr schnell klar, daß wir zutiefst verwandt waren.

Das war in den siebziger Jahren. Piaget, der das Doktorat in Psychologie nie abgeschlossen hatte, sollte nun sein Buch *L'equilibration des structures cognitives* als Dissertation verteidigen. Es war eine seriöse Parodie vor einer Jury mit lauter grauen, weisen Leuten. Da erschien auf einmal ein außerordentlich lebendiger Sprecher namens von Foerster. Er sprach mit kristallklaren Worten über höchst komplizierte Konzepte wie Rekursivität, Zirkularität, Eigenwert und manche andere, die ich nicht einmal erwähnen kann, so fremd waren sie mir damals. Doch zwei Begriffe fanden tiefe Resonanz, nicht nur bei mir, sondern auch bei allen meinen Kollegen. Über die sprach man dann noch lange.

Der erste dieser Begriffe – Ernst hat sie schon erwähnt – ist die Wahnvorstellung, daß die Eigenschaften des Beobachters nicht in die Beschreibung des Beobachteten eingehen sollten; als könnte der Beobachter von seiner Umgebung getrennt und die Subjektivität aus unseren Wahrnehmungen eliminiert werden; als säße die Realität da draußen – eine Schachtel voller Wahrheiten – und wartete darauf, daß wir sie durch ein Schlüsselloch entdeckten.

Nicht nur als Schülerin von Piaget, sondern auch als aktive Teilnehmerin an der damaligen Studentenbewegung klangen mir Heinzens Worte überzeugend. Welch erfreuliche Rechtfertigung war das für den Wunsch, unseren Lehrern zu sagen: „Hört auf, uns zu erklären, wie die Welt wirklich ist. Sagt uns, wie Ihr sie seht!"

Und es paßte auch genau zu dem Geist, in dem Piaget die Klinische Methode erfunden hatte, die wir täglich praktizierten. Da war es ja ganz klar, daß wir als Forscher aktive Teilnehmer an der Konversation waren, in der wir versuchten, die Weltanschauungen der Kinder zu begreifen. Piaget hat oft gesagt, ein klinisches Interview ist ein Dialog, den der Experimentator steuert, während er selbst von den Ideen des Kindes gesteuert wird.

Der zweite Begriff, viel problematischer für manche meiner Genfer Kollegen, war jener des Prinzips der undifferenzierten Codierung, nach dem die Reaktionen der Nervenzellen nicht den physischen Charakter der Dinge erfassen, die die Reaktionen verursachen. Heinz führte das damals etwa so aus: „Ladies and Gentlemen, please remember, there is no such thing as information in the world. Not one single piece of information. There's just bip... bip... bipbipp... bipps" Über diese Feststellung wurde bei uns dann noch lange diskutiert.

Obwohl Piaget das Wort „Information" selber nie gebraucht hat, bedingt seine Formulierung des Assimilationsprozesses, in dem die Subjekt/Objektbeziehung ja ausschließlich auf Handlungen gegründet ist, zwar implizit, daß unsere Sinnesorgane keine Eigenschaften unterscheiden, sondern nur Frequenz und Intensität. Man stößt jedoch auf graue Zonen in der Theorie, wo Eigenschaften von Dingen plötzlich als empirische Daten auftauchen. Ich glaube, daß der Piaget, der die Intelligenz der Babys und kleinen Kinder studierte, ein radikalerer Konstruktivist war als der Piaget, der das rationale Denken der älteren Kinder oder Wissenschaftler beschrieb. Der erste hat sich ganz auf Funktionen konzentriert, der zweite war mehr in der objektivistischen Vorstellung empirischer Forschung verfangen.

Von Genf zum Rattlesnake Hill

Im Sommer 1983, als ich bereits zwei Jahre lang als Assistentin in Guy Cellériers Kurs *Die Epistemologie der Kybernetik* fungiert hatte, sollte ich für ihn während seinem sabatibcal einspringen und an der Universität einen Kurs abhalten über die Rolle kybernetischer Modelle in den Geisteswissenschaften. Das machte mir große Angst, denn da war so viel, das ich nicht verstanden hatte. Außer Guy gab es aber damals in Genf kaum Leute, die mir helfen konnten. Da kam mir eine Idee, die sich im Rückblick als hervorragend erwies. In meiner Verzweiflung beschloß ich zu einer Konferenz in Kalifornien zu fliegen, von der ich zufällig gehört hatte, und dann meinen Sommer mit vielen Büchern dort zu verbringen. Der Titel der Konferenz *Maps of the Mind, Maps of the World* gefiel mir nicht; doch unter den Teilnehmern war nicht nur Heinz von Foerster, sondern auch Paul Watzlawick, Maturana und Ernst, von denen ich schon einiges gelesen hatte.

Die Konferenz wurde ein außerordentliches Erlebnis für mich. Aber das war nur der Anfang meines Glücks. Eines Tages machte ich mir Mut, sprach mit Heinz und erwähnte mein Problem: Ich solle diesen Kurs über Kybernetik geben, fühlte mich aber keineswegs dazu bereit. Könnte er mir vielleicht ein bißchen helfen?

Da geschah, was mir wie ein Wunder schien. Seine Antwort war so freundlich und warm – eine spontane intellektuelle Offenheit, für die ich ihm noch heute dankbar bin. Am nächsten Morgen kam er mit einem dicken Buch auf mich zu, das hieß *Cybernetics of Cybernetics*. Er erzählte mir die eigenartige Geschichte dieses Buches (es war mit Studenten zusammengebastelt worden) und erklärte mir, ich solle es lesen und alle meine Fragen auf einen Zettel schreiben. Am Wochenende könne ich dann zu ihm nach Pescadero fahren, und er würde versuchen, mir einiges zu erklären. Ich dachte, ich träumte. Die nächsten Tage verbrachte ich in meinem Hotel und las und las. Am Ende der Woche nahm ich den Bus nach Pescadero.

So lernte ich Mai kennen und war überwältigt von der Güte und Gastfreundschaft dieser beiden Menschen. Ich verliebte mich in sie, in ihr Haus, in die Palatschinken, die Mai bereitete, in die alten Redwood Bäume und die Eichen, zwischen denen man den Hügel hinauf zur sonnengeheizten Dusche geht, und in die zauberhafte, unwahrscheinlich vitale und erleuchtende Privatstunde, die Heinz mir über Feedback, geschlossene Systeme und Eigenwerte gab.

Als er mich tief beeindruckt und fasziniert entließ, kam Mai zu mir und sagte in Ihrem besten Englisch: Isn't he wonderful. Doesn't he have a mind like a crystal?".

He sure does!

An jenem Abend, als mich Heinz nach San Francisco zurückfuhr, wußte ich, daß ich eine neue Familie erworben hatte, die ich nie in meinem Leben verlieren wollte. Ich habe sie seitdem auch nie verloren. Mai und Heinz sind Eins, dachte ich mir, und beide sind meine Wahleltern. Happy Birthday to both, and thank you for having been born.

It takes a village to raise a child, and it takes a Heinz to build the village.

Mit der Zeit wurde mir klar, daß ich viele Geschwister habe und daß Heinz uns zusammengebracht hat. Von seinem Haus in Pescadero aus hat er im Lauf der Jahre ein *invisible college* von Freunden und Kollegen geschaffen.

Als ich nach neun Jahren am MIT isoliert und enttäuscht an der Universität in Aix landete und vor 700 Studenten einen Kurs über Konstruktivismus diktieren mußte, – und nichts als raus wollte –, war Heinz wieder da mit allerlei kreativen Vorschlägen. Seine Ideen haben mich zuerst nach Eichstädt gebracht, von Eichstädt nach Berlin, und von Berlin nach Liverpool. Zum Schluß bin ich wieder zurück nach Cambridge gekommen.

Doch nun weiß ich, daß es, wo immer ich hingehe, Freunde und Kollegen gibt, die ich durch Heinz von Foersters strahlenden Großmut kennengelernt habe. My village is a global village but not a virtual one. It's made of people with hearts and souls, not brains alone. A wonderful tribe – I sure am a happy child. – Und das ist das Ende meiner Geschichte.

Die Kunst, nicht trivial zu sein

Zum Schluß möchte ich noch eine von den großen Unterscheidungen erwähnen, die Heinz für uns gemacht hat: Die Unterscheidung von trivialen Maschinen. Das sind diejenigen, bei denen man mit ziemlicher Sicherheit vorhersagen kann, was sie unter diesen oder jenen Umständen tun oder sagen werden. Solange man sie als Werkzeug benützt, ist das vorteilhaft, denn – wie Heinz es erklärt hat – es ist natürlich angenehm, wenn man sich bei seinem Auto darauf verlassen kann, daß es ausnahmslos nach rechts fährt, wenn man das Lenkrad nach rechts dreht.

Um mit dem Auto aus der langweiligen Vorhersagbarkeit herauszukommen, muß man also entweder sehr schnell oder auf Eis fahren – und das ist nicht jedermanns Sache.

In einer Unterhaltung mit Heinz kommt man auch ohne großes Tempo schnell darauf, daß man es mit einer durch und durch nicht-trivialen Maschine zu tun hat. Seine Reaktionen sind so gut wie nie die, die man erwartet. Er sieht weiter und greift tiefer, als man jemals ahnte. Und so formuliert er immer wieder Ideen, die einen davor bewahren ins Triviale abzurutschen. Zum Glück schreibt er sie manchmal auch, so daß sein ermunternder Ansporn auch dann wirksam bleibt, wenn er selbst nicht anwesend ist. Darum möchte ich unseren Beitrag mit der Einsicht schließen, daß Heinz von Foerster unentwegt versucht hat, uns in unserem Denken und Handeln vor Trivialität zu bewahren – und dafür sind wir ihm unendlich dankbar. Seine Vielfalt läßt sich nicht in Prosa fassen, und so schließen wir mit einem Gedicht.

Von Foerster tönt auf neue Weise
Im Philosophen Wettgesang;
Den ernsten Stil im Wiener Kreise
Verzaubert er mit Überschwang.

Der Carnap, Schlick und Reichenbach,
Frank, Waismann und auch Hahn,
Sie jagten stets der Wahrheit nach,
Und sogar Popper hing daran.

Heinz aber hielt's mit Wittgenstein
Und griff drum nur Probleme an,
Die man ganz unverblümt und rein
Eindeutig klar besprechen kann.

Auch hat er freilich viel gelacht –
Was in der Wissenschaft ja nicht erlaubt.
Zudem hat er sich unbeliebt gemacht,
Denn stets bezeichnet er's als Mist,
Wenn einer da zu sagen glaubt,
Was prinzipiell unsagbar ist.

Doch Heinzens schönste Leistung ist
Daß er bei aller Kybernetik
Den Angelpunkt niemals vergißt –
Den Angelpunkt der Ethik.

Anmerkung zur zweiten Auflage

Die gemeinsamen Erinnerungen Ernst von Glasersfelds und Heinz von Foersters
sind als Buch erschienen:
Heinz von Foerster u. Ernst von Glasersfeld, Wie wir uns erfinden. Eine Autobiographie des radikalen Konstruktivismus, Heidelberg: Carl Auer Systeme
Verlag 1999.

Ernst von Glasersfeld

Kleine Geschichte des Konstruktivismus

Wenn man nicht beruflich Historiker ist, versäumt man es oft, geschichtliche Einzelheiten, auf die man stößt, in eine angemessene chronologische Ordnung zu bringen. Im Sommer 1996 fanden in Atlanta die Olympischen Spiele statt, die sechsundzwanzigsten der modernen Folge. Das erinnert mich daran, daß ich vor Jahren einmal in Vulci war, einem Hauptort der damaligen etruskischen Ausgrabungen, als eben eine griechische Vase gefunden wurde, die die Fachleute gleich als eine Trophäe erkannten, die ein Athlet im siebenten vorchristlichen Jahrhundert in Olympia gewonnen hatte. Für mich wurden diese Daten erst eigentlich geschichtlich, als ich ein Fragment des Xenophanes, eines der ersten vorsokratischen Denker, las. Anläßlich der sechzigsten Olympiade im Jahr 540 vor Christus klagt er darüber, daß die Ehren und Geschenke, mit denen die Sieger auf Kosten der Stadtbürger überschüttet wurden, unsinnig wären, denn wichtiger als alle Körperkraft sei das Wissen.

Soweit wir es aus der erhaltenen Überlieferung beurteilen können, war Xenophanes der erste, der den Begriff des Wissens ernsthaft untersuchte. Als ich jung war, sagte man in Österreich: „Nichts Genaues weiß man nicht". Das ist eine komische Verhunzung eines Ausspruchs des Xenophanes. Dieser sagte, daß kein Mensch je etwas Genaues erfassen werde, denn, was man sehe, sei immer nur Anschein. Und er begründete das mit einem logisch unanfechtbaren Argument: Auch wenn es einem gelänge, etwas so zu schreiben, wie es ist, so könne man selbst doch nicht wissen, daß die Beschreibung richtig ist.[1]

Das ist eine elegante Weise auszudrücken, daß wir es nur mit Erfahrung zu tun haben und nie mit Dingen an sich. Mit seiner Aussage hat

Xenophanes ganz unwillkürlich den Boden bereitet, aus dem zweieinhalb Jahrtausende später die konstruktivistische Denkweise sprießen konnte.

Warum es so lange gedauert hat, läßt sich dadurch erklären, daß es für die Machthaber in allen Sparten stets vorteilhaft schien, zu behaupten, sie allein hätten Zugang zur endgültigen Wahrheit gefunden, und darum müsse man ihnen folgen. Einzelgänger hat es freilich dennoch gegeben, doch es war nie vorteilhaft, ihnen zuzustimmen.

Ist man sich aber einmal klar darüber, daß man als Mensch nicht aus der menschlichen Wahrnehmung und den Begriffen, die man sich als Mensch gebildet hat, aussteigen kann, dann sollte es auch klar sein, daß man immer nur die Welt der menschlichen Erfahrung zu kennen vermag, nie die Realität an sich. Und ebenso klar sollte es sein, daß diese Erfahrungswelt von niemand anderem aufgebaut werden kann als von uns selbst.

Im neunten Jahrhundert schrieb der irische Mystiker John Scottus Eriugena:

For just as the wise artist produces his art from himself in himself and foresees in it the things he is to make (...) so the intellect brought forth from itself its reason, in which it foreknows and causally pre-creates all things which it desires to make.[2]

Dieses Zitat nimmt in erstaunlicher Weise die Idee vorweg, die Kant achthundert Jahre später verschiedentlich formulierte. In der ersten Auflage der *Kritik der reinen Vernunft* – zum Beispiel – schrieb er:

Die Ordnung und Regelmäßigkeit also an den Erscheinungen, die wir Natur nennen, bringen wir selbst hinein, und würden wir auch nicht darin finden können, hätten wir oder die Natur unseres Gemüts nicht ursprünglich hineingelegt.[3]

In der Vorrede zur zweiten Auflage dann sagt er kurz und bündig, „daß die Vernunft nur das einsieht, was sie selbst nach ihrem Entwurfe hervorbringt".[4]

Die Wirklichkeit, wie wir sie uns in Raum und Zeit vorstellen, mit ihrem gesamten Mobiliar, mit ihrer Struktur, ihren Verhältnissen und ‚Gesetzen', ist also durchwegs so, wie menschliche Vernunft sie konstruieren kann. Eben weil die Vernunft nur vernünftig sein kann, darf sie es sich nicht anmaßen, über die Grenzen ihrer Fähigkeiten hinauszugehen. Darum ist die Frage, ob die Wirklichkeit, die sie sich aufbaut, eine *Realität* widerspiegelt oder nicht, wie Xenophanes bereits sah, eine unbeantwortbare Frage.

Diese Einsicht war offenbar schon den Vorsokratikern ungemütlich. Parmenides jedoch gelang der Schachzug, der für die weitere Entwicklung der abendländischen Philosophie richtungsweisend wurde. Denken und Sein, sagte er, sind dasselbe.[5] Das läßt sich auf mehr als eine Weise auslegen und gab unverzüglich Anlaß zu unterschiedlichen Lehren vom Sein, die später in einer Disziplin untergebracht wurden, der man den Namen ‚Ontologie' gab.

Die ontologischen Auslegungen der Parmenidischen These bewegen sich zwischen zwei Extremen. An dem einen Pol heißt es, die Welt mit ihrem Inhalt sei da, bevor wir sie denken, und darum denken wir sie so, wie sie ist. Das sind die naiven Realisten. Am anderen Pol sitzen die Solipsisten und sagen, wir denken, und indem wir denken, schaffen wir die Welt. Dazwischen tummeln sich alle anderen, die traditionelle Philosophie betreiben und unentwegt versuchen, etwas Stichhaltiges über jene objektive, unabhängige Welt zu sagen, obschon das gemäß dem Argument des Xenophanes ausgeschlossen ist.

Diese fruchtlosen Versuche, die in zweieinhalb Jahrtausenden unzählige Male wiederholt wurden, haben etwas Tragisches an sich. Sie entspringen einem Mißverständnis. Das Mißverständnis wird zudem durch die deutsche Sprache verstärkt. Sage ich – zum Beispiel – „Ich habe den Herrn Karl gestern abend gleich erkannt", so heißt das ganz einfach, daß ich da einen Mann gesehen habe, dem ich schon öfters bei meinen Besuchen in Wien begegnet bin. Das hat mit meinem Erleben zu tun, nicht mit Ontologie.

Sobald ich aber von dem Verb „erkennen" ein Hauptwort forme und von „Erkenntnis" spreche, wird es ontologisch verstanden – so als handle es sich um das Erkennen einer Welt, die unabhängig von meinem Erleben *an sich* existiert.

Das gleiche gilt vom „Sein". Doch es gibt auch eine Möglichkeit, die Parmenidische Behauptung *nicht*-ontologisch auszulegen und sie ganz schlicht als Feststellung einer Tatsache in unserer Erlebniswelt zu verstehen. George Berkeley hat das erdacht, als er am Anfang des 18. Jahrhunderts seine Studien am *Trinity College* in Dublin abschloß. Ich kann mir nicht vorstellen, erklärte er, was die Wörter „sein" und „existieren" bedeuten sollen, wenn sie sich nicht auf die Welt meiner Erfahrungen beziehen. Für mich existieren nur Dinge, von denen ich weiß, daß ich oder andere sie wahrnehmen können.[6]

Man kann also von Existenz in der Erfahrung sprechen, ohne die Ontologie zu bemühen. Berkeley war aber, wie die meisten Denker seiner Zeit, auch religiös, und darum fühlte er sich verpflichtet, die Welt Gottes unabhängig von der Welt der menschlichen Erfahrung zu rechtfertigen. Er tat dies mit einer metaphysischen Annahme, die zumindest den Vorteil hatte, daß sie seiner rationalen Anschauung nicht widersprach. Da Gott allgegenwärtig ist und zu jeder Zeit alles wahrnimmt, meinte er, sei die Dauerhaftigkeit der Dinge in seiner Welt automatisch gesichert.

Vom konstruktivistischen Gesichtspunkt aus ist die Ontologie eine Sparte der Metaphysik. Insofern sie vom „Sein" spricht, stützt sie sich auf Metaphern, die sich nicht auf die Erfahrungen unserer Welt reduzieren lassen. Sie versucht nämlich, das Sein zu ergründen, als sei es – trotz Xenophanes – letzten Endes doch der Vernunft zugänglich.

Kurz nach Berkeley veröffentlichte Giovanni Battista Vico in Neapel eine Abhandlung über Erkenntnistheorie, in der er ebendieses Problem behandelt. Meines Wissens ist diese Schrift das erste Manifest konstruktivistischen Denkens und unterscheidet zum ersten Mal klar zwischen rationalem Wissen und mystischer Eingebung.

(...) das Kriterium, daß man von einer Sache Wissen hat, heißt, sie als Ergebnis bewirken (können); und der Beweis der Ursache besteht darin, daß man sie macht; (...) das Wissen davon und die Operation sind ein und dasselbe.[7]

Wissen bedeutet in Vicos Theorie also wissen, wie etwas gemacht worden ist. Gott weiß, was und wie Er es geschaffen hat, und ebenso können Menschen wissen, was sie selbst konstruiert haben; das heißt die Welt der Erfahrung. Was außerhalb liegt, ist der Vernunft nicht zugänglich, sondern nur der „poetischen Vorstellung". Erklären können wir es nur mit Hilfe unserer Phantasie, indem wir uns wie Maler Bilder davon machen.[8] Diese Bilder seien Metaphern oder Fabeln, eben weil sie Elemente enthalten, die in unserer Erfahrung nicht erscheinen.[9]

Glasersfeld, Kleine Geschichte

Mit dieser Trennung zwischen rationalem Wissen und mystischer Weisheit folgt Vico dem Vorschlag, den Kardinal Bellarmino hundert Jahre früher Galilei machte, als dieser der Ketzerei angeklagt wurde. Es sei durchaus zulässig, meinte der Kardinal, wissenschaftliche Theorien zur Berechnung und Vorhersage von Beobachtungen in der Erlebenswelt zu verwenden, doch dürfe man sich nie zu der Behauptung versteigen, diese Theorien beschrieben die reale Welt, die Gott geschaffen hat.

Obschon Vico über mentale Operationen und den Aufbau des wissenschaftlichen Wissens wertvolle Hinweise gibt, bleibt seine Antwort auf die Frage, wieso gewisse rationale Theorien in der Erlebniswelt funktionieren, doch lediglich die metaphysische Andeutung, daß die menschliche Vernunft von eben dem Gott erschaffen wurde, der auch das Universum schuf.

Erst in der Mitte des 19. Jahrhunderts rückte ein Begriff in den Vordergrund, der eine Annäherung an die Frage des Funktionierens möglich machte. Mit der Veröffentlichung von Darwins *The Origin of Species* kam die Idee der Anpassung in Umlauf und wurde von Denkern der nächsten Generation auch in die Epistemologie eingeführt. William James schlug vor, daß das Prinzip der Anpassung auch in der Entwicklung des Wissens maßgeblich sei, und Georg Simmel vereinte diesen Ansatz mit der Orientierung Kants. In seinem Aufsatz *Über eine Beziehung der Selektionslehre zur Erkenntnistheorie* schlägt er die Brücke von Realität zur Erfahrungswelt, indem er den Begriff der Wahrheit auf erfolgreiches Handeln gründet.[10] Das führt ihn zu dem Schluß, daß es nicht, wie Kant meinte, die *Möglichkeit* ist, die die Gegenstände unserer Erkenntnis erzeugt, sondern deren *Nützlichkeit*. Damit gibt er der pragmatistischen Auffassung die entwicklungsgeschichtliche Basis, die dann von Konrad Lorenz und der „evolutionären Erkenntnistheorie" ausgeschlachtet wurde.

Um die Jahrhundertwende lag diese Idee gewissermaßen in der Luft. Menschliches Denken und die Begriffe und Theorien, die es hervorbringt, wurden mit einem Mal als Ergebnisse der Anpassung betrachtet. Das führte zu der Auffassung, daß das so erworbene Wissen sich notwendig der Beschaffenheit und Struktur der Realität angleiche. Selbst Hans Vaihinger, dessen monumentale *Philosophie des Als Ob* eine Fundgrube für konstruktivistische Begriffsanalysen darstellt,[11] ist anscheinend unwillkürlich in diese Falle gegangen. Bei Konrad Lorenz hingegen ist der springende Punkt deutlich ausgedrückt:

Anpassung *an* eine Gegebenheit der Umwelt ist gleichbedeutend mit dem Erwerb von Information *über* diese Gegebenheit.[12]

Daß Anpassung eine Annäherung an die Formen der Realität bedeutet, ist ein Fehlschluß. Angepaßt sein heißt lediglich die Fähigkeit zum Überleben besitzen – mit welchen Mitteln oder Formen das erreicht wird, ist gleichgültig.

Paul Feyerabend hat das für den Bereich der Wissenschaft am bündigsten formuliert. Theorien – und ganz allgemein rationale Erklärungen – sind Modelle, und wie er ausführt:

Die Tatsache, daß ein Modell funktioniert, zeigt nicht von allein schon, daß die Wirklichkeit dieselbe Struktur hat wie das Modell.[13]

Diese Einsicht hat Jean Piaget[14] konsequent in den kognitiven Bereich übertragen. Anpassung spielt da auf zwei sich überlagernden Ebenen eine bestimmende Rolle. Auf der sensomotorischen Ebene sind es die erfolgreichen Handlungsschemata, die das praktische Wissen bilden, das mehr oder weniger direkt mit Lebensfähigkeit zu tun hat. Auf der Ebene des Denkens und der Reflexion sind es die Begriffe und Begriffsstrukturen, die Wissen bilden, das mentales Gleichgewicht schafft und erhält.

Diese zwei Schichten scheinen mir jenen ähnlich zu sein, die Ernst Mach als Grundaufgabe des wissenschaftlichen Wissens angab, nämlich einerseits Anpassung der Gedanken an die Tatsachen und andererseits Anpassung der Gedanken aneinander.[15]

Wie Vico bereits bemerkt hat, kommen Fakten vom lateinischen facere – und im Deutschen kommen die Tatsachen vom Tun. Das Bild der Welt, das wir uns im Laufe der Erfahrung aufbauen, ist also – metaphorisch gesprochen – eine Landkarte, einerseits der Handlungen und mentalen Operationen, die wir bisher erfolgreich oder zumindest ungestraft ausführen konnten, und andererseits jener, die wir als verhängnisvoll betrachten. Die raum-zeitliche Struktur dieser Karte stammt, wie Kant sagte, von unseren *Anschauungsformen*; und die Einzelheiten – Farben, Geräusche,

Gerüche und taktile Eigenschaften – sind allesamt von unserem Wahrnehmungssystem erfunden und hinzugefügt.

Heinz von Foerster, dessen 85. Geburtstag im vergangenen Herbst in Wien gefeiert wurde, hat für alle, die auf *empirische* Befunde Wert legen, ein schlagendes Argument vorgebracht. Er hat nämlich eine Feststellung, die der Physiologe Johannes von Müller vor 150 Jahren machte, ausgegraben und sie als erster erkenntnistheoretisch interpretiert: Die Signale, die von unseren Sinnesorganen ins Gehirn kommen, sind wohl quantitativ verschieden, aber qualitativ gleich.[16] Das heißt, die sogenannten „Rezeptoren" in den Fingerspitzen produzieren neuronale Impulse, die als solche nicht von jenen unterschiedlich sind, die aus der Retina des Auges, aus dem Ohr oder von den Schleimhäuten der Nase oder den Fingerspitzen kommen. Der neugeborene kognitive Organismus muß also zunächst Unterscheidungen zwischen Sehen, Hören, Riechen und Tasten einführen, bevor er eine bunte Welt aufbauen kann.

Auf Grund des heutigen neurophysiologischen Modells kann man hinzufügen, daß man im Neuronennetzwerk des menschlichen Gehirns ohnedies nicht von einer Weiterleitung von ‚Information' sprechen kann, da jede Nervenzelle je nach ihrem gegenwärtigen Zustand positiv oder negativ auf synaptische Reize reagiert. Das Gehirn ist also, wie Heinz von Foerster es ausdrückt, keine triviale Maschine, bei der sich der Output vom bloßen Input her vorhersagen ließe.

Ich sagte, das sei vor allem für Empiriker wichtig, denn für radikale Konstruktivisten ist das lediglich eine erfreuliche Übereinstimmung. Im Konstruktivismus gründet sich der autogene Aufbau der Erlebenswelt auf logische Argumente. Doch ist es freilich angenehm, wenn die Befunde der Wissenschaftler den eigenen grundlegenden theoretischen Annahmen nicht widersprechen.

Was die Logik betrifft, so wird zuweilen behauptet, sie könne nicht konstruktivistisch erklärt werden. Ich glaube, diese Ansicht beruht auf der in der klassischen Logik eingebürgerten Annahme, daß Deduktion einem elementaren Denkvorgang entspringt, der nicht weiter analysiert werden kann, und dessen Resultate unhinterfragbar zeitlos und objektiv sind. Doch Spencer Brown hat gezeigt, daß die klassische Logik in die von ihm erfundene Logik der Unterscheidungen aufgelöst werden kann.[17] In dieser vereinfachten Form kann man logisches Denken sehr gut als

Konstruktion betrachten, und zwar als eine Konstruktion, die außer dem Vergleichen und dem Markieren und Erinnern von Unterschieden keiner neuen Operationen bedarf.

Um auf die Anpassung zurückzukommen, dieser Begriff ist gewissermaßen der Grundstein der konstruktivistischen Wissenstheorie. Es ist auch der Punkt, der am häufigsten mißverstanden wird.

Wenn man die Aufgabe der kognitiven Funktion in der Anpassung an die Erlebniswelt sieht, dann hat man das Suchen nach ontologischer Wahrheit nicht nur abgelehnt, sondern als unmöglich aufgegeben. Es ist nicht verwunderlich, daß einem traditionelle Philosophen diese Schritte übelnehmen. Aus den konventionellen Denkformen auszusteigen ist Ketzerei. Doch die radikale Umgestaltung des Wissensbegriffs, die der Konstruktivismus vorschlägt, bedeutet keineswegs, daß man ontische Realität verleugnet, sondern nur, daß man sie als prinzipiell unerkennbar und unergründlich erachtet.

Der Begriff der Anpassung, der, wie ich bereits erwähnte, nichts mit Angleichung oder Repräsentation äußerer Gegebenheiten zu tun hat, ist in den letzten fünfzig Jahren auch von Kybernetikern zu einem Eckpfeiler des Konstruktivismus ausgebaut worden. William Powers – zum Beispiel – hat in seiner Weiterentwicklung von Wieners ursprünglicher Feedbackanalyse gezeigt, daß die sogenannten „intelligenten" Organismen – mechanische wie biologische – nicht auf die Außenwelt reagieren, sondern ausschließlich auf Unterschiede zwischen ihren Wahrnehmungen und den betreffenden inneren Referenzwerten.[18] Die Organismen haben prinzipiell keinen Zugang zu der Umwelt, von der ein behavioristischer Beobachter annimmt, daß sie die Reaktionen des Organismus hervorruft.

Vom kybernetischen Gesichtspunkt aus ist der kognitive Organismus ein in sich geschlossenes System. Das Rohmaterial für seine mentalen Operationen besteht, wie sowohl Maturana als auch Piaget sagen, aus „Perturbationen", das heißt aus Wahrnehmungen und Operationsergebnissen, die das innere Gleichgewicht stören.

Wahrnehmungen stören das sensomotorische Gleichgewicht, wenn sie von erwünschten oder erwarteten Werten abweichen. Die Ergebnisse mentaler Operationen hingegen stören das kognitive Gleichgewicht, wenn sie mit den gewählten Zielen oder den Ergebnissen anderer Operationen nicht vereinbar sind. Das Gleichgewicht ist also auf beiden Ebenen stets labil. Man kann es sich vorstellen wie das Gleichgewicht eines Radfahrers, der den Weg, auf dem er radeln soll, nur hinter sich als die Spur seiner eigenen Bewegungen zu sehen bekommt.

Aus kybernetischer ebenso wie aus konstruktivistischer Sicht ist Wissen also das Repertoire der Begriffe und Begriffsstrukturen, mit denen der aktiv Erlebende angesichts einer unaufhörlichen Folge von Perturbationen vorübergehendes Gleichgewicht schafft und zu erhalten versucht. Niemals kann es eine Erkenntnis jener unabhängigen Außenwelt sein, die wir aus alter Gewohnheit für die erlebten Perturbationen verantwortlich machen möchten.

Kurz, als Konstruktivist bezieht man die Stellung des unbedingten ontischen Agnostizismus, ganz wie sie bereits von Xenophanes formuliert wurde, und man bemüht sich, Modelle zu erdenken, die sich in Handeln und Denken in der Erlebenswelt als viabel[19] erweisen.

Anmerkungen

1. Xenophanes, Fragment B 34, in: Hermann Diels, Die Fragmente der Vorsokratiker, Hamburg 1957, 20.

2. „Denn ebenso wie der weise Künstler seine Kunst von sich und in sich selbst schafft, (...) so bringt der Verstand seine Vernunft von sich und in sich selbst hervor, in welcher alle Dinge, die er machen will, voraussieht und verursacht." John Scottus Eriugena, Periphyseon Vol. 2, 577a–b.

3. Immanuel Kant, Kritik der reinen Vernunft, hg. v. Wilhelm Weischeldel, Frankfurt am Main 1995, 179 (=A 125).

4. Ebd. 23 (=B XIII).

5. Vgl. Parmenides, Fragment B 3, in: Diels, Fragmente, wie Anm. 1, 45.

6. George Berkeley, Treatise Concerning the Principles of Human Knowledge, Dublin 1710, Part 1, §3.

7. Giovanni Battista Vico, Seconda Risposta di Giambattista Vico all'Articolo de Tomo VIII del Giornale de'Letterati d'Italia (1712), in: Francesco Saverio Pomodoro, Hg., Autobiografia, Antichissima Sapienza ed Orazioni Accademiche di G.-B. Vico, Napoli 1858, 173.

8. Vgl. Giovanni Battista Vico, Prinzipien einer neuen Wissenschaft über die gemeinsame Natur der Völker (Principi de scienza nuova (1744)), 2 Bde., Hamburg 1990, §402.

9. Ebd., §404.

10. Vgl. Georg Simmel, Über eine Beziehung der Selektionslehre zur Erkenntnistheorie, in: Archiv für systematische Philosophie 1 (1895), 34–45, hier 44.

11. Hans Vaihinger, Die Philosophie des Als Ob (1911), Aalen 1986.

12. Konrad Lorenz, Kommunikation bei Tieren, in: Der Mensch und seine Sprache, Berlin 1979, hier 176.

13. Paul Feyerabend, Irrwege der Vernunft, 2. Aufl., Frankfurt am Main 1990, 360.

14. Die Idee ist bereits in Piagets Büchern aus den dreißiger Jahren implizit und wurde dann explizit ausgeführt vor allem in ders., Biologie et connaissance, Paris 1967.

15. Ernst Mach, Erkenntnis und Irrtum, 3. Aufl., Leipzig 1917, 164. Diese Parallele habe ich erst bei meinem letzten Besuch in Wien entdeckt, als ich die betreffende Stelle aus Machs Erkenntnis und Irrtum in dem wertvollen Buch von Rudolf Haller u. Friedrich Stadler, Hg., Ernst Mach. Werk und Wirkung, Wien 1988, zitiert fand.

16. Heinz von Foerster, On Constructing a Reality, in: Wolfgang F. E. Preiser, Hg., Environmental Design Research, Bd. 2, Stroudberg 1973, 35–46. Dt., Heinz von Förster: Ders., Wissen und Gewissen. Versuch einer Brücke, Frankfurt am Main 1993, 25–49.

17. George Spencer Brown, Laws of Form, London 1969.

18. William Powers, Behavior. The Control of Perception, Chicago 1973.

19. Das Wort ist dem Englisch der Evolutionsforschung entlehnt und bedeutet „gangbar" oder ganz allgemein „angemessen".

Gerhard Grössing

Die Beobachtung von Quantensystemen

1. Einleitung

> Nicht wie die Welt ist, ist das Mystische, sondern daß sie ist.
> Ludwig Wittgenstein

Versteht man unter dem „Mystischen" das Unaussprechliche und prinzipiell Unergründbare, so sagt der Satz 6.44 aus dem *Tractatus logico-philosophicus* Ludwig Wittgensteins, daß prinzipiell ergründbar sein könnte, wie die Welt ist. So beschäftigt sich zum Beispiel die Physik in ihren überprüfbaren Aussagen über Relationen primär mit dem Wie der Welt, während das, was die Dinge sind, nur gelegentlich im Disput über ihre metaphysischen Grundannahmen verhandelt wird. In den letzten Jahren bekommt man allerdings (wieder) öfter zu hören, daß die Erkundung der „surrealen Welt der Quantentheorie" zur Aufdeckung eines „mysteriösen Untergrunds" geführt habe, der sogar die Existenz „übersinnlicher Photonen" ermögliche.[1]

Meine im folgenden zu begründende These besagt, daß sich all jene Physiker (und Wissenschafts-Journalisten), die einer derartigen „mysteriösen" Sicht der Quantenphänomene das Wort reden, nie ernsthaft mit der Möglichkeit beschäftigt haben, jenes systemische Instrumentarium auf Quantenphänomene anzuwenden, das wir mit Heinz von Foerster die Kybernetik zweiter Ordnung nennen. Kurz: Der metaphysischen Grundposition eines prinzipiellen Mystizismus soll hier die Option einer prinzipiellen Ergründbarkeit des Geschehens (d.h. des Wie) auf Quantenniveau entgegengehalten werden.

In diesem Zusammenhang fällt auf, daß Heinz von Foerster selbst den

Anfang der historischen Entwicklung, die zur Kybernetik zweiter Ordnung, beziehungsweise allgemeiner, zur notwendigen Kontextualisierung äußerst zahlreicher wissenschaftlicher Fragestellungen führte, in den Einsichten der Quantentheorie verortet:

Vor etwa einem halben Jahrhundert wurden die ersten Erfahrungen mit den unausweichlichen Unsicherheiten der Beobachtungsverfahren im Bereich der Elementarteilchen durch Heisenbergs Unbestimmtheitsrelation festgeschrieben, und später wurde diese Erkenntnis ausgeweitet zur Unanalysierbarkeit komplexer Systeme mit einem großen Repertoire an internen Zuständen: es gab keine Strategie, mit diesen Schwierigkeiten umzugehen.

Erst vor etwa 25 Jahren führte die Erkenntnis, daß diese Systeme nicht isoliert arbeiten, sondern in größere Zusammenhänge eingebettet sind, daß auf sie eingewirkt wird, vielleicht durch andere nicht-triviale Systeme, auf die sie ihrerseits zurückwirken, und daß man sich also nicht nur um Aktionen, sondern um Inter-Aktionen kümmern müsse, zu einer ganzen Lawine theoretischer, experimenteller und klinischer Arbeiten. Die zahlreichen Forschungsansätze ruhen alle auf der Partizipationsidee ....[2]

Bei von Foerster wird die „Partizipationsidee" in einem ersten Schritt im Sinne einer „Kontextualisierung" einfacher Systeme durch die Notwendigkeit umschrieben, letztere nicht als „Trivialmaschinen", sondern als „nichttriviale Maschinen" zu behandeln. In Tab. 1 werden die Unterschiede zwischen beiden Arten von Maschinen aufgelistet, Fig. 1 zeigt die dazugehörigen Schemata.

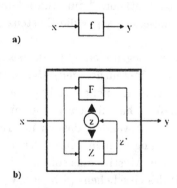

Fig. 1: Schemata für a) triviale und b) nichttriviale Maschinen

Triviale Maschinen	Nichttriviale Maschinen
synthetisch determiniert	synthetisch determiniert
(1 interner Zustand)	(mindestens 2 interne Zustände)
linear kausal	zirkulär kausal
(Input-Output)	(Selbstreferenz)
geschichtsunabhängig	geschichtsabhängig
analytisch determinierbar	analytisch indeterminierbar
vorhersagbar	unvorhersagbar

Tab. 1: Zur Unterscheidung von trivialen und nichttrivialen Maschinen

Ich möchte nun im folgenden zeigen, daß die Anregungen durch die Metapher der nichttrivialen Maschine ganz wesentlich zum Verständnis der Quantenphänomene beitragen, während der Versuch ihrer Behandlung als Trivialmaschinen zu besagten Mystifizierungen verleitet. Zunächst ist zu fragen: Wie könnte die „Partizipationsidee" in der Quantentheorie zum Ausdruck kommen?

2. Wellen, Teilchen und Beobachter

Gewöhnlich wird das „Quanten-Mysterium" anhand des Phänomens der Beugung am Doppelspalt erläutert. Dabei wird zum Beispiel Licht (oder auch ein Ensemble von Elektronen, Neutronen, etc.) von einer Quelle emittiert, tritt durch einen Doppelspalt und wird auf einem Schirm registriert. Stellt man die Quelle so ein, daß nur ein Photon pro definiertem Zeitabschnitt emittiert wird, so erhält man auf dem Schirm Verteilungsmuster wie in Fig. 2a–d. Man erkennt zunächst, daß pro Ereignis ein diskreter Punkt registriert wird, woraus man schließt, daß das Licht (Elektronen, Neutronen, etc.) aus Teilchen bestehen muß (Fig. 2a und b). Wartet man aber lange genug, so zeigt sich, daß die registrierten Teilchen nicht so verteilt sind, wie man es von Kügelchen erwarten würde, die durch je einen Spalt geschossen werden (Fig. 3, Intensitäts-Muster rechts), sondern so, als ob sie wellenartig interferieren würden, um am Schirm Interferenzstreifen zu erzeugen (Fig. 2c und d sowie Fig. 3, Intensitäts-Muster links).

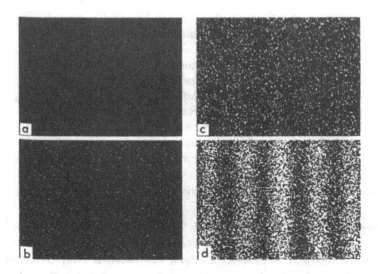

Fig. 2a-d: Interferenzmuster erzeugt durch a) N = 8, b) N = 100, c) N=3000, und d) N = 100000 Elektronen. (Nach Takuma et al. (1995)[3]

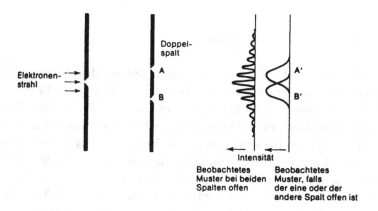

Fig. 3: Intensitäts-Verteilung von überlagerten Wellen (links) und von Kugeln (rechts) hinter einem Doppelspalt

Noch eigenartiger wird die Situation, wenn man das von John A. Wheeler vorgeschlagene „Delayed-Choice Experiment" überdenkt.[4] In Analogie zum Doppelspalt wird ein Photonenstrahl in zwei räumliche Berei-

Grössing, Beobachtung von Quantensystemen

che geteilt und später wieder zusammengesetzt. (Fig. 4) Fehlt der letzte (halb-durchlässige) Spiegel, so scheinen sich Quanten wie bloße Teilchen zu verhalten, die zu je 50% Wahrscheinlichkeit in einem der beiden Detektoren registriert werden. Wird aber der letzte Spiegel eingesetzt, so kommt der Wellencharakter der Quanten zur Geltung: Interferenz bewirkt, daß alle Quanten nur in einem Detektor registriert werden. Das besondere Kuriosum an Wheeler's „Delayed-Choice Experiment" besteht aber darin, daß man abwarten kann, bis das Quantum in die Apparatur eintritt und erst kurz vor seinem Austritt entscheidet, ob der letzte Spiegel eingesetzt wird oder nicht („Delayed Choice"). Das heißt, man entscheidet im letzten Moment, ob das Quantum als Teilchen oder als Welle registriert wird.

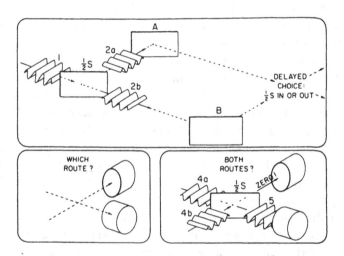

Fig. 4: Schema von Wheeler's „Delayed-Choice Experiment". (Nach J.A. Wheeler 1988)[5]

Was also ist ein Quantum, Welle oder Teilchen? Die meisten Physiker stimmen heute wenigstens darin überein, daß die Frage falsch gestellt ist. Zwei Alternativen werden diskutiert: 1) Quanten sind weder Wellen noch Teilchen, und 2) Quanten sind sowohl Wellen als auch Teilchen. Entscheidet man sich für erstere Variante, so steht man vor einem Mysterium, dem zunächst mit einer positivistischen Haltung begegnet wird:

„Kein elementares Quantenphänomen ist ein Phänomen, bevor es nicht ein registriertes Phänomen ist."[6] Kommt es zu ontologischen Fragen, wird Wheelers Antwort im wahrsten Sinn des Wortes diffus:

> Das elementare Quantenphänomen ist ein großer, rauchiger Drachen. Das Maul des Drachens ist deutlich sichtbar, wo es den Detektor beißt. Der Schwanz des Drachens ist deutlich sichtbar, wo das Photon hereinkommt. Aber, was der Drachen tut oder wie er aussieht zwischen diesen beiden Extremen, darüber haben wir kein Recht zu sprechen ...[7]

Wheeler, eine der letzten lebenden Autoritäten aus den heroischen Tagen der Quantentheorie, knüpft an diese Sichtweise sein gesamtes Weltbild. Für ihn ist die Welt ein „selbst-synthetisierendes System aus Existenzen", die auf der „Beobachter-Partizipation in elementaren Quantenphänomenen" basiert.[8] Was ist dabei die Rolle des Beobachters? Er entscheidet via Manipulation der Meßapparatur, ob er Wellen oder Teilchen registriert. Für Konstruktivisten ist solches in seiner Allgemeinheit freilich keine Neuigkeit. Wenn ich auf einer Erhebung in der Wüste mit einer Kamera stehe, kann ich als Beobachter mit meinen Aufmerksamkeits-Prioritäten entscheiden, ob ich mein Objektiv auf unendlich stelle, um die wellenförmige Dünenlandschaft abzubilden, oder ob ich mit einer Nahaufnahme die „Teilchennatur" der Sandkörner festhalte. Darin kann also das Mysterium nicht liegen. Was aber den wesentlichen Unterschied zur Quantentheorie ausmache, so wird oft argumentiert, sei durch die Heisenbergsche Unschärferelation vorgegeben.

Durch die Unschärferelation kommt ganz deutlich die Vermengung von Teilchen- und Welleneigenschaften im Formalismus der Quantentheorie zum Ausdruck. Zunächst ist festzuhalten, daß in der Quantentheorie der Impuls p eines „Teilchens" durch de Broglies Formel aus dem Jahre 1927, $p = kh/2\pi$, gegeben ist, wobei k die sogenannte „Wellenzahl" (umgekehrt proportional zur Wellenlänge) und h das Plancksche Wirkungsquantum ist. Betrachten wir nun den einfachen Fall eines Teilchens in einer Schachtel mit verspiegelten Wänden. Während der Impuls eines „freien Teilchens" ohne räumliche Begrenzung durch obige Formel gegeben ist, kann das Teilchen in der Schachtel nur diskrete Impulswerte p_n annehmen: $p_n = k_n h/2\pi$. Der „Grund" dafür liegt darin, daß nur gewisse Energie- und Impulszustände erlaubt sind, deren zugehörige Wellenzahl die Randbedingung der Begrenzung durch die Schachtellänge L erfüllt, ganz analog zu den Schwingungsmoden einer gespannten Saite (Fig. 5): $k_n = n\pi/L$.

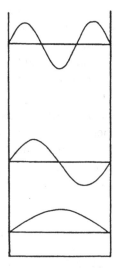

Fig. 5: Die Eigenzustände des Impulses eines Teilchens in einer Schachtel entsprechen den Schwingungsmoden einer gespannten Saite.

Mit $p_n = nh/2L$ folgt aber, daß nach „Einschleusen" eines Teilchens in die Schachtel und anschließender Ungewißheit Δx darüber, an welchem Ort x zwischen $x = 0$ und $x = L$ es sich aufhält (also $\Delta x = L$), auch eine Ungewißheit Δp_n darüber besteht, auf welchen diskreten Eigenwert n sich der Impuls „einstellt": $\Delta x \Delta p_n = \Delta n h/2$. Bekanntlich „zerfällt" in der Quantentheorie selbst ein einmal gemessener Energie- oder Impuls-Zustand eines Quantums (oder genauer: unser von der Messung her extrapoliertes Wissen darüber) binnen kürzester Zeit in eine Summe mehrerer Zustandsmöglichkeiten („Zerfließen des Wellenpakets"). Die kleinstmögliche Unsicherheit über den Zustand eines diskreten Eigenwerts n ist daher allgemein durch $\Delta n = 1$ gegeben, da ja $\Delta n = 0$ einem unphysikalischen „Einfrieren" des Zustands gleichkäme. Daraus folgt generell für „Teilchen" in einer Schachtel: $\Delta x \Delta p \geq h/2$.

Das ist die Heisenbergsche Unschärferelation über die begrenzten Möglichkeiten, Ensembles von individuellen Systemen zu präparieren, herge leitet aus de Broglies Beziehung zwischen Impuls und Wellenzahl. Wo aber steckt hier der Beobachter? Gibt es im eben vorgeführten Beispiel einen Akt, der das Geschehen dermaßen von einem Subjekt beeinflußt, daß bei seiner Zurücknahme das ganze Phänomen verschwände? Nein! Das gesamte Experiment könnte automatisiert werden, und die gleichen Resultate statistischer Verteilungen wären a posteriori, etwa auf Fotoplatten oder Computer-Ausdrucken nachzulesen. Obwohl Wheeler und viele andere Zeitgenossen gerne eine fundamentale Irreduzibilität des Beobachters speziell für das Quantenphänomen reklamieren, hat selbst der Begründer des „Komplementaritätsprinzips" (zwischen Wellen- und Teilchen-Bild) bzw. der „Kopenhagener Deutung" des quantenmechanischen Formalismus, Niels Bohr, während der letzten zehn Jahre seines Lebens immer wieder mit Nachdruck betont (unter anderem als Antwort auf Mystifikationsversuche von Kollegen wie Wolfgang Pauli):

Komplementarität bedeutet in keiner Weise ein Verlassen unserer Stellung als außenstehende Beobachter (...). Die Erkenntnis, daß die Wechselwirkung zwischen den Meßgeräten und den untersuchten physikalischen Systemen einen integrierenden Bestandteil der Quantenphänomene bildet, hat nicht nur eine unvermutete Begrenzung der mechanistischen Naturauffassung, welche den physikalischen Objekten selbst bestimmte Eigenschaften zuschreibt, enthüllt, sondern hat uns gezwungen, bei der Ordnung der Erfahrungen dem Beobachtungsproblem besondere Aufmerksamkeit zu widmen.[9]

Eine neuere Beurteilung der historischen Bedeutung der Heisenbergschen Unschärferelation liefert der Soziologe Günter Dux in seiner „Logik der Weltbilder", indem er gerade die Physiker als Nachzügler in der epistemologischen Einsicht der Konvergenz jeder Beobachtung auf den Beobachter betrachtet, und er spricht dabei vom „Nachholen einer erkenntnistheoretisch lange fälligen Hausaufgabe".[10]

Somit gelangen wir zum Schluß, daß Wheelers Idee eines „partizipatorischen Universums" zwar die fundamentale Bedeutung der Selbstreferenz anerkennt, diese aber im Rahmen eines äußerst trivialen Modells verankert. Seine Quantensysteme sind Trivialmaschinen mit Input-Output-Charakteristik (vgl. auch Fig. 4!), und der Eingriff des Beobachters entspricht der Betätigung eines „Schalters", der zwischen zwei Alternativen, „Wellen-" oder „Teilchen"-Phänomen, in vorhersagbarer Weise auswählt.

Es gibt einen einzigen black box-artigen internen Zustand, nämlich jenen des smoky dragons, und darüber hinaus ein Bilderverbot: Du sollst dir kein Bild machen vom Quantum, dem Verkünder des „Geheimnisses der Existenz"!

Obwohl schon bisher so viel von Mysterien die Rede war, beginnt jetzt aber erst die wahrlich verwirrende Geschichte der Quantenphänomene. Im folgenden soll nämlich von der bisher vernachlässigten, sogenannten „nichtlokalen" Natur der Quanten die Rede sein. Im Jahre 1935 haben Einstein, Podolski und Rosen ein offenbares Paradoxon zur Diskussion gestellt („EPR-Paradoxon")[11], das unter Voraussetzung von rein „lokaler" Kausalität die Unvollständigkeit des bestehenden Bildes der Quantentheorie nachwies. John Bell[12] hat aber 1965 mit seinen berühmten „Bellschen Ungleichungen" nachgewiesen, daß keine lokale Interpretation der Quantentheorie mit ihren Vorhersagen übereinstimmen kann, und seit den Experimenten der Gruppe um Alain Aspect (1982)[13] ist diese „nichtlokale" Natur der Quanten experimentell nachgewiesen. In einem „EPR-Interferometrie-Experiment", das von Michael Horne und Anton Zeilinger vorgeschlagen wurde[14], läßt sich dies besonders elegant zeigen. Dabei handelt es sich gewissermaßen um eine „Verdoppelung" des Doppelspalt-Experiments: Eine Quelle emittiert antiparallele Teilchen (z.B. Photonen) in entgegengesetzte Richtungen, die jeweils in ein Interferometer gelangen und am Ende detektiert werden. (Fig. 6) Man führe nun zum Beispiel folgendes „Delayed-Choice Experiment" durch. Zunächst soll auf beiden Seiten simultan Interferenz erzeugt werden, aber im letzten Moment entscheidet sich der Beobachter auf der linken Seite, den „Teilchencharakter" vorzuziehen. Dies hat eine unmittelbare Auswirkung auf die Detektor-Clicks des anderen Beobachters. Selbst wenn die beiden Beobachter tausende Kilometer weit voneinander entfernt wären, hätte der Eingriff des Beobachters A praktisch sofort („nichtlokal") eine wohldefinierte Konsequenz für Beobachter B, was a posteriori durch Vergleich der beiden Beobachtungsresultate von A und B bestätigt werden kann. Hier steckt das wahre Rätsel der Quantenphänomene: Wie kann eine Manipulation „hier" (A) einen praktisch instantanen Effekt „dort" (B) verursachen, selbst wenn A und B beliebig weit auseinander liegen?

Im Rest meines Beitrags werde ich eine mögliche Antwort diskutieren, die die zweite der oben erwähnten Alternativen favorisiert: nicht „weder

Teilchen, noch Welle", sondern „sowohl als auch"; kein rauchiger Drachen, sondern der Ouroboros im Sinne Heinz von Foersters; keine trivialen, sondern nichttriviale Maschinen im Sinne einer Kybernetik zweiter Ordnung.

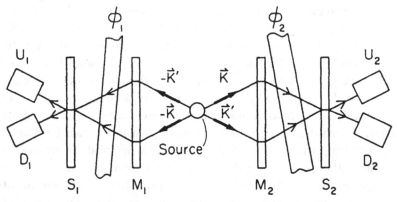

Fig. 6: Schema des EPR-Interferometers nach Horne und Zeilinger

3. Quanten-Kybernetik

Die Wissenschaftsgeschichte dieses Jahrhunderts kann in den unterschiedlichsten Fachgebieten einen vergleichbaren Vorgang nachweisen, der sich oftmals wiederholt: ein graduelles Anwachsen der Aufmerksamkeit und schließlich ein handlungspraktisches Umsetzen der Einsichten bezüglich des Kontexts eines ursprünglich kontext-freien Forschungsgegenstands. Dazu zählt natürlich auch der Beobachtungskontext. Entsprechende Übergänge zwischen Modellen oder, sozusagen, Erklärungs-„Maschinen" von zunächst trivialem und später nicht-trivialem Charakter kennzeichnen auch die Geschichte der Quantentheorie. Die „triviale" Symbolik des Wheelerschen Ansatzes ist, obwohl noch immer weit verbreitet, bei genauerem Hinsehen schon seit langem einer „nicht so trivialen" Sichtweise gewichen, nicht zuletzt aufgrund immer genauerer Experimentier-Techniken, die heute tatsächlich zu testen erlauben, was etwa in der Zeit der Bohr-Einstein-Debatten nur als Gedankenexperiment vorstellbar war.

Allerdings gibt es auch die theoretische Tradition einer noch immer oft als „unorthodox" bezeichneten Interpretation des Formalismus der Quantentheorie, die seit ihren Anfängen in vieler Hinsicht das Attribut „nichttrivial" verdient. Dabei handelt es sich um die Theorie von Luis de Broglie (1927, und wieder ab ca. 1960)[15] und David Bohm (1952, und ab ca. 1975)[16], die ich hier aus Platzgründen leider nur streifen kann. Kernstück der de Broglie-Bohm-Interpretation der Quantentheorie ist die Aussage, daß Quanten sowohl „Wellen-", als auch „Teilchen"-Charakter besitzen. Genauer gesagt, wird das „Teilchen" als stark nichtlinearer Anteil an einem bestimmten Ort einer ansonsten über die gesamte Beobachtungs-Apparatur verteilten Wellenkonfiguration angesehen. (Fig. 7a und b)

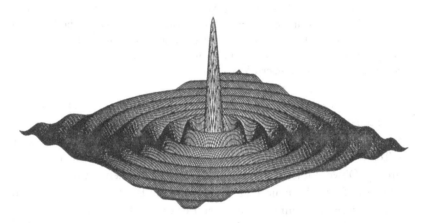

Fig. 7a: Amplitude der Aufenthaltswahrscheinlichkeit eines Teilchens um den nichtlinearen Anteil der Wellenfunktion aus Fig. 7b.

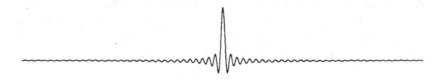

Fig. 7b: Schema eines Quantums als Welle mit stark nichtlinearem Anteil („Teilchen")

In de Broglies Variante fungiert die Welle als „guiding wave", als „Leitwelle", die die gesamte Meßapparatur erfüllt und je nach Einstellung z.B. von

Spiegeln die „Teilchen" in bestimmte Richtungen „lenkt". Bohm spricht von einem „Quantenpotential" mit vergleichbaren Funktionen: Es ist immer die Information des (nichtlokalen) Gesamtsystems, die am „lokalen" Ort des „Teilchens" wirksam ist. Bohm betont aber den Unterschied zu einem klassischen Objekt, das von Wellen getrieben wird, in welchem Falle jeder Effekt ungefähr proportional zur Stärke bzw. Höhe der Welle wäre. Beim Quantenpotential ist der Effekt hingegen für sehr große und sehr kleine Wellen der gleiche; was zählt, ist nur die Wellenform. Bohm illustriert dies folgendermaßen:

...Man denke an ein von einem Autopiloten gesteuertes Schiff, das durch Radiowellen gelenkt wird. Die allgemeine Wirkung der Radiowellen ist unabhängig von ihrer Stärke und hängt nur von ihrer Form ab. Der wesentliche Punkt liegt darin, daß das Schiff mit seiner eigenen Energie fährt, daß aber die Information aus den Radiowellen aufgenommen und verwendet wird, um die viel größere Energie des Schiffs zu steuern.[17]

Anhand dieses Zitats ist ersichtlich, wie nahe Bohm bereits an das Thema des „Steuermanns" (altgriechisch „Kybernetes") herankam. Allerdings hielt er es nur für „ästhetisch unbefriedigend", daß das Quantenpotential die Teilchen beeinflußt, aber nicht umgekehrt auch von ihnen beeinflußt würde.[18] Obwohl formal identisch mit der Bohmschen, ist die alte (1927) und die umfassende, neuere (1960) Version de Broglies im Grunde schon „kybernetisch" zu nennen (auch wenn er dies selbst nie tat). Das Quantenpotential erfährt bei ihm die Identifikation mit einem zusätzlichen Beitrag, nicht zu einer „äußeren" (potentiellen) Energie, sondern zur Ruheenergie eines „Teilchens". Somit ist es i.a. eine – je nach Anordnung der gesamten messungsrelevanten Umgebung – variable Ruhemasse des „Teilchens", die die Gleichungen der Quantentheorie wiedergeben. Das Thema der Selbstreferenz findet sich aber auch bei Bohms Diskussion der Heisenbergschen Unschärferelation. Diese

...sollte nicht primär als externe Relation angesehen werden, die die Unmöglichkeit von Messungen mit unbegrenzter Präzision im Quantenbereich ausdrückt. Vielmehr sollte sie grundsätzlich als Ausdruck des unvollständigen Grades der Selbst-Determiniertheit betrachtet werden, der typisch ist für alle auf Quantenniveau definierbaren Einheiten. Wenn wir folglich solche Einheiten messen, so werden wir dazu auch Prozesse auf Quantenniveau verwenden, sodaß der Meßprozeß die gleichen Beschränkungen seines Grades an Selbst-Determiniertheit haben wird wie jeder andere Prozeß auf diesem Niveau.[19]

Jetzt kann kein Zweifel mehr bestehen: Hier muß die Kybernetik zu Wort kommen. Denn trotz der unkontrollierbaren Mikro-Dynamik der soeben erläuterten Prozesse ergeben die Messungen ja stabile Resultate, sogenannte „Eigenwerte", die Heinz von Foerster als dynamische (metastabile) Gleichgewichtszustände betrachtet. Dies steht wiederum perfekt im Einklang mit der Tatsache, „daß eine beliebig große Anzahl interagierender nicht-trivialer Maschinen operational äquivalent ist einer einzigen nicht-trivialen Maschine, die rekursiv mit sich selbst operiert."[20] (Fig. 8)

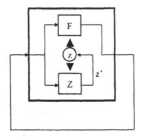

Fig. 8: Schema der operationalen Geschlossenheit nicht-trivialer Maschinen.

Damit ist aber auch das Thema der operationalen Geschlossenheit kognitiver Systeme angesprochen, welches Ausgangspunkt meiner eigenen Überlegungen zu einer möglichen „Quanten-Kybernetik" war. Ausgehend von der Annahme, daß „die Naturgesetze" zumindest teilweise unsere eigenen kognitiven Möglichkeiten als Beobachter wiederspiegeln, hat mich auch die Umkehrung interessiert: Inwiefern findet sich ein Verhalten, das wir bei kognitiven Systemen feststellen, auch im Verhalten der „unbelebten" Natur? Konkreter: Wie nimmt ein Quantensystem seine Umgebung wahr?[21]

Entscheidend bei der Umsetzung dieser Fragestellung in ein konkretes quanten-kybernetisches Modell war eben jene systemische Eigenschaft der operationalen Geschlossenheit, die ich bei Humberto Maturana und Francisco Varela so formuliert fand:

Wenn man sagt, daß es eine Maschine M gibt, in der eine Feedback-Schleife durch die Umgebung führt, sodaß die Effekte ihres Outputs ihren Input beeinflussen, so spricht man tatsächlich von einer größeren Maschine M', die die Umgebung und die Feedback-Schleife in der sie definierenden Organisation inkludiert.[22]

Daraus resultierte schließlich meine „Quantenversion" von Varelas Definition eines autonomen Systems:

Ein Quantensystem ist ein Feedback-System mit einem gegebenen Referenzsignal, das Störungen nur in bezug auf einen Referenzpunkt (d.h. einer fundamentalen Frequenz) kompensiert, und in keinem Fall die Textur der Störung reflektiert. Sein Verhalten ist folglich der Prozeß, durch den eine derartige Einheit ihre „Wahrnehmungsdaten" durch Adjustieren des Referenzsignals kontrolliert.[23] (Fig. 9)

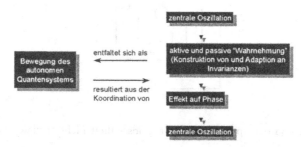

Fig. 9: Kybernetische Definition eines Quantensystems

Ich erinnere nochmals daran, daß ein ursprünglich „freies Teilchen", das in eine Schachtel gesperrt wird, seine Frequenz so adjustieren muß, daß sie mit einer der durch die Schachtellänge determinierten Resonanzfrequenzen übereinstimmt. Bohms Autopilot-Analogie bietet sich hier zur Erweiterung an (obwohl eine gewisse Aufspaltung in Wasserwellen und Radiowellen nicht nötig wäre): Im allgemeinen kann von einem Schiff eine Unmenge von Radiofrequenzen empfangen werden. Ein Pilot (bzw. ein „intelligenter" Autopilot) hat aber eine ganz entscheidende Filterfunktion zu erfüllen: Er muß jene Frequenzen aufsuchen, die die Information über die für sein Schiff relevante (wenn auch nichtlokale) Umgebung liefern. Damit „errechnet" der Pilot seine kontextuelle Situation und läßt sich durch die Wellenlandschaft leiten. Ganz analog muß ein Teilchen

Grössing, Beobachtung von Quantensystemen

„seine" Frequenz den jeweiligen Ausmaßen der Meßapparatur (wie der Distanz zwischen Quelle und Detektoren) anpassen, um dann von den „richtigen" Wellen geleitet zu werden, wobei der „Output" dieser Errechnung wiederum den neuen „Input" darstellt: Ein iterativer Prozeß der Selbstreferenz steuert das Teilchen in seiner nichtlokalen Umgebung.

In den letzten Jahren durchgeführte Experimente bestätigen tatsächlich zwei Wesenszüge von Quanten: 1) Die Impulse von „Teilchen" ko-determinieren, zusammen mit den experimentellen Rahmenbedingungen, die Frequenz von ebenen Wellen, die die gesamte Meßapparatur „ausfüllen", und: 2) In allen Fällen, in denen ein „Teilchen" einen aus zwei (oder mehreren) möglichen Wegen auswählen kann (wie z.B. beim Doppelspalt), interferieren die ebenen Wellen (und nicht notwendigerweise überlappende „Wellenpakete") selbst über nichtlokale Distanzen hinweg. Sie erzeugen dabei ein nichtlokales „Leitfeld", das die „Teilchen" zu einem bestimmten Detektor führt.[24] Die beiden eben erwähnten Eigenschaften sind *state-of-the-art*, und es ist äußerst befremdlich, daß sie kaum je zu einem Bild zusammengefaßt werden, nämlich zu dem eines ziemlich offenkundigen hermeneutischen Zirkels: „lokal" beobachtbare („Teilchen")Eigenschaften (wie der Impuls) ko-determinieren ebene Wellen im gesamten „nichtlokalen" Umfeld, und die „nichtlokalen" ebenen Wellen produzieren ihrerseits interferierende Konfigurationen, die bestimmen, welchen „lokalen" Weg die „Teilchen" nehmen. Damit ist die oben gegebene kybernetische Definition von Quantensystemen wohlbegründet.

Welchen Nutzen hat aber eine Quanten-Kybernetik, insofern sie ja „nur" eine systemische Sichtweise eines im wesentlichen gleich bleibenden mathematischen Formelapparats ist?[25] Zwei Punkte möchte ich als Antwort andeuten. Erstens ergibt sich eine vielversprechende Aussicht auf eine konkrete evolutionäre Perspektive, indem alle Organisationsformen auf höherem als dem „reinen Quantenniveau" (Moleküle, Zellen, Lebewesen, etc.) unter ein und demselben systemischen Gesichtspunkt betrachtet werden können: Dem Faktum, daß Oszillationen zur „Wahrnehmung der Umgebung" dienen, entspricht eine hermeneutische Zirkularität zwischen einem „Kern" und einer relevanten „Peripherie" („Umgebung"), die das systemische Organisations- und Informationspotential konstituiert. Zweitens führt die kybernetische Sichtweise zu neuen Fragestellungen, die im alten Schema weitgehend unbeachtet blieben. In diesem Sinne habe ich ein sogenanntes „Late-Choice Experiment" vorgeschlagen,[26] das im Prinzip darin besteht, einen sogenannten „Phasenschieber" an einer Stelle in einem Interferometer zu positionieren, die das „Teilchen" schon hatte passieren müssen. Eine rein „orthodoxe" quantenmechanische Rechnung zeigt, daß der Effekt praktisch instantan (d.h. mit sogenannter „Phasengeschwindigkeit") auf die Phasenkonstellation am letzten Spiegel übertragen wird und das „Teilchen" somit trotz einer „verspäteten Wahl" noch vollständig davon betroffen wird. (Fig. 10)

a)

b)

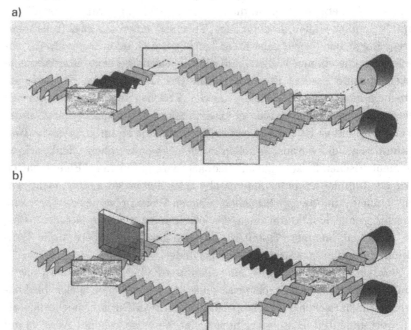

Fig. 10: Schema eines „Late-Choice Experiments" mit eingetragenen ebenen Wellen und dem ungefähren Ort des „Teilchens" (dunkel), der dem nichtlinearen Anteil der Welle in Fig. 7 entspricht. Gezeigt wird ein „Teilchen", das in a) gerade in den Bereich des Interferometers eingetreten ist, und in b) kurz vor dem Austritt steht, wobei der Einfluß eines „verspätet" eingesetzten Phasenschiebers praktisch instantan im ganzen Interferometer übertragen wird und das „Teilchen" somit noch beeinflußt.

Damit wird deutlich, daß ein reines Input-Output-Denken unzureichend ist, das nur berücksichtigt, was ein „Teilchen" lokal „spürt" (wie etwa den Durchgang durch einen Phasenschieber). Besondere Bedeutung erhält dieses Resultat auch dadurch, daß mit der gegebenen quanten-kybernetischen Interpretation die Physik des Einstein-Podolsky-Rosen-„Paradoxons" auf eine Ebene „gehoben" werden kann, auf der nichtlokale Korrelationen Ausdruck von operationaler Geschlossenheit bedeuten.[27]

Meine Damen und Herren, Sie könnten nun den Eindruck erhalten, daß das eben erläuterte kybernetische Modell von Quantensystemen einfach zu banal ist, als daß es sich nicht schon längst hätte behaupten müssen. Aber vielleicht ist das Versäumnis – wenn es denn eines ist – dadurch erklärbar, daß die Welt der Quantenphysiker noch immer zu sehr durch die vermeintlichen „Mysterien" gebannt ist.[28] Auch kann hier im Rahmen eines „untechnischen" Übersichtsreferats wohl nicht die Absicht bestehen, Sie von einem neuen Modell zu überzeugen. Ich möchte lediglich darauf hinweisen, daß „die Mühlen mitunter sehr langsam mahlen", sodaß selbst die de Broglie-Bohm-Interpretation des Formalismus der Quantentheorie erst seit relativ kurzer Zeit mehr Ak-zeptanz findet. Zumindest bezüglich letzterer hat sich aber der leider viel zu früh verstorbene John Bell un-mißverständlich geäußert:

I have always felt ... that people who have not grasped the ideas of those [i.e., Bohm's 1952] papers ... and unfortunately they remain the majority ... are handicapped in any discussion of the meaning of quantum mechanics.
(...)
Is it not clear from the smallness of the scintillation on the screen that we have to do with a particle? And is it not clear, from the diffraction and interference patterns, that the motion of the particle is directed by a wave? De Broglie showed in detail how the motion of a particle, passing through just one of two holes ... could be influenced by waves propagating through both holes. And so influenced that the particle does not go where the waves cancel out, but is attracted to where they cooperate. This idea seems to me so natural and simple, to resolve the wave-particle dilemma in such a clear and ordinary way, that it is a great mystery to me that it was so generally ignored.[29]

Vielleicht ist aber Ungeduld fehl am Platz, wenn man bedenkt, daß heute vielerorts langwierige, weil radikale, geradezu „kopernikanische Wenden" der Aufmerksamkeit weg vom Fokus auf „reine Objekte" zu verzeichnen sind.[30] Die Entwicklung in vielen modernen Wissenschaftsdisziplinen spricht im Grunde dafür, daß der „Zeitgeist" systemische bzw. kontextuale Entwürfe favorisiert: Wie etwa Gene nicht mehr als die „Atome" der

Vererbung angesehen werden, sondern ihre neuen Rollen innerhalb „auto-katalytischer Netzwerke" einnehmen, so ist auch der „Atomismus des 20. Jahrhunderts"[31] widerlegt: Dem Glauben, die Materie bestünde ihrem tiefsten Wesen nach aus kleinsten Teilchen, welche nur „richtig" zusam-mengesetzt werden müßten zum Aufbau der Welt, widersprechen nicht zuletzt all jene experimentellen Befunde, die die Nichtlokalität der Quan-tensysteme bestätigen. Ich habe hier zu argumentieren versucht, daß darüber hinaus aus heutiger Sicht die „Teilchen" in zirkulär-kausalen Zu-sammenhängen mit einer nichtlokalen Umgebung vorzustellen wären.

Einer der bedeutendsten Wegbereiter für die Erstellung des systemi-schen Instrumentariums zum Verständnis dieser kreiskausalen Vorgänge ist Heinz von Foerster. Er selbst hat uns oft davon erzählt, auf welchen Mauern sein Gedankengebäude basiert. Zum Abschluß möchte ich des-halb nochmals Ludwig Wittgenstein zu Wort kommen lassen[32]:

Ich bin auf dem Boden meiner Überzeugungen angelangt.
Und von dieser Grundmauer könnte man beinahe sagen, sie werde vom ganzen Haus getragen.

Anmerkungen

Danksagung: Ich bedanke mich bei S. Fussy und J. Hartmann für ihre Hilfe bei An-fertigung der Grafiken.
Anmerkung zur zweiten Auflage: Seit der ersten Auflage ist folgendes Buch erschienen, das sich mit den hier behandelten Problemen weitergehend beschäftigt:
Gerhard Grössing: Quantum Cybernetics: Toward a Unification of Relativity and Quantum Theory via Circularly Causal Modeling, New York: Springer 2000.
1. Alle angeführten Zitate stammen aus J. Horgan, „Quanten-Philosophie", Spektrum der Wissenschaften 9 (1992), S. 82–91.
2. H. v. Foerster, Wissen und Gewissen. Versuch einer Brücke (Hg. S. J. Schmidt), Suhrkamp, Frankfurt 1993, S. 361. (meine Hervorhebungen)
3. H. Takuma, K. Shimizu, and F. Shimizu, „Observations of the Wave Nature of an Ultracold Atom", Ann. N. Y. Acad. Sci., Vol . 755 (1995), S. 217–226.
4. J. A. Wheeler, „World as system self-synthesized by quantum networking", IBM J. Res. Develop. 32, 1 (1988), S. 4–15.
5. Ebd.
6. Ebd.
7. Ebd.
8. Ebd... Ich glaube, man wäre überrascht zu sehen, wie viele namhafte Quantenphy-

siker folgendem Satz Wheelers zustimmen, sei es offen oder insgeheim: „The quantum cracks the armor that hides the secret of existence." (Ebd.)

9. N. Bohr 1955, „Unity of Knowledge", Festvortrag anläßlich des 200jährigen Bestehens der Columbia University, New York; zitiert nach K. V. Laurikainen, Beyond the Atom. The Philosophical Thought of Wolfgang Pauli, Springer, Berlin 1988, S. 61. (m. H.)

10. G. Dux, Die Logik der Weltbilder. Sinnstrukturen im Wandel der Geschichte, Suhrkamp, Frankfurt 1982, S. 296.

11. A. Einstein, B. Podolsky, N. Rosen, „Can quantum-mechanical description of physical reality be considered complete?", Phys. Rev. 47 (1935), S. 777–780.

12. J. S. Bell 1964, „On the Einstein-Podolsky-Rosen paradox", Physics (Long Island City, New York) 1 (1964), S. 195–200.

13. A. Aspect, J. Dalibard, G. Roger, „Experimental test of Bell's inequalities using time-varying analyzers", Phys. Rev. Lett. 49 (1982), S. 1804–1807; A. Aspect, P. Grangier, G. Roger, „Experimental realization of Einstein-Podolsky-Rosen-Bohm-Gedankenexperiment. A new violation of Bell's inequalities", Phys. Rev. Lett. 49 (1982), S. 91–94.

14. M. A. Horne and A. Zeilinger, „Einstein-Podolsky-Rosen Interferometry", Ann. N. Y. Acad. Sci, Vol. 480 (1986), S. 469–474.

15. L. de Broglie 1960, Non-linear wave mechanics, Elsevier, Amsterdam 1960. Zur Einführung siehe auch L. de Broglie 1970, „The Reinterpretation of Wave Mechanics", Found. Phys. 1, 1 (1970), S. 5–15.

16. D. Bohm 1952, „A Suggested Interpretation of the Quantum Theory in Terms of ‚Hidden' Variables. I and II", Phys. Rev. 85, 2 (1952), S. 166–179, und S. 180–193.

17. D. Bohm and F. D. Peat, Science, Order, and Creativity, Bantam, New York 1987, S. 90.

18. Ebd., S. 99.

19. D. Bohm 1980, Wholeness and the Implicate Order, Routledge and Kegan Paul, London 1980, S. 105f. (m. Ü.)

20. H. v. Foerster, a. a. O., S. 362.

21. G. Grössing 1988, „How does a quantum system perceive its environment?", In: A. van der Merwe, F. Selleri, and G. Tarozzi (Hg.), Microphysical Reality and Quantum Formalism. Conference Proceedings, Urbino, Italy (1985), Vol. 1, Kluwer, Dordrecht 1988, S. 225–238.

22. H. R. Maturana and F. J. Varela, Autopoiesis and Cognition, Reidel, Dordrecht 1980.

23. Siehe Fußnote 21 sowie F. J. Varela, Principles of Biological Autonomy, North-Holland, Amsterdam 1979.

24. Siehe z.B. H. Rauch, „Phase space coupling in interference and EPR experiments", Phys. Lett. A. 173 (1993), S. 240–242, und weitere Referenzen darin.

25. Bezüglich der Ästhetik der der Quanten-Kybernetik eigenen Formelsprache, insbesondere jener der Symmetrien zwischen „Teilchen"- und „Wellen"-Propagationen, muß hier auf die Originalarbeiten verwiesen werden.

26. G. Grössing 1986, „Quantum Cybernetics and its Test in ‚Late-Choice' Experiments", Phys. Lett. A 121 (1986), S. 381–386.

27. G. Grössing 1995, „An Experiment to Decide between the Causal and the Copenhagen Interpretations of Quantum Mechanics", Ann. N. Y. Acad. Sci., Vol. 755 (1995), S. 438–444.

28. Ich habe ein ganzes Buch dazu aufgewendet, dem „Unbewußten der Physik" nachzuspüren. Siehe G. Grössing 1993a, Das Unbewußte in der Physik. Über die objektalen Bedingungen naturwissenschaftlicher Theoriebildung, Turia + Kant, Wien 1993.

29. J. S. Bell 1987, Speakable and Unspeakable in Quantum Mechanics, Cambridge University Press, Cambridge 1987, S. 173 und 191.

30. Ich bezeichne diesen Prozeß als „paradoxales Umkippen", weil er aus den systeminternen Widersprüchen innerhalb der herkömmlichen Reduktionismen hervorgeht. Siehe G. Grössing 1997, Die Information des Subjekts. Paradoxales Umkippen in Zeiten Kopernikanischer Wenden, Turia + Kant, Wien 1997.

31. G. Grössing 1993b, „Atomism at the End of the Twentieth Century", Diogenes 163 (1993), S. 71–88.

32. L. Wittgenstein, „Über Gewißheit", in: Werkausgabe, Bd. 8, Suhrkamp, Frankfurt 1984, S. 169.

Alexander Riegler

Ein kybernetisch-konstruktivistisches Modell der Kognition[1]

1. Einführung

Die Geschichte der *Artificial Intelligence* und *Cognitive-Science*-Forschung zeigt, daß die Komplexität kognitiver Strukturen lange Zeit unterschätzt wurde (Dreyfus & Dreyfus 1990) – nicht zuletzt aufgrund der naiv-realistischen Herangehensweise (Riegler 1991). Offene Fragen wie das *Symbol Grounding Problem* (Harnad 1990) oder Fragen der „geeigneten Repräsentation" (z.B. das *Frame Problem*, Dennett 1984) waren die Folge.

Einen alternativen Zugang zur Bewältigung dieser Probleme stellt die *Artificial Life* zur Verfügung, insbesondere der Animat Ansatz (Wilson 1991). Generell kann *Artificial Life* als die Generierung und Erforschung von Menschen geschaffener lebensähnlicher und selbstorganisierender künstlicher Organismen und Systeme verstanden werden (Langton 1989). Der Anspruch des hier vorgestellten *Constructivist Artificial Life Models* (CALM) (Riegler 1994a-c, Riegler 1995) besteht darin, Artificial Life auch auf eine kognitive Ebene zu bringen, d.h. auf die Ebene der Organisation und Evolution von zunehmend komplexeren Verhaltensweisen. Kognition kennzeichnet in diesem Kontext die Fähigkeit von Individuen, in ihrer Umwelt zu überleben und im Sinne des Konstruktivismus (Glasersfeld 1987) ein viables Weltbild zu konstruieren. Folgende Gesichtspunkte sollen berücksichtigt werden:
– Die Entwicklung höherer kognitiver Strukturen, die ausgehend von einfachen sensomotorisch organisierten Individuen durch Anwendung ontogenetischer und phylogenetischer Lernmechanismen entstehen.

– Die Aufrechterhaltung der Nachvollziehbarkeit der systeminternen Prozesse und der Erklärbarkeit der kognitiven Prozesse auf funktionaler Ebene (vgl. etwa die kybernetischen Diagramme von Hassenstein 1965).

In der Evolutionstheorie zeigte sich, daß für eine positive Weiterentwicklung von Organismen ein auf Variation und Selektion beruhender Mechanismus allein nicht ausreichend sein kann, sondern daß auch interne Bedingungen eine wichtige Rolle spielen (Riedl 1975).

Für eine sich evolutionär entwickelnde Kognitionsarchitektur müssen daher einerseits Alternativen zum Alltagsverständnis von Kognition gefunden und andererseits evolutionäre Randbedingungen stärker in den Vordergrund gerückt werden. Diesem Imperativ kommt die *Constructivist Artificial Life* nach.

Zunächst sollen die motivationalen Aspekte dargelegt werden, die zur Formulierung von CALM führten. Diese gründen in der Ethologie, in der Systemtheorie der Evolution und im Radikalen Konstruktivismus. In Sektion 3 wird das Modell im Detail vorgestellt. Sektion 4 beschreibt eine Beispielumwelt, in der sich mit dem konstruktivistischen Kognitionsapparat ausgerüstete Agenten bewähren müssen. Schließlich wird in den Sektionen 5 und 6 eine Zusammenfassung des Modells und ein Ausblick auf mögliche Erweiterungen gegeben.

2. Abriß der Kognitionsarchitektur

2.1 Weshalb noch ein weiteres Modell für Kognition?
Das konstruktivistische Kognitionsmodell versucht folgende Defizite bisheriger Artificial-Life-Modelle zu vermeiden:
– *PacMan*-Modelle: Hier interagieren simulierte Organismen mit anthropomorph definierten Entitäten, wie z.B. „Futter", „Feind", usw. Dieser Ansatz ist gleichbedeutend mit einer reinen Optimierungsaufgabe, die auf einen maximalen Energiegewinn bei minimalem Schaden abzielt. Die Frage nach der Entstehung der Bedeutung der Entitäten für die Organismen wird nicht gestellt (vgl. *Symbol Grounding Problem*).
– Behavioristische Modelle: Die verwendeten Kognitionsapparate stellen oftmals nur schlichte Reiz-Reaktionssysteme ohne interne Zustände dar.
– Symbolische Produktionssysteme: Die verwendeten Regelsysteme führen

„harte" (symbolische) Klassifikationen durch, d.h. der Übergang zwischen positiv und negativ klassifiziert ist nicht fließend.

– NN-Modelle: Die eingesetzten neuralen Netzwerke besitzen eine nur sehr mangelhafte Erklärungskomponente, mit deren Hilfe auf die Ursachen eines beobachteten Verhaltens geschlossen werden kann. Damit ist der Experimentator wieder in der Position eines Verhaltensforschers, der nur oberflächliche Aussagen über die zugrundeliegende interne Dynamik des Systems treffen kann.

2.2 Inspirationen

Aus der Ethologie und Evolutionstheorie, sowie aus der Epistemologie des Konstruktivismus sind Mechanismen bekannt, die ich zur Entwicklung der konstruktivistischen Kognitionsarchitektur verwendet habe. So illustrieren Lorenz und Tinbergen (1938) mit der Eirollbewegung der Graugans ein regelhaftes Verhalten im Tierreich: Bemerkt eine brütende Graugans das Herausfallen eines Eies aus dem Nest, so versucht sie mit der Unterseite ihres Schnabels das Ei wieder ins Nest zurückzurollen. Algorithmisch betrachtet bedeutet dies eine Programmschleife, in der mit jedem Durchlauf das Ei ein Stück herangerollt wird, solange bis das Abbruchskriterium des Erreichens des Nestrandes erreicht ist. Interessanterweise bricht das Tier seine Bewegung nicht ab, wenn das Ei auf halber Strecke entfernt wird. Erst wenn der Nestrand erreicht ist, wird das Verhaltensmuster beendet. Damit verhält sich die Graugans nach einer allgemein formulierbaren Regel: Wenn ein Schlüsselreiz gegeben ist, dann starte eine bestimmte Verhaltenssequenz (einer erbkoordinierten Bewegung). Der Reiz kann dabei durchaus komplexer (zusammengesetzter) Natur sein – Lorenz spricht von einem angeborenen oder erlernten Auslösemechanismus. Analog kann die Verhaltenssequenz durchaus komplizierter sein: Während die Graugans das Ei zurückrollt, versucht sie Unebenheiten des Bodens mit übersteuernden Bewegungen des Schnabels in die entsprechende Richtung auszugleichen, um damit das rollende Ei auf einem geraden Kurs zu halten. Von einem algorithmischen Standpunkt stellt das Ausgleichsverhalten Abfragen nach möglichen Kursabweichungen innerhalb der Schleife des Eirückholens dar (sog. checkpoints).

Mit dem algorithmisch-regelhaften Aspekt des Verhaltens ist eine gewisse Erwartungsgetriebenheit verbunden: Im Falle der Graugans unterbricht das Entfernen des Eies das Verhalten nicht. Es steckt also im Eirollverhalten die phylogenetisch sinnvolle Antizipation, daß im gegebenen Kontext des herausgefallenen Eies die Eirollbewegung zu dem befriedigenden Kontext führt, das Ei wieder im Nest zu haben.

Aus der Systemtheorie der Evolution (Riedl 1975; Wuketits 1987) ist der Aspekt der funktionalen Koppelung bekannt. Dieser Aspekt beschreibt die Verklammerung im Genom, die zu einer gemeinsamen Entwicklung von miteinander in Beziehung stehenden Merkmalen des Phänotyps führen. Wenn in der Evolution Merkmale einmal funktional gekoppelt werden, dann bewirken sie eine erhebliche Beschleunigung der Evolution, da die Entstehung von (sub-)lethalen Mutanten unwahrscheinlicher wird. Genetisch kann die Verklammerung mit Homeoboxen erklärt werden, die gewissermaßen Schaltergene auf einer Metaebene in bezug auf die eigentlichen Strukturgene darstellen. Experimente mit Homeoboxen in Drosophila führten beispielsweise zur Mutante D. antennapedia, bei der sich statt der Fühler vollkommen richtig ausgebildete Beine am Kopf bilden. Diese „genetischen Ein/Ausschalter" führen damit eine hierarchische Ordnung in den Genotypus ein. Ein weiteres Beispiel für das Auftreten evolutionärer Veränderungen auf einer höheren Hierarchieschicht als der der Strukturgene im Genotypus ist die Cartesische Transformation (Thompson 1942), die proportionale evolutive Veränderung von Skeletten.

In der Physiologie ist seit langem das Prinzip der undifferenzierten Kodierung des Nervensystems bekannt, d.h. der Umstand, daß Nervensignale zwar von unterschiedlicher Stärke sein können, aber keine Information über ihren Ursprung mitliefern. Erst das Gehirn errechnet einen Sinn aus der Vielzahl der einkommenden Signale. Im Rahmen des Konstruktivismus (Schmidt 1987) spricht man hierbei von der operationalen Geschlossenheit (Maturana 1982) des kognitiven Apparates: Jede Zustandsänderung der relativen Aktivität einer Neuronengruppe führt zu einer Zustandsänderung der relativen Aktivität dieser oder einer anderen Neuronengruppe (Winograd & Flores 1986). Sinnesreize stellen dabei nur Perturbationen dar, welche den kognitiven Apparat in seinem Operieren zwar beeinflussen, aber nicht determinieren. Nicht „Information von Außen" charakterisiert die Funktionsweise des kognitiven Apparates, sondern die fortdauernde interne Konstruktion der Welt, die ankommende Perturbationen lediglich zu interpretieren sucht. Die Entwicklung vom Neugeborenen zum Erwachsenen im speziellen und die evolutionäre Entwicklung kognitiver Kompetenz im allgemeinen spiegelt diese fortdauernde Konstruktion wider.

Wie können nun all diese Punkte – ethologische Beobachtungen, organismusinterne Constraints in der Evolution und konstruktivistische Konzepte – in eine Kognitionsarchitektur einfließen?

3. Das konstruktivistisches Kognitionsmodell

Die Anwendung der oben erwähnten Beobachtungen auf die Ebene der kognitiven Fähigkeiten resultiert in der Beschreibung eines Kognitionsapparates. Dieser ist in Form eines unscharfe Regeln verarbeitenden Algorithmus implementiert und stellt damit eine Alternative zu Neuralen Netzwerken dar.[2] Der Apparat besteht in diesem Modell aus einer Anzahl von (Speicher-)Zellen, d.h. Zuständen, die einen numerischen Wert annehmen.

Eine Regel besteht aus einem Bedingungsteil, in dem ein gewisser Kontext abgefragt wird, und einem Aktionsteil. Beide Komponenten sind nach einem Baukastenprinzip aufgebaut: Im Falle des Bedingungsteils stehen Einzelabfragen und zu Gruppen zusammengefaßte Einzelabfragen (sog. Konzepte) zur Verfügung. Um der Komplexität einer realistischen Umgebung Rechnung zu tragen, ist eine Einzelabfrage definiert als sog. Fuzzy Condition: Der zu testende Wert muß innerhalb eines durch eine Glockenfunktion definierten Intervalls liegen (vgl. Abb. 1b). Eine Einzelabfrage prüft somit, ob ein Kontext in einer Modalität (z.B. die Farbe eines zu erkennenden Objektes) gegeben ist. Für die multimodale Erkennung ist die Kombination mehrerer Einzelabfragen in Form eines Konzeptes erforderlich.

Der Aspekt der operationalen Geschlossenheit bedingt nun, daß die Funktionsweise des künstlichen Kognitionsapparates nicht direkt auf der Semantik der Umwelt definiert ist. Vielmehr wird durch das Einfügen einer Transduktionsschicht (einer sensorisch-motorischen Oberfläche) erreicht, daß der Apparat ausschließlich mit seinen eigenen Zuständen operiert (vgl. Abb. 1a). Die Transduktionsschicht bildet gewisse Aspekte der Umwelt auf die Zellen des kognitiven Apparates ab bzw. setzt Zustände gewisser Zellen in Aktionen um. Für den Aktionsteil der Regeln bedeutet der Umstand der ope-rationalen Geschlossenheit, daß lediglich Zustände der Zellen verändert, nicht aber direkt Umweltaktionen gesetzt werden können. Eine derartige SET-Aktion setzt den Inhalt einer Zelle entweder auf einen absoluten Wert oder den Wert einer anderen Zelle, wodurch eine relative Zustandsveränderung erreicht wird. Zusätzlich kann der Wert durch Anwendung eines mathematischen Operators verändert werden. Beispielsweise wird mit SET $zelle_a$ += $zelle_b$ eine additive Wirkung erzielt, indem der Wert der Zelle b zum Wert der Zelle a addiert und die Summe in Zelle a gespeichert wird.

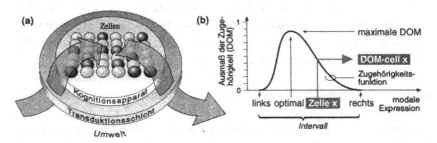

Abb. 1: a) Operationale Geschlossenheit des kognitiven Apparates. Die dunkel eingezeichneten Zellen werden von der Transduktionsschicht beschrieben und ausgelesen; b) Fuzzy Condition.

Um die oben erwähnten Checkpoints implementieren zu können, ist eine zweite Art von Aktionen erforderlich: CALL fügt in einer zusammengesetzten Aktionssequenz an beliebiger Stelle ein anderes „Bauelement" (Abfrage, Konzept, Regel, etc.) in den Funktionsablauf ein. So läßt sich durch ein CALL abfrage $ei_{seitwaerts}$ die Seitwärtsdrift des rollenden Eies im Falle der Graugans abfragen und ggf. korrigieren (vgl. das Beispiel der Eirückholbewegung).

Durch die Verwendung von Bauelementen ist die Kognitionsarchitektur ein hierarchisches System, in welchem Einzelelemente funktional gekoppelt sein können (vgl. Abb. 2). Dabei stellen Elemente auf einer höheren Ebene gewissermaßen „Kontrollgene" für darunterliegende Elemente dar: Der Austausch eines zusammengesetzten Elementes ist gleichbedeutend mit dem gleichzeitigen Austausch mehrerer Einzelelemente.

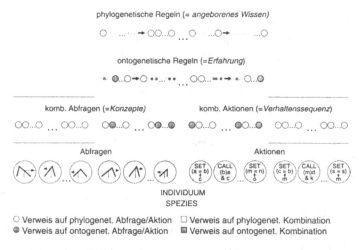

Abb. 2: Hierarchische Organisation des kognitiven Apparates

Die antizipatorische Funktionsweise des Kognitionsapparates auf dieser hierarchischen Struktur ist wie folgt: In einem ersten Schritt (Polling) wird die momentane Umweltsituation mit allen Bedingungsteilen aller Regeln verglichen. M.a.W., für jede Regel wird die Summe aller degrees of membership (vg. Abb. 1b) der vorhandenen Bedingungen errechnet. Je mehr Übereinstimmung ein Bedingungsteil einer Regel mit dem Umweltkontext besitzt, desto höher ist die Wahrscheinlichkeit, daß diese Regel selektiert wird und ausgeführt wird. Weitere Faktoren, die den Auswahlprozeß beeinflussen, ist die Anzahl der bisherigen Exekutionen einer Regel und der zeitliche Abstand zu der zuletzt erfolgten Ausführung. Das Ausführen einer Regel bedeutet, daß sequentiell alle Elemente des Aktionsteils exekutiert werden. Der Aktionsteil kann aufgrund des CALL Operators auch Bedingungen enthalten, wodurch eine enge Verknüpfung zwischen Wahrnehmung und Handeln (SET Operator) erreicht wird. Ist eine der Bedingungen negativ, so stoppt der Aktionsteil an dieser Stelle und kehrt entweder zum übergeordneten Aktionsteil zurück (im Falle einer durch CALL aufgerufenen Verhaltenssequenz), oder der Kognitionsapparat beginnt erneut mit Schritt 1, dem Polling. Man kann hier auch von einem antizipatorischen Verhalten sprechen, da Regeln die implizite Annahme beinhalten, daß gewisse Aktionen zu gewissen Umweltbedingungen führen, deren Eintreffen mit den erwähnten eingebetteten Bedingungen abgeprüft werden. Im allgemeinen endet eine Regel, wenn nach einer Einzelaktion eine explizite Stopanweisung gegeben ist oder wenn das letzte Element ihres Aktionsteils ausgeführt wurde.

Ein kognitiver Apparat kann sich individuell (ontogenetisch) oder stammesgeschichtlich (phylogenetisch) entwickeln.[3] Generell basieren zahlreiche Lernverfahren (wie etwa Q-Learning, Backpropagation in Neuralen Netzwerken, oder Genetische Algorithmen, etc.) auf der Tasache, daß eine absolute Referenz, eine sogenannte Fitneßfunktion angegeben werden kann, an der sich ein Lernvorgang orientiert. Nun ist aber das Konzept eines derartigen evaluierenden Kriteriums aus biologischer wie auch konstruktivistischer Sicht unzutreffend. Das Überleben eines Individuums ist eine Ja-Nein Angelegenheit, es macht keinen Sinn, von graduell besserem Überleben zu sprechen. Aus diesem Grund orientieren sich die in CALM verwendeten Lern-mechanismen an anderen Gesichtspunkten. Die grundsätzliche Funktion von Lernmechanismen besteht darin, eine möglichst redundanzfreie Menge an Regeln zu finden, die dem Individuum ein Überleben in dessen Umwelt ermöglichen. Die Minimierung der Redundanz ist wünschenswert, da längere Rechenzeiten das Handeln eines Individuums verlangsamen und somit wiederum seine Viabilität herabsetzen.

Ontogenetisch kann auf der Ebene der Einzelelemente das Aussehen der Zugehörigkeitsfunktion hinsichtlich zweier Bewertungskriterien modifiziert werden: Durch Einschränkungen der Generalität des Bedingungsteils (die gewichtete Summe der Intervalle aller Abfragen), d.h. die Regel reagiert genauer auf einen bestimmten Kontext; und durch Veränderung der Wichtigkeit (die gewichtete Summe der maximal möglichen Antwort aller Bedingungen). Die Veränderung erfolgt zunächst auf trial-and-error Basis, ist aber durch die Häufigkeit der Aufrufe des jeweiligen „Bauelements" gewichtet.

Phylogenetisch erfolgen die Veränderungen durch Anwendung genetischer Mutations- und Rekombinationsoperatoren, wie sie von den Genetischen Algorithmen (Goldberg 1989) her bekannt sind. Die Operatoren können die Zusammensetzung von kombinierten Elementen ändern oder die Anzahl der Einträge in diesen Elementen verändern, um dadurch eine Generalisation bzw. Spezialisierung zu erreichen. Weiters ist die Mutabilität der Gene veränderbar, welche die Bauelemente kodieren. Dies ist die funktionale Inversion von Intronen, wie sie aus der Biologie bekannt sind: Gewisse Abschnitte des Genoms sind aufgrund vielfacher identischer Repetitionen schwerer veränderbar.

4. Umwelt

Ein Kognitionsapparat zeichnet sich nach von Foerster (1984) durch die Fähigkeit aus, trivialisieren zu können, d.h. eine komplexe Umwelt in sogenannte triviale Maschinen verwandeln zu können und sie damit in gewissen Aspekten vorhersagbar und handhabbar zu machen. Damit liegt auf der Hand, daß für die Evaluierung der CALM Architektur die Bereitstellung einer komplexen „Ökologie" vonnöten ist. Um aber nicht die Fehler der „Blockworld"-Artificial Intelligence (Dreyfus & Dreyfus 1990) zu wiederholen, umfaßt die Formulierung der Umwelt quasi-physikalische und -chemische Aspekte, aber keine Vorgaben auf kognitiver Ebene. Die Semantik der Umwelt muß von den künstlichen Organismen selbst eruiert werden, ganz im Sinne des Konstruktivismus. Dazu wird eine „Physik" von 5 Grundelementen definiert, aus denen sich alle Entitäten in einem bestimmten Verhältnis zusammensetzen. Weiters ist die Verdauungsphysiologie der Wesen in Form des Energienutzens hinsichtlich der 5 Grundelemente vorgegeben (diese Funktion kann sich aber evolutiv verändern). Die Organismen stellen auch füreinander potentielle Futterquellen dar, wodurch die Ausbildung von Nahrungsketten möglich wird. Die Wesen sind zu Beginn der Simulation mit einem rudimentären Sinnesapparat bzw. motorischen Apparat ausgestattet, der sich aber evolutiv hinsichtlich seiner Bandbreite, seines Spektrums an wahrgenommenen Modalitäten und seiner Auflösungsfähigkeit weiterentwickeln kann. Durch Nutzung der von der sensorischen Oberfläche gelieferten Information sollen nun die Kreaturen komplexe Verhaltenstrukturen entwickeln, die ihnen das Überleben in der Umgebung ermöglicht. Durch Einengung der vorhandenen Ressourcen kann vom Experimentator ein „Evolutionsdruck" geschaffen werden. Neben der Fragestellung, auf welche Weise Individuen ihre Welt konstruieren, besteht das Ziel dieses Versuchsaufbaues darin, generell Informationen über die Dynamik von Lern- und Evolutionsprozessen zu gewinnen. Der Vorteil gegenüber „natürlichen" Systemen liegt auf der Hand: der Experimentator ist zugleich Ethologe, der die Verhaltensmuster beobachten kann, und Physiologe, der die innere Struktur und Dynamik des Kognitionsapparates kennt.

5. Zusammenfassung

Von einem biologischen Standpunkt lassen sich mit der konstruktivistischen Kognitionsarchitektur auf einer funktionalen Basis folgende Verhaltensstrukturen entwickeln (Tembrock 1980):
- Reflexe,
- Angeborene Auslösemechanismen (AAMs) und starr ablaufende erbkoordinierte Bewegungen,
- Erworbene bzw. durch Hineinlernen erweiterte Auslösemechanismen (EAMs bzw. EAAMs) und variabel ablaufende erbkoordinierte Bewegungen.

Der entscheidende Unterschied zu anderen Artificial Life Modellen liegt darin, daß CALM auf einer möglichst niedrigen Ebene basiert, d.h. zahlreiche a priori Annahmen und anthropozentrische Unterschiebungen zu vermeiden sucht. Die Bedeutung von Repräsentationen sind nicht vorgegeben, sondern erwachsen aus den Gegebenheiten, mit denen ein künstliches Wesen konfrontiert ist.

Die geforderte Nachvollziehbarkeit im funktionalen Sinne erfordert die Verwendung regelbasierter Repräsentation in Form von Schemata. Die Abfragen und Aktionen der Regelbasis sind hierarchisch organisiert. Abfragen testen aufgrund der operationalen Geschlossenheit des kognitiven Apparates ausschließlich interne Zustände, nicht aber Zustände der Umwelt. Auch gibt es nur Aktionen, die entweder interne Zustände manipulieren oder die hierarchische Organisation aufbauen. Die Separation zwischen kognitivem Apparat und Sensoren/Effektoren hat zwei Konsequenzen: (a) Austauschbarkeit des kognitiven Apparates; (b) Unabhängigkeit von Lernalgorithmen von der Beschaffenheit von Sensoren und Effektoren.

Für eine Firma (die Natur) wäre es katastrophal, sich nur auf ihre Kunden (die Selektion) zu verlassen, um herauszufinden, ob ein bestimmter Motor (eine bestimmte Mutation) in das Auto paßt (nicht lethal ist), oder ob die Zylinder alle gleich groß sind (Riedl 1975). Diese einfache Analogie macht deutlich, daß die Verwendung von Constraints zur Realisierung von Interdependenzen (also die Einführung funktionaler Koppelungen) erforderlich sind. Die evolutionäre Anhäufung von Interdependenzen führt zu einer „Tradition", die eine Einengung des Adaptionsraumes und damit eine Beschleunigung der Entwicklung bedeutet. Koppelungen werden durch Einführung von Bibliotheken auf einer höheren Hierarchiestufe erreicht. Damit werden durch die Aktivierung eines Elements auf einer höheren Ebene alle von diesem Element referenzierten Elemente auf einer tieferen Ebene gleichzeitig angesprochen. Dies realisiert die aus der Genetik bekannten Mechanismen von Polygenie und Pleiotropie (Kämpfe 1992). Phylogenetische Bibliotheken repräsentieren das von allen Lebewesen gemeinsam nutzbare „Wissen", also die ererbten Fähigkeiten, während ontogenetische Bibliotheken den individuellen Erfahrungsschatz der Lebewesen beinhalten.

Die aus der konstruktivistisch-antizipatorischen Funktionsweise des Kognitionsapparates resultierenden Verhaltensstrukturen besitzen eine hohe Affinität zu den von höheren Lebewesen bekannten Verhaltensweisen. Das wird deutlich, wenn eine Katze vor einem Mauseloch auf die eben darin verschwundene Maus wartet (Sjölander 1993). Für die Katze ist ihre Beute ein modales Ganzes, deren Bewegungen aufgrund bisher gemachter Erfahrungen vorhergesehen werden können. Für eine Schlange aber existiert die Beute lediglich in Form separater modaler Erscheinungen, die einzeln ein bestimmtes Verhalten auslösen (vgl. Reiz-Reaktionssystem). Im Vergleich zum antizipatorischen Verhaltensmuster benötigt ein Vorgehen gemäß des Informationsverarbeitungsparadigmas (d.h. die Extraktion aller relevanten Informationen aus der Fülle der gesamten Umweltinformation) zuviel Aufwand und Zeit, als daß in Echtzeit gehandelt werden könnte (vgl. Illustration des *Frame Problem* bei Dennett).

6. Ausblick

Zunächst stellt sich die Frage nach den Mechanismen, die in der Transduktionsschicht ablaufen. Von einem physiologischen Standpunkt ist der Prozeß der Transduktion ein hochparalleler Vorgang, der zu immer komplexeren Einheiten führt. Roth (1994) spricht von einer „konvergent-hierarchischen Verarbeitung". Eine diesbezügliche Ergänzung zur bestehenden Kognitionsarchitektur ist für die Konfrontation mit komplexen Umgebungen sinnvoll. Dabei stellt sich die Frage, ob diese Prozesse direkte Abbilder der physiologischen Vorgänge sein müssen, oder ob hier funktional generalisiert werden kann. Im Zusammenhang mit den konvergent-hierarchischen Prozessen steht letztendlich auch Gestaltwahrnehmung.

Auf phylogenetischer Ebene stellt sich die Frage nach der Abbildung von Genotypus und Phänotypus. Spielt hier die intermediäre Schicht der Proteine eine funktionale Rolle oder ist sie vernachlässigbar? Die Beantwortung dieser Frage würde auch beitragen, die Sinnhaftigkeit des Lamarckismus für die Kognitionsarchitektur zu klären: Brächte die Möglichkeit der direkten Rückkodierung Geschwindigkeitsvorteile bei bestehender funktionaler Äquivalenz zum Darwinismus?

Der Viabilitätsbegriff Glasersfelds mit seiner Unterscheidung zwischen *match* und *fit* (Glasersfeld 1987) sowie Maturanas Analogie vom Navigator in einem Unterseeboot, der lediglich die Relationen zwischen Schalterstellungen und Anzeigeinstrumenten konstant hält (Maturana 1987), zeigen, daß die Vorstellung, von sich wiederholenden Verhaltensmustern auf eine externe Realitätstruktur schließen zu können, ein arbiträres Unterfangen darstellt. Das erklärte Ziel in der (Weiter-) Entwicklung der Kognitionsarchitektur besteht deshalb (u.a.) darin, die radikalkonstruktivistischen Konzepte der operationalen Geschlossenheit und der Strukturkoppelungen zu verwirklichen. Ersteres wurde dahingehend ausgelegt, daß die prinzipielle Funktionsweise des Kognitionsapparates unabhängig von einer „Außenweltsemantik" ist. Das bedeutet, daß aus der Sicht des Apparates keinerlei Unterschied besteht, ob dieser zwischen sensorischer und motorischer Oberfläche eingebettet oder vollkommen isoliert ist. Das betonen auch Winograd und Flores (1986): „The physical means by which that structure [of the nervous system] is changed by interaction within the physical medium lie outside the domain of the nervous system itself." In diesem Sinne braucht der kognitive Apparat für sein Funktionieren keine Außenwelt anzunehmen. Das bedeutet keineswegs eine *creatio ex nihilo*, denn (a) selbstverständlich ergibt sich unter dem Blickwinkel eines Beobachters, der den Kognitionsapparat und die Oberflächen simultan betrachten kann, der Eindruck adäquaten Verhaltens; und (b) dem in (Riegler 1994) angesprochenen „the architecture may be alternatively viewed as testing the complementary relationship between epistemology and methodology" gemäß sind gewisse Aprioris unvermeidbar, die aber unterhalb der kognitiven Ebene angesiedelt sind.

Anmerkungen

1. Diese Arbeit wurde gefördert vom Österreichischen Fonds zur Förderung wissenschaftlicher Forschung sowie dem Konrad-Lorenz-Institut für Evolution und Kognition.
2. Regelsysteme sind eine der grundlegenden Methoden in der Informatik. Insbesondere in der Artificial Intelligence lassen sich in Expertensystemen leicht Schlußfolgerungsketten erstellen, die einen hohen Erklärungswert besitzen. Allerdings sollen in CALM nicht die Nachteile traditioneller Regelsysteme übernommen werden, nämlich eine harte symbolische und human-mediated Klassifikation. Vielmehr wird der „fuzzy Charakter" der Welt berücksichtigt.
3. Da eine Simulation nicht den physikalischen und chemischen Constraints der „natürlichen" Evolution unterliegt, verschwimmen die Grenzen zwischen beiden Kategorien, so daß im Prinzip beide Lernmechanismen auf individueller Ebene angewendet werden können.

Literatur

D.C. Dennett, „Cognitive Wheels: The Frame Problem of AI", in: C. Hookway (Hg.), Minds, Machines, and Evolution: Philosophical Studies. London: Cambridge University Press 1984.

H.L. Dreyfus/Stuart E. Dreyfus, „Making a Mind versus Modelling the Brain: Artificial Intelligence Back at a Branch-Point", in: S. Graubard (Hg.), The Artificial Intelligence Debate. Cambridge, MA: MIT Press 1990, S. 15–44.

H.v. Foerster, Sicht und Einsicht. Braunschweig: Vieweg 1984.

E. v. Glasersfeld, Wissen, Sprache und Wirklichkeit. Braunschweig: Vieweg 1987.

D.E. Goldberg, Genetic Algorithms in search, optimization and machine learning. Reading: Addison-Wesely 1989.

S. Harnad, „The Symbol Grounding Problem", in: Physica D 42, 1990, S. 335–346.

B. Hassenstein, Biologische Kybernetik. Heidelberg: Quelle und Meyer 1965.

L. Kämpfe (Hg.), Evolution und Stammesgeschichte der Organismen. Jena: Gustav Fischer Verlag 1992.

K.Z. Lorenz/N. Tinbergen, „Taxis und Instinkthandlung in der Eirollbewegung der Graugans", in: Zeitschrift f. Tierpsychologie Band 2, Heft 1, 1938. Nachgedruckt in:

K. Lorenz, Über tierisches und menschliches Verhalten. Gesammelte Abhandlungen I. München: Piper, S. 343–379.

C.G. Langton, „Artificial Life", in: C.G.Langton (Hg.), Artificial Life. Redwood City, CA: Addison Wesley, S.1-48.

H.R. Maturana, Erkennen: Die Organsiation und Verkörperung von Wirklichkeit. Braunschweig: Vieweg 1982.

H.R. Maturana, „Kognition", in: S.J. Schmidt (Hg.), Der Diskurs des Radikalen Konstruktivismus. Frankfurt a. M.: Suhrkamp 1987, S. 89–118.

R. Riedl, Die Ordnung des Lebendigen. Systembedingungen der Evolution. Hamburg-Berlin: Parey 1945.

A. Riegler, TKW – Plädoyer für eine technische Kognitionswissenschaft. Diplomarbeit an der Technischen Universität Wien 1991.

A. Riegler, „Fuzzy Interval Stack Schemata for Sensorimotor Beings", in: P. Gaussier/ J.-D. Nicoud (Hg.), Proceedings of the From Perception to Action Conference (Per Ac'94). Los Alamitos: IEEE Computer Society Press 1994a.

A. Riegler, „Constructivist Artificial Life: The constructivist-anticipatory principle and functional coupling". Presented at the 18th German Conference on Artificial Intelligence (KI-94), Saarbrücken, Sept, 21–24, 1994b.

A. Riegler, Constructivist Artificial Life: The Study of Phylogenetic and Ontogenetic Development of Cognition As an Enhancement for Artificial Life Systems. Dissertation an der Technischen Universität Wien 1994c.

A. Riegler/N. Kharma, „The Ten Commandments of Constructivist Artificial Life". Presented at the Third European Conference on Artificial Life (ECAL-95) in Granada, Spain, 1994c.

G. Roth, Das Gehirn und seine Wirklichkeit. Frankfurt a. M.: Suhrkamp 1994.

S.J. Schmidt (Hg.), Der Diskurs des Radikalen Konstruktivismus. Frankfurt a. M.: Suhrkamp 1987.

S. Sjölander, „Some cognitive breakthroughs in the evolution of cognition and consciousness, and their impact on the biology of language", in: Evolution and Cognition, vol. 3, no. 1, 1993.

G. Tembrock, Grundriß der Verhaltenswissenschaften. Stuttgart: Gustav Fischer 1980.

D. Thompson, Growth and form. London: Cambridge Univ. Press 1942.

S.W. Wilson, „The Animat Path to AI", in: J.-A. Mayer/S.W. Wilson (Hg.), From Animals to Animats. MIT Press 1991, S. 15–21.

T. Winograd/F. Flores, Understanding Computers and Cognition: A New Foundation for Design. Norwood, NJ: Ablex 1986.

F.M. Wuketits, „Evolution als Systemprozeß: Die Systemtheorie der Evolution", in: R. Siwegg (Hg.), Evolution, Stuttgart: Fischer 1987, S. 453–474.

Peter Baumgartner, Sabine Payr

Erfinden lernen

Der ästhetische Imperativ: Willst du erkennen, lerne zu handeln.
Der ethische Imperativ: Handle stets so, daß die Anzahl der Möglichkeiten wächst.
So konstruieren wir aus unserer Wirk-lichkeit in Zusammenwirkung unsere Wirklichkeit.

Heinz von Foerster[1]

In diesem Artikel wollen wir der Frage nachgehen, wie Menschen neue Fertigkeiten erwerben, allmählich vom blutigen Anfänger zum versierten Experten auf einem bestimmten Gebiet werden – wie sie handeln lernen. Es geht uns dabei nicht bloß um das Einprägen von Fakten oder um das Einüben von Tätigkeiten, sondern wir wollen Lernen so umfassend verstehen, daß auch die Metaebene „Lernen lernen"[2] – oder wie Bateson[3] es ausdrückt „Deuterolernen" – inbegriffen ist. Wir werden verschiedene Ansätze diskutieren und uns die Frage stellen, wie eine konstruktivistische Lerntheorie aussehen könnte. Danach wollen wir unser hypothetisches Modell, also unsere Erfindung, anhand eines konkreten Beispiels – einer Trainingssoftware auf dem Gebiet der Echokardiographie – illustrieren.

1. Drei Lerntheorien

Wie können wir uns den menschlichen Lernprozeß vorstellen? Wir wollen hier kurz skizzieren, was die drei einflußreichsten Theoriesysteme dieses Jahrhunderts – Behaviorismus, Kognitivismus und Konstruktivismus – dazu sagen:

Der Behaviorismus: Behavioristische Lehrstrategien[4] gehen davon aus, daß Lehrende wissen, was die Lernenden zu lernen haben. Lernen wird als konditionierter Reflex gesehen, der durch Adaption erworben wird. Wir müssen daher den Lernenden „nur" den geeigneten Stimulus (Reiz) präsentieren, um ein bestimmtes Verhalten (Reaktion) hervorzurufen. Die theoretischen und didaktischen Schwierigkeiten bestehen vor allem darin, diese geeigneten Stimuli zu erforschen und sie mit adäquatem Feedback zu unterstützen, um die richtigen Verhaltensweisen zu verstärken.

Der Behaviorismus ist nicht an den im Gehirn ablaufenden spezifischen Prozessen interessiert. Das Gehirn wird als „black box" aufgefaßt, die einen Input erhält und darauf deterministisch reagiert (Abb. 1, links). Das Modell dieser Lerntheorie ist das Gehirn als passiver Behälter, der gefüllt werden muß. Der Behaviorismus ist nicht an bewußten (kognitiven) Steuerungsprozessen, sondern vor allem an Verhaltenssteuerung interessiert.

Der Behaviorismus ist heute stark in Mißkredit geraten. Der wesentliche Grund dafür ist, daß das Reiz-Reaktions-Schema die Komplexität der menschlichen Lernprozesse offenbar nicht erfassen kann. Menschen sind nicht nur passive Stimuli-Empfänger. In einem kleinen, begrenzten Bereich hat der Behaviorismus allerdings große Erfolge erzielt: beim Trainieren von (körperlichen) Fertigkeiten.

Zwar ging das Üben von körperlichen Verhaltensweisen oder Fähigkeiten mit der theoretischen Negation geistiger Prozesse vor sich, doch gelang es der behavioristischen Pädagogik, „spontane" Reaktionen anzuerziehen. Ein typisches Beispiel ist das Sprachlabor, das nach dem Muster von *Drill & Practice* konzipiert ist. Es wird so lange geübt, bis auf einen bestimmten Stimulus quasi automatisch eine bestimmte Reaktion erfolgt. Andere Beispiele solcher Übungsmethoden sind die Fingerübungen beim Lernen von Maschinschreiben, Klavierspielen oder Jonglieren.

Wir erwähnen bewußt solche scheinbar trivialen Tätigkeiten, weil wir der Auffassung sind, daß sie ein bestimmtes Spektrum von Fähigkeiten abdecken, die in den neueren Lerntheorien meistens unberücksichtigt bleiben: die automatische, scheinbar gedankenlose, gewandte Ausführung einer Fertigkeit, das Erlernen einer Art von routinierter Geschicklichkeit, das Einüben von sogenannten „skills".

Der Kognitivismus: Das moderne und heute wahrscheinlich dominante Paradigma des Kognitivismus betont im Gegensatz zum Behaviorismus die inneren Prozesse des menschlichen Hirns und versucht, diese Prozesse zu unterscheiden, zu untersuchen und miteinander in ihrer jeweiligen Funktion in Beziehung zu setzen. Für den Kognitivismus ist das menschliche Hirn keine „black box" mehr, bei der nur Input und Output interessieren, sondern es wird versucht, für die dazwischenliegenden Verarbeitungsprozesse ein theoretisches Modell zu entwickeln (Abb. 1, Mitte). Es gibt eine ganze Reihe unterschiedlicher Ausprägungen des Kognitivismus, auf die wir hier nicht näher eingehen können.[5] Grob gesagt ist ihnen jedoch allen gemeinsam, daß der Prozeß des menschlichen Denkens als ein Prozeß der Informationsverarbeitung gesehen wird. Auf dieser sehr abstrakten Ebene sind menschliches Hirn und Computer äquivalent: Beide sind „Geräte" zur Informationsverarbeitung. Daher gibt es auch einen engen Zusammenhang zwischen Kognitivismus und dem Forschungsprogramm der „Künstlichen Intelligenz".[6]

Obwohl sich alle Kognitivisten einig sind, daß wir die internen Prozesse des menschlichen Hirns zu studieren haben, stehen sie vor dem Problem, daß niemand in der Lage ist, den Informationsfluß im Hirn direkt zu beobachten. Selbst aus den Experimenten mit geöffneten menschlichen Gehirnen könnten wir aus der hoch-komplexen und verteilten Neuronenaktivität nicht viel entnehmen. So müssen die Kognitivisten „leider" – wie alle anderen Psychologen auch – ihre Schlüsse aus indirekter Evidenz ziehen. Eine der wichtigsten Methoden dabei ist es, adäquate Wissensrepräsentationen und Algorithmen zu finden, mit denen die Eigenheiten menschlicher Denkprozesse wie Erinnern, Vergessen oder Lernen erklärt werden können. Ein geeignetes Medium für die Untersuchung und Beforschung dieser Repräsentationen und Prozeduren ist der Computer, der damit nicht nur ein Modell, sondern auch eine wesentliche Forschungsmethode des Kognitivismus darstellt. Wenn sich ein Computerprogramm wie ein Mensch verhält, das heißt wenn es z.B. ähnliche Zeitunterschiede bei der Lösung verschieden schwieriger Aufgaben aufweist oder dieselben Fehler wie ein Mensch macht, so wird dies als Evidenz dafür angesehen, daß die angenommenen Repräsentationen und Prozeduren psychologisch real sein könnten.

Im Gegensatz zum Behaviorismus wird das menschliche Hirn nicht mehr als bloß passiver Behälter gesehen, sondern es wird ihm eine eigene Verarbeitungs- und Transformationskapazität zugestanden. Individuellen Unterschieden in der Ausübung gewisser Funktionen wird damit weit weniger Bedeutung zugemessen, als dies noch im Behaviorismus der Fall war.

Die Art des Lernens, die im Kognitivismus im Mittelpunkt der Forschung steht, ist das Problemlösen: Es geht nicht mehr darum, auf gewisse Stimuli die (einzig) richtige Antwort zu produzieren, sondern weit allgemeiner darum, richtige Methoden und Verfahren zur Problemlösung zu lernen, deren Anwendung dann erst die (eine oder mehreren) richtigen Antworten generiert. Aus der Sichtweise vernetzter Systeme geht es auch nicht mehr darum, die eine richtige Antwort im Sinne einer Maximierung zu finden, sondern es können vielmehr verschiedene Verfahren zu optimalen Ergebnissen führen.

Eine Kritik am Kognitivismus sehen wir in der relativ geringen Rolle des Körpers. Historisch als Reaktion gegen den Behaviorismus entstanden – weshalb oft von der „kognitiven Revolution" in der Psychologie gesprochen wird[7] – scheint uns hier eine gewisse Überreaktion stattgefunden zu haben. So wie der Behaviorismus das körperliche Verhalten überbetont, so findet im Kognitivismus unserer Auffassung nach eine zu starke Konzentration auf geistige Verarbeitungsprozesse statt. Aus diesem Grund hat es das kognitivistische Paradigma schwer, körperliche Fertigkeiten und Fähigkeiten zu erklären bzw. zu simulieren. „Künstliche Intelligenz" ist relativ brauchbar beim Lösen abstrakter Probleme (z.B. Schach), bei menschlichen Alltagsaufgaben (z.B. gehen, Gesichter erkennen) gibt es nach wie vor große Probleme.

Aber selbst in seinem zentralen Anwendungsbereich der Verfahren und Prozeduren zur Problemlösung scheint das Lernmodell des Kognitivismus noch zu einfach und zu einseitig zu sein. Es geht davon aus, daß das Problem objektiv gegeben ist, repräsentiert werden kann und bloß noch seiner Lösung harrt. Dies ist jedoch nicht der Fall: Probleme müssen erst einmal gesehen (konstruiert oder erfunden) werden, damit sie gelöst werden können. Gerade dieser Prozeß der Problemgenerierung wird häufig vernachlässigt.

Der Konstruktivismus: Dieses Manko versucht der Konstruktivismus zu umgehen. Er lehnt die Gültigkeit einer sogenannten „objektiven" Beschreibung (Repräsentation) oder Erklärung der Realität ab. Um keine Mißverständnisse aufkommen zu lassen: Die Konzeption einer außerhalb unseres Geistes existierenden Realität „da draußen" wird nicht verneint,

sondern nur, daß diese Realität unabhängig, das heißt objektiv wahrgenommen werden kann. Realität wird als eine interaktive Konzeption verstanden, in der Beobachter und Beobachtetes gegenseitig und strukturell
miteinander gekoppelt sind. Sowohl Relativitätstheorie als auch Quantenmechanik sind Beispiele dafür, daß unsere Wahrnehmung beobachter-
relativ ist. Auch neurophysiologische Erkenntnisse zeigen, daß unsere Sinnesorgane nicht nur die Außenwelt abbilden,[8] sondern im Verarbeitungs-
prozeß bereits strukturieren und „interpretieren".[9] Für den Konstruktivismus ist der menschliche Organismus ein zwar energetisch offenes, aber
informationell geschlossenes System, das auf zirkulärer Kausalität und
Selbstreferentialität beruht und autonom strukturdeterminiert ist. Auto-
poietische Systeme, wie solche Systeme nach Maturana genannt werden,
haben keinen informationellen Input und Output. Sie stehen zwar in einer
energetischen Austauschbeziehung mit ihrer Umwelt, aber sie erzeugen
selbst diejenigen Informationen, die sie im Prozeß der eigenen Kognition
verarbeiten (Abb. 1, rechts).

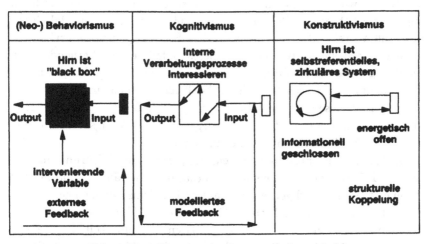

Abb. 1: Drei Theorien des Lernens (schematisch)

Lernen wird im konstruktivistischen Ansatz daher als ein aktiver Prozeß
gesehen, bei dem Menschen ihr Wissen in Beziehung zu ihren früher-
en Erfahrungen in komplexen realen Lebenssituationen konstruieren. Im
praktischen Leben sind Menschen mit einzigartigen, nicht vorhersehba-

ren Situationen konfrontiert, deren Probleme nicht evident sind. Im Gegensatz zum Kognitivismus steht im Konstruktivismus daher nicht das Lösen bereits existierender, bloß zu entdeckender Probleme im Vordergrund, sondern das eigenständige Generieren von Problemen. Probleme bieten sich nicht von selbst an, sondern müssen erst in verwirrenden, unsicheren, unvorhersehbaren und zum Teil chaotischen Situationen „erfunden" werden. Die Leistung von Experten besteht gerade darin, daß sie einer unsicheren instabilen Situation durch die Implementierung einer gewissen Sichtweise (=Problemsicht) erst Sinn geben.

Lehrer – Tutor – Coach

Die verschiedenen Vorstellungen über den Lernprozeß bedeuten auch eine unterschiedliche Sichtweise des Lehrens, das heißt der Art und Weise, wie Wissen und Fertigkeiten vermittelt werden sollen:

Im Behaviorismus gilt es, durch einen geeigneten Input die „richtige" Reaktion zu erzeugen. Ein entsprechendes Feedback, das von außen konstruiert wird, soll diesen Prozeß unterstützen. Daraus ergibt sich ein autoritäres Lehrermodell: Der Lehrer „weiß", was richtig und falsch ist, und muß Mittel und Wege finden, es dem Schüler „beizubringen".

Im Kognitivismus nivelliert sich dieses Gefälle etwas: Lernende lösen relativ eigenständig die ihnen dargebotenen Probleme. Die Aufgaben sind aber bereits „didaktisch bereinigt", das heißt scheinbar irrelevante Faktoren werden beseitigt, die Situation wird vereinfacht und auch bereits als Problem präsentiert. Der Tutor begleitet den Lösungsprozeß, er beobachtet, aber hilft gegebenenfalls auch mit.

Im Konstruktivismus steht die eigene, persönliche Erfahrung im Vordergrund. Lernende sollen komplexe Situationen bewältigen und müssen dabei erst die notwendigen Aufgaben- und Problemstellungen generieren. Der Lehrer nimmt die Rolle eines „Coaches" oder Moderators ein und verliert damit auch viel von seiner scheinbaren Unfehlbarkeit. So wie z.B. ein Spielertrainer im Fußball auch oft danebenschießt, ja nicht einmal der beste Spieler seiner Mannschaft sein muß, so wird auch die Lehrkraft einer Kritik der praktischen Situation ausgesetzt. Ihre lehrende Funktion nimmt sie einerseits aufgrund ihrer großen Erfahrung wahr, andererseits aber durch ihre Fähigkeit, andere beim Bewältigen von komplexen Situationen unterstützen zu können. [10]

Transfer	**Tutor**	**Coach**
• Faktenwissen, "know-that"	• Prozeduren, Verfahren, "know-how"	• soziale Praktiken, "knowing-in-action"
• Vermittlung	• Dialog	• Interaktion
• wissen, erinnern	• (aus)üben, Problemlösen	• reflektierend handeln, erfinden
• Wiedergabe korrekter Antworten	• Auswahl und Anwendung der korrekten Methoden	• Bewältigung komplexer Situationen
• Merken, Wiedererkennen	• Fähigkeit, Fertigkeit	• Verantwortung, Lebenspraxis
• lehren, erklären	• beobachten, helfen, vorzeigen	• kooperieren, gemeinsam umsetzen

Abb. 2: Drei Modelle des Lehrens

2. Ein heuristisches Lernmodell

Lernparadigma versus Lernparadogma
Unter „Paradigma" wird in der Wissenschaftstheorie die Verpflichtung
auf ein gemeinsames System von Theorien verstanden.[11] Es umfaßt
– gemeinsame „metaphysische" Auffassungen, die die bevorzugten Modelle, Analogien und Metaphern liefern (z.B. das „Hirnmodell", wie Lernen
„funktioniert", etc.)
– gemeinsame symbolische Verallgemeinerungen (Formeln)
– gemeinsame (Wissenschafts)Werte (z.B. die Rolle von Erkenntnis, Wahrheit, innere und äußere Widerspruchsfreiheit, gesellschaftliche Nützlichkeit von Wissenschaft etc.)
– vor allem aber auch gemeinsame Musterfälle, „typische" Problemlösungen, anerkannte „Schulbeispiele".

Welche dieser drei Lernparadigmen ist nun das „richtige", das „wahre",
bildet die Realität korrekt ab? Gerade weil wir dem konstruktivistischen
Ansatz nahestehen, glauben wir, daß die Frage in dieser Formulierung
nicht zulässig ist. Das würde ja gerade der Kritik des Konstruktivismus an der Abbildtheorie, wonach eine vom Subjekt unabhängige Realität in Wahrnehmung und Erkenntnis widerspiegelt das heißt verdoppelt

wird, widersprechen. Der Konstruktivismus muß diesen Leitsatz auch auf sich selbst anwenden, andernfalls würde er gerade den kreativen Akt der Wahrnehmung und Erkenntnis negieren und von einem hilfreichen Paradigma zu einem Paradogma verkommen.[12]

Es gibt in der Wissenschaft keine außerhalb der menschlichen Erkenntnis stehende objektive Instanz, kein „Auge Gottes", wodurch eindeutig festgelegt werden kann, was richtig und falsch ist. Vielmehr müssen wir uns die Erkenntnis eher als den Weg eines Blinden in einem Wald vorstellen,[13] der zwar mit der Realität „zusammenstößt", das heißt merkt, was möglich ist oder nicht, trotzdem aber nie den Wald sieht. Statt von einem Abbild der Realität mit den zugehörigen Begriffen von wahr und falsch sprechen wir daher besser von Gangbarkeit, Machbarkeit, Möglichkeit oder Viabilität. „Viele Wege führen nach Rom": Der Blinde kann auf verschiedene Art und Weise den Wald durchqueren, und jeder dieser Wege hat seine eigenen Charakteristika. Manche sind kurz (effektiv), bei anderen müssen Höhen erklommen oder Flüsse durchwatet werden. Dieser Analogie entspricht es, daß alle drei der hier skizzierten Lerntheorien für bestimmte Teile des Weges (= Lernen) brauchbar sind. Dies wird vor allem dann deutlich, wenn wir Lernen oder Wissen nicht nur als statische Angelegenheit, sondern als dynamischen Entwicklungsprozeß betrachten. Wir gelangen damit zu einer differenzierten Sichtweise des Lernprozesses, in dem mehrere Stufen, Lernziele und Inhalte unterschieden werden. Das nachfolgende Lernmodell, das fünf Stufen vom Neuling bis zum Experten kennt, wurde von den Brüdern Dreyfus[14] anhand der Sichtung vieler empirischer Studien entwickelt:[15]

Stufe 1 – Neuling: Der Neuling ist mit der zu lernenden Sache noch nicht vertraut und hat auch noch keine diesbezüglichen Erfahrungen. Er muß sich zuerst einige grundlegende Tatsachen und Regeln aneignen. Er kann diese Regeln aber erst unhinterfragt oder von außen gesteuert anwenden, weil er noch nicht selbst entscheiden kann, welche in einer gegebenen Situation zutreffend ist.

Stufe 2 – (fortgeschrittene) Anfängerin: Die Anfängerin beginnt, verschiedene Fälle und Situationen wahrzunehmen und die Regeln gemäß diesem Kontext anzuwenden. Die Fertigkeit wird nun mit mehr Varianten und abhängig vom Einzelfall ausgeübt, aber die Anfängerin kann noch nicht selbständig handeln.

Baumgartner/Payr, Erfinden lernen

Stufe 3 – Kompetenz: Die kompetente Person kennt die relevanten Fakten und Regeln und kann darüber hinaus bereits in einem breiten Spektrum von Fällen entscheiden, wann sie anzuwenden sind. Die kompetente Person kann daher bereits auf ihrem Gebiet selbständig handeln und alle auftretenden Probleme lösen. Kompetenz bedeutet auch bereits eigene Verantwortung, das Einnehmen eines eigenen Standpunktes und eine selbstkritische Reflexion. Allerdings werden die Entscheidungen oft mühsam und schwierig getroffen und sind noch weit von der beinahe mühelos und spontan erscheinenden „Intuition" der „wahren Experten" entfernt.

Stufe 4 – Gewandtheit: Auf dieser Stufe geht der Lernende von der analytischen Erfassung des Problems mit anschließender schrittweiser Anwendung von Lösungsverfahren allmählich über zu einer ganzheitlichen Wahrnehmung der Situation. Der Fall scheint sich schließlich von selbst und schon mit seiner Lösung in seiner Gestalt dem Gewandten zu präsentieren.

Stufe 5 – Expertin: Die Expertin perfektioniert die Gestaltwahrnehmung, indem ihr die verschiedenartigsten komplexen Situationen als „Fälle" vertraut erscheinen. Das geschieht, indem die Fähigkeit zur Wahrnehmung (bzw. Konstruktion) von Familienähnlichkeiten zwischen unterschiedlichen Erscheinungen gesteigert wird. Die „Kunst" der Könnerin manifestiert sich darin, daß sie aus amorphen, unübersichtlichen Situationen „Fälle" konstruiert, die ihre eigene Lösung bereits enthalten.

Lernen ist ein vielschichtiger Prozeß, der gegenüber dieser schematischen Darstellung noch dadurch kompliziert wird, daß diese Stufen von den Grundelementen bis zur komplexen Situation keineswegs geordnet nacheinander ablaufen (müssen). Es scheint aber so, daß Lernende selbst ihren Lernprozeß in diese Richtung steuern und sich z.B. als Anfänger aus einer komplexen Situation erst einmal Elemente gerade jener Komplexität herausholen, der sie auf diesem Stand gewachsen sind (Komplexitätsreduktion).

Um deutlich zu machen, daß es sich bei der von uns vertretenen Vorstellung des Lernprozesses nicht um ein starres Ablaufmodell handelt, stellen wir die Zusammenhänge dreidimensional dar.[16] Wir wollen damit einer monokausalen Auffassung des Lernens entgegenwirken (Abb. 3). Das dreidimensionale Modell ist nicht als Entscheidungs- oder gar Vorgehensmodell zu verstehen. Es soll vielmehr als eine heuristische Hilfe in zweierlei Weise dienen: Einerseits können soziale Lehr- und Lernsituationen aus den verschiedenen Perspektiven der Handlungs-, Lehr/Lern- und Organisationsebene untersucht werden. Das Modell läßt sich aus verschiedenen Blickpunkten betrachten, drehen und wenden. Je nach Standpunkt und Blickrichtung erscheinen die Zusammenhänge in anderen Verbindungen. Andererseits hilft das Modell auch, die Fragestellungen für ein Aus- und Weiterbildungsdesign und für die Gestaltung von Lernsituationen zu konkretisieren: Was soll vermittelt werden? Auf welcher Stufe der Handlungsfähigkeit? Mit welcher Lehr- und Organisationsform? Welche Rolle spielen die Lehrenden (Lehrer, Tutor oder Coach)?

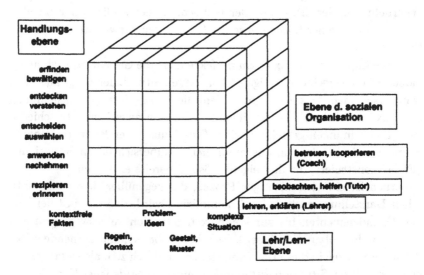

Abb. 3: Ein heuristisches Lehr- und Lernmodell

3. Fallstudie

In unserer Forschung haben wir uns vor allem mit einer Sonderform von Lernsituationen beschäftigt, nämlich mit dem Einsatz interaktiver Medien (Lernsoftware, Internet). In mehreren Arbeiten[17] haben wir die Anwendung des heuristischen Lehr- und Lernmodells auf die Gestaltung

Baumgartner/Payr, Erfinden lernen

und Evaluation mediengestützter Lernsituationen entwickelt. Wir haben daher eine Fallstudie aus diesem Bereich gewählt, um die praktische Umsetzung des Lernmodells zu illustrieren.

Die Erfindung des Herzens
Das im folgenden diskutierte Beispiel aus der Medizinausbildung ist die retrospektive Analyse jahrelanger Entwicklungen einer Simulationssoftware. Es handelt sich um ein 3D-Trainingssystem für die kardiologische Ultraschalldiagnostik.[18]

Ausgehend von ähnlichen lerntheoretischen Vorstellungen wie wir wurde von der GMD[19] eine neue Art von multimedialer Lernsoftware konzipiert, die nicht beim Vermitteln von Fakten- und prozeduralem Wissen (Know That und Know How) stehenblieb, sondern vor allem auch die höheren kognitiven (Gestaltwahrnehmung, Mustererkennung) und sensomotorischen Fertigkeiten trainieren sollte. Dieser neue Typus von Software wurde aus interaktions-analytischen Untersuchungen von Experten der Echokardiologie entwickelt und Enabling-System („Befähigungssystem") genannt.

Im Rahmen eines interdisziplinär angelegten Prototyping wurden Interviews mit kardiologischen Experten durchgeführt. Das Ziel war, interaktive Computervisualisierungen für die medizinische Ausbildung zu entwickeln, die die Lücke zwischen einer vorklinischen überwiegend theoretischen und einer praxisorientierten klinischen Ausbildung schließen helfen.

Das zentrale Problem des Anfängers besteht im Erlernen der manuellen Steuerung der Schallsonde unter Ausnutzung des aktuell dargestellten Ultraschallbilds. Um diese Auge-Hand-Steuerung auszuführen, muß der Untersucher verstehen, welche Herzteile aufgrund der momentanen Schallkopfstellung beschallt werden. Dazu benötigt er eine detaillierte bildlichräumliche Vorstellung über den Aufbau und die Lage des Herzens. Erst mit Hilfe dieser mentalen, räumlichen Vorstellung wird es ihm möglich zu antizipieren, auf welche Weise sich das Ultraschallbild verändert, wenn er bestimmte Handbewegungen ausführt.

Das Problem besteht nun darin, daß noch niemand ein voll funktionsfähiges Herz untersucht und analysiert hat. Beim Anschluß der Herz-Lungenmaschine fällt das Herz zusammen. Ein pumpendes 3D-Herz kann nur aus einem realen (aber toten) 3D-Herzen und der Analyse von – für den Laien – kryptischen 2D-Bildern aus der Echokardiografie erschlossen werden.

Wir wollen diesen Aspekt der „Konstruktion des Herzens" anhand eines Experteninterviews[20] illustrieren, in dem der Experte (E) Anweisungen gibt, wie das Zusammenspiel zwischen Chordae (Bändern), Papillarmuskeln und Herzkammer, das verhindert, daß die Herzklappe sich auf die „falsche" Seite öffnet, im Modell darzustellen sei.

E: Es könnte theoretisch sein, daß – wenn die Klappe aufgeht – die Chordae erschlaffen. Verstehen Sie, was ich meine?
N: Ja. Natürlich, ja, ja.
E: Daß sie, daß sie durchhängt. So'n bißchen, daß man sie so'n bißchen krüngelig zeigt, wenn die aufgeht. Aber die Chordae sind nun nicht dafür da, – sozusagen – in Diastole was zu steuern, nur in Systole. Aber sobald die Klappe beginnt, sich zu schließen, ja?, werden die Chordae wieder gespannt.
N: Mhm, mhm.
E: Und dann bewegen sich die Papillarmuskeln in dem Maße, in dem sich die Chordae bewegen. Mit anderen Worten, die Ventrikel wird kürzer, dadurch wird der Abstand? äh die Ventrikel wird kürzer, die Klappe muß zubleiben. Theoretisch würde die Klappe jetzt nach hinten durchschlagen, weil die Chordae gleichlang bleiben muß. Mit anderen Worten, in dem Maß, in dem die Ventrikel kürzer wird, müssen die Papillarmuskeln auch kürzer werden, um das Gespann zu halten.
N: Ja.
E: Wichtig ist, daß in Diastole die Chordae schlaff sind. Wie so'n Zügel am Pferd, der ganz locker ist, 'n bißchen wellig würd ich die zeichnen in Diastole. Das wär toll. Dann ist die Sache also echt realistisch. Hat keiner so richtig gesehen bisher, aber so muß man sich das vorstellen.
N: Mhm.
E: Man sieht halt im Echo, wenn man in kurzer Achse ist, sieht man die Chordae als Punkte. Sieht man, wie die hin- und herfliegen, flippern in Diastole, in Systole sind die ganz stramm.

Der Echosimulator (EchoSim)

Das Lernsystem EchoSim unterstützt Medizinstudenten dabei, die praktische Durchführung von Ultraschalluntersuchungen am Herzen zu erlernen. In der simulierten Untersuchungssituation üben die Lernenden die Handhabung des Schallkopfes und sehen die damit erzeugten Ultraschallbilder. Zusätzliche grafische Hilfsmittel wie Umrißlinien (Abb. 4a) und die parallele Darstellung der Schallebene am 3D-Herzmodell (Abb. 4b) unterstützen beim Aufbau mentaler Modelle, die für die Erzeugung und Interpretation realer Ultraschallbilder notwendig sind. Die tutoriellen Komponenten des Systems demonstrieren die Durchführung von Untersuchungsschritten zu speziellen medizinischen Problemen, die auch gleich in der Simulation ausprobiert und trainiert werden können.

Im Gegensatz zu traditioneller Software, die überwiegend die Lernstufen 1 bis 3 unseres Modells abdeckt, zielen Enabling-Systeme wie EchoSim vor allem auf die Stufen 4 und 5 ab. Zu Anschauungszwecken bringen wir jedoch aus dem Bereich der Echokardiografie auch Beispiele der ersten 3 Stufen, auch wenn diese Aufgaben möglicherweise von anderer Software adäquater gelöst werden. (Die Ziffern in der Klammer kennzeichnen die entsprechenden Zellen – x,y,z – in unserem heuristischen Modell.)

Stufe 1 – Neuling: „know that"/erinnern: Im Modul „EchoTutor" können Erklärungen von Fakten und medizinischen Termini abgerufen werden (1,1,1)

Stufe 2 – Anfänger: „know how"/erinnern: Im „EchoTutor" werden die einzelnen Schritte der Durchführung einer Ultrallschalluntersuchung der Standardansichten sowie der mentalen Rotation durch eine Animation vorgezeigt (2,1,1). Auch wenn hier bereits Arbeitsweisen und Verfahren gelernt werden, handelt es sich doch immer noch um theoretisches Wissen: um „Wissen wie", das nicht mit „Können" zu verwechseln ist.[21]

Stufe 3 – Kompetenz: Problemlösen/auswählen, anwenden, entscheiden: Der Programmmodul „EchoSim" trainiert mittels eines Dummy-Patienten, das heißt eines neben dem Computer liegenden Plastikmodells, das Positionieren des Ultraschall-Transducers (Abb. 5). Damit soll die Auge-Hand-Koordinierung praktisch geübt werden, um vom theoretischen „Wissen wie" zum „Können" zu gelangen. Im Programm wird die vom Schallkopf an das Programm übermittelte Position, Drehwinkel, Rotation etc. in Animationen übersetzt. Durch dieses ständige visuelle Feedback wird der Kalibrierungsprozeß, der nicht mehr bloß theoretisch zu erlernen ist, körperlich angeeignet. Diese Stufe verlangt bereits die selbständige Entscheidung aus einer Menge von praktischen Erfahrungen bzw. Untersuchungsstrategien. Mit dem Echosimulator „EchoSim" können typische diagnostische Sichtweisen und Ultraschalldarstellungen am praktischen Anschauungsmaterial geübt werden. Der Lernende beginnt nicht

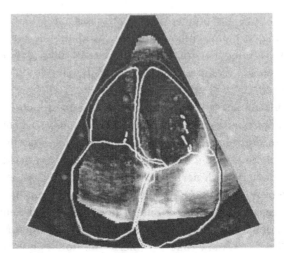

Abb. 4a: Ultraschallbild mit Umrißlinien

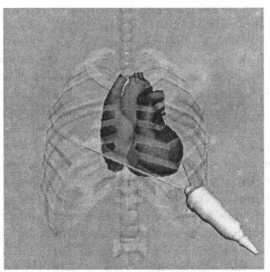

Abb. 4b: Darstellung der Schallebene im 3D-Herzmodell

nur erste eigene Erfahrungen zu sammeln, sondern auch ein Repertoire an Lösungsmöglichkeiten (Standardsichten) aufzubauen, der Problematik gemäß auszuwählen und auszuführen. (3,2-3,2)

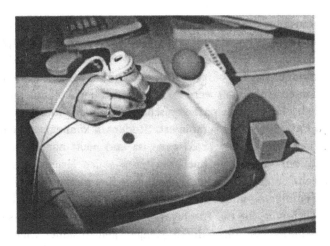

Abb. 5: Training der Ultraschalluntersuchung mit „EchoSim"

Stufe 4 – Gewandtheit: Gestalt- und Mustererkennung/anwenden, auswählen, entscheiden, entdecken, bewältigen: Im Modul 4D Heart Explorer wird Studenten die Möglichkeit gegeben, die dynamische Anatomie des Herzens zu explorieren. Im Programm lassen sich detailreiche Visualisierungen des schlagenden Herzens in Form interaktiver Animationen (Quick Time Movies) aufrufen. Die im Programm vorgesehene visualisierte Animation des Herzens, die sowohl Rotation, verschiedene Darstellungsmodi als auch unterschiedliche Geschwindigkeiten der Animation erlaubt, unterstützt die Studenten beim Aufbau mentaler Modelle der Herzfunktion. Durch die Wahl verschiedener Transparenzgrade und Detaildarstellungen können Außen- und Innenstruktur des Herzens, die Kammer-, Klappen- und Hämodynamik (Blutfluß) intuitiv erkundet werden.

In „EchoSim" können Studenten durch das Aufnehmen der generierten animierten Sequenzen ihre Aktivitäten nicht nur im Ergebnis (Bilder), sondern auch als Prozeß analysieren und evaluieren. Die Aufnahmen können in verschiedenen Darstellungsmodi und aus verschiedenen Winkeln betrachtet und eingehend untersucht werden. Besondere typische Fehler, wie z.B. die Vermischung von Schwenks und Drehungen, die zu einem Verlust der räumlichen Orientierung führen, können so systematisch bearbeitet und überwunden werden. Auf dieser Stufe stehen bereits der Gesamtzusammenhang (Gestaltwahrnehmung) und das implizite, dh. nicht verbalisierte Wissen[22] im Vordergrund (Gewandtheit). (4,2-5,2-3). Stufe 5 – Expertise: Familienähnlichkeit / konstruieren, handeln, entwickeln, erfinden: In „EchoSim" sollen auch einmal Ultraschalldaten von realen Patienten eingespielt werden. Damit wird der Aufbau einer Datenbank möglich, die wichtige pathologische Herzmodelle in 3D-Darstellung mit echten Patientendaten kombiniert. Studenten können so in einer Umgebung lernen, die äußerst praxisnahe ist und nicht nur ein abstraktes „Normherz" zur Grundlage hat. Studenten sollen lernen, aus vielen – im Detail sehr unterschiedlichen Fällen – die ihnen innewohnenden Ähnlichkeiten (Familienähnlichkeiten) herauszuarbeiten. Familienähnlichkeit ist die Bezeichnung für die Erscheinung, daß wir in der Lage sind, Kategorien zu bilden, die nicht durch Mengen gemeinsamer Eigenschaften definiert sind. Die zusammengehörigen Dinge ähneln sich vielmehr wie die Mitglieder einer Familie, wobei der Fall eintreten kann, daß entfernte Verwandte (das heißt Extremfälle) kein einziges Merkmal gemeinsam haben und trotzdem wie über viele Glieder eine Kette hinweg zusammengehören.[23] Der Übergang vom Lernenden zum Könner auf dieser Stufe (Expertentum) ist auch in der Software fließend, da sie auf dieser Ebene zum Werkzeug für die Diagnose wird (bzw. weiterentwickelt werden soll).

Lernen am Modell – Modelle zum Lernen
Auf dieser Stufe angekommen, werden die Lernenden schließlich auch die Grenzen der Softwaremodelle erkennen. Was ihnen im Lernprozeß als „das Herz" schlechthin und als Realität erschienen ist, entpuppt sich aufgrund der Vielfalt der Erfahrungen und der nun erlangten Selbständigkeit in der Problemfindung als eine Illusion. Denn wie zu Beginn dieser Falldarstellung gesagt, beruht die Simulation eines Herzens beim lebenden Menschen auf den mentalen Modellen der Ärzte und Fachleute (also auf Erfindungen). Die Software kann das Herz nur so konstruieren, wie dies die Experten für sich und ihre Studenten tun.

Der Student wird, wenn er langsam zum Experten reift, erkennen, daß es sich hier um eine Erfindung handelt – und vielleicht Anlaß haben, sie in Frage zu stellen und ihr eine bessere Erfindung entgegenzuhalten. Der Zyklus des Lernprozesses vom Neuling zum Experten wurde vollständig durchlaufen und kann von neuem beginnen: Erfinden – Lernen – Erfinden.

Anmerkungen

1. Heinz von Foerster, „Über Konstruieren von Wirklichkeiten", in: S. J. Schmidt (Hg.), Wissen und Gewissen. Frankfurt/M.: Suhrkamp 1993, S. 25-49.

2. Heinz von Foerster, „Erkenntnistheorien und Selbstorganisation", in: S. Schmidt (Hg.), Der Diskurs des Radikalen Konstruktivismus. Frankfurt/M.: Suhrkamp 21987, S. 133-158.

3. Gregory Bateson, Ökologie des Geistes. Frankfurt/M.: Suhrkamp 1988.

4. Vgl. John Broadus Watson, Behaviorism. New York: Norton 1930. B. F. Skinner, The Behavior of Organisms. An Experimental Analysis. New York: Appleton-Century-Crofts 1938. Ders., The Technology of Teaching. New York: Appleton-Century-Crofts 1968.

5. Zu den verschiedenen Richtungen des Kognitivismus vgl. Peter Baumgartner, Sabine Payr (Hg.), Speaking Minds. Interviews with Twenty Eminent Cognitive Scientists. Princeton, NJ: Princeton University Press 1995.

6. Um nur einige „klassische" Beispiele zu nennen: Allen Newell, Herbert Simon, „GPS: A Program That Simulates Human Thought", in: E. A. Feigenbaum, J. Feldman (Hgg.), Computers and Thought, New York: McGraw-Hill, 1963, S. 279-296. Donald A. Norman, David E. Rumelhart and the LNR Research Group, Explorations in Cognition, San Francisco: Freeman 1975. Roger C. Schank, Conceptual Information Processing, Amsterdam: North Holland 1975. Roger C. Schank, Robert P. Abelson, Scripts, Plans, Goals and Understanding, Hillsdale, NJ: Lawrence Erlbaum 1977. Roger N. Shepard, Lynn A. Cooper, Mental Images and Their Transformation, Cambridge, MA: MIT Press 1982. Zur Einführung und Übersicht z.B. John R. Anderson, Kognitive Psychologie. Eine Einführung, Heidelberg: Spektrum der Wissenschaft 1988. Howard Gardner, The Mind's New Science. A History of the Cognitive Revolution, New York: Basic Books 1985. Neil A. Stillings, Mark H. Feinstein, Jay L. Garfield et al., Cognitive Science. An Introduction. Cambridge, MA: MIT Press 1987. Zur Kritik an der Künstlichen-Intelligenz-Forschung: Hubert L. Dreyfus, Die Grenzen der künstlichen Intelligenz. Was Computer nicht können. Königstein/Ts.: Athenäum 1985. John R. Searle, Geist, Hirn und Wissenschaft. Die Reith Lectures 1984. Frankfurt/M.: Suhrkamp 1986. Francisco J. Varela, Kognitionswissenschaft – Kognitionstechnik. Eine Skizze aktueller Perspektiven. Frankfurt/M.: Suhrkamp 1988.

7. Howard Gardner, The Mind's New Science. A History of the Cognitive Revolution, a.a.O.

8. Michael Polanyi, Personal Knowledge. Towards a Post-Critical Philosophy, Chicago: University of Chicago Press 1962.

9. Vgl. z.B. Humberto R. Maturana/Francisco Varela, Der Baum der Erkenntnis; Heinz von Foerster, „Erkenntnistheorien und Selbstorganisation", a.a.O.; Gregory Bateson, Geist und Natur. Eine notwendige Einheit. Frankfurt/M.: Suhrkamp 1987; Ders., Ökologie des Geistes, a.a.O.

10. Donald A. Schön, The Reflective Practitioner. How Professionals Think in Action. New York: Basic Books 1983; Ders., Educating The Reflective Practitioner. Toward a New Design for Teaching and Learning. San Francisco: Jossey-Bass 1987.

11. Thomas S. Kuhn, Die Struktur wissenschaftlicher Revolutionen. Frankfurt/M.: Suhrkamp 1976.

12. Josef Mitterer, Das Jenseits der Philosophie. Wider das dualistische Erkenntnisprinzip. Wien: Passagen 1992.

13. Ernst von Glasersfeld, Einführung in den Konstruktivismus. München: Piper 1992, S. 9-39.

14. Hubert L. Dreyfus/Stuart E. Dreyfus, Künstliche Intelligenz. Von den Grenzen der Denkmaschine und dem Wert der Intuition. Reinbek b. Hamburg: Rowohlt 1987. Vgl. die ausführliche Darstellung und Diskussion in: Peter Baumgartner, Der Hintergrund des Wissens. Klagenfurt: Kärntner Druck- und Verlagsgesellschaft 1993.

15. Um hier geschlechtsspezifische Auslegungen ebenso zu vermeiden wie schwerfällige Schreibweisen, wird in dieser Darstellung beliebig zwischen der weiblichen und männlichen Form hin- und hergewechselt.

16. Vgl. die umfassende Darstellung in: Peter Baumgartner/Sabine Payr, Lernen mit Software. Innsbruck: Studienverlag 1994.

17. Z.B. Peter Baumgartner/Sabine Payr, „Learning as Action: A Social Science Approach to the Evaluation of Interactive Media" in: Patricia Carlson/Fillia Makedon (Hg.), Educational Multimedia and Hypermedia, Proceedings of ED-MEDIA 96, Boston, MA, June 17-22, 1996, Boston: AACE 1996, S. 31-37; dies., „Der Computer als Lernmedium – was leistet die Software?", in: Praxis Schule 5-10, 3, 1995, S. 37-40; dies., Lernen mit Software, a.a.O; Peter Baumgartner, „Didaktische Anforderungen an (multimediale) Lernsoftware", in: Ludwig J. Issing/Paul Klimsa (Hg.), Information und Lernen mit Multimedia, Weinheim: Psychologie-Verlags-Union 1995, S. 241-252.

18. Gernoth Grunst/Thorsten Fox/Klaus-Jürgen Quast/Dirk A. Redel, „Szenische Enablingsysteme – Trainingsumgebungen in der Echokardiographie", in: Der GMD-Spiegel, Nr. 2/3, 1996, S. 31-33; Thomas Berlage/Gernoth Grunst, „CardiAssist: Developing a support platform for 3D ultrasound", in: G. Otto (Hg.), Proceedings of the 9th Microgravity Summer School „Space and Telemedicine", Attendorn (BRD), 4.-7. Juli 1995, DLR 1995, S. 95-104; Thomas Berlage/Thorsten Fox/Gernoth Grunst et al., „Supporting Ultrasound Diagnosis Using an Animated 3D Model of the Heart" in: Proceedings of IEEE Multimedia Computing and Systems. Hiroshima, 17.-21. Juni 1996, IEEE Computer Society 1996, S. 34-40.

19. GMD – Forschungszentrum Informationstechnik; die Software wurde am Institut für Angewandte Informationstechnik unter der Leitung von Gernoth Grunst entwickelt.

20. Aus Gernoth Grunst et al., „Szenische Enablingsysteme", a.a.O., S. 31.

21. Vgl. Gilbert Ryle, Der Begriff des Geistes, Stuttgart: Reclam 1969.

22. Vgl. Michael Polanyi, Implizites Wissen. Frankfurt/M.: Suhrkamp 1985; Peter Baumgartner, Der Hintergrund des Wissens, a.a.O.

23. Ludwig Wittgenstein, Philosophische Untersuchungen, Werkausgabe Bd. 1, Frankfurt/M.: Suhrkamp 1984. Vgl. dazu auch Peter Baumgartner, Der Hintergrund des Wissens, a.a.O.

Christiane Floyd

Das Mögliche ermöglichen

Zur Praxis der Realitätskonstruktion am Beispiel Softwareentwicklung

1. Einleitung

Lieber Heinz, meine sehr geehrten Damen und Herren, es ist mir aus zwei Gründen eine ganz besondere Freude, diesen Vortrag im Rahmen des heutigen Festkolloquiums zu halten.

Zum einen habe ich so die Gelegenheit, meine Geburtstagswünsche an unseren Jubilar persönlich vorzutragen. Lieber Heinz, ich kenne Dich jetzt seit neun Jahren – das macht immerhin ein Zehntel Deiner Lebenszeit, die wir heute feiern, aus. Auf der Suche nach epistemologischen Grundlagen für die Softwareentwicklung habe ich Dich 1987 als Unbekannte kontaktiert und gehöre zu den vielen, die von Dir und Deiner Frau Mai überaus liebevoll und gastfreundlich aufgenommen und in das Netz Eurer Freunde integriert worden sind. Zugleich bist Du in unvergleichlicher Weise ein Mentor für mich geworden. Dies ist nicht der Ort, um über unsere Freundschaft direkt zu sprechen, ich will aber deutlich machen, wie sehr der Austausch mit Dir mein Denken beeinflußt hat.

Zum anderen freut es mich sehr, daß dieses Symposium hier in Wien stattfindet. Für mich ist es schon seit Jahren bemerkenswert, wie stark der Konstruktivismus durch österreichische Autoren und Autorinnen geprägt ist, wenn auch überwiegend von solchen, die im Ausland leben. Daß wir uns hier mit dem Konstruktivismus, seinen kulturellen Wurzeln und seinen Manifestationen in den verschiedensten Wissenschaften befassen, erscheint mir wie ein Stück bewußte Aneignung dieser Tradition, zu der ich als Österreicherin gern meinen Beitrag leiste.

Den Titel meines Vortrags habe ich meinem Beitrag *Choices about Choices*[1] zur kürzlich erschienenen Festschrift für Heinz von Foerster nachempfunden, in dem ich den Werdegang unseres Austausches nachgezeichnet habe. Thematisch stehen dort Wahlmöglichkeiten (*choices*) im Vordergrund, die für den von Foersterschen Ansatz charakteristisch sind und mit Autonomie und Verantwortung zu tun haben. Auch die Form des Titels ist in seinem Sinne: er bildet gern Begriffe zweiter Ordnung, wie „das Verstehen verstehen", und benutzt sie, um die mit dem jeweiligen Begriff verbundene Dynamik herauszubringen. So zeigt *choices about choices*, daß wir insbesondere die Wahl haben, was wir als Wahlmöglichkeiten anerkennen und daher beim Treffen einer Wahl berücksichtigen. Aufgrund der unterschiedlichen Bedeutungsfelder läßt sich dieser Ausdruck nicht direkt ins Deutsche übertragen. Mein jetziger Titel *Das Mögliche ermöglichen* hat den Vorzug klarzumachen, daß es mir nicht nur um Gedankenspiele geht, sondern um Prozesse der Praxis, in denen ein Ergebnis zustandekommen soll.

Auch meinen Untertitel will ich kurz erklären. Der Begriff Realitätskonstruktion wird auf verschiedenen Ebenen verwendet, zum Beispiel bezogen auf die Wahrnehmung, die Entwicklungsstufen von Kindern, den Wandel der sozialen Wirklichkeit, und so weiter. Im folgenden geht es darum zu charakterisieren, wie durch gemeinschaftliches organisiertes Handeln – z.B. in Projekten – eine Sicht eines Problems gebildet und eine für die Anwendung bestimmte Lösung erarbeitet wird. Realitätskonstruktion ist hier offenkundig keine rein deskriptive Kategorie, die ein unbeteiligter Beobachter von außen verwendet. Vielmehr sind wir an den maßgeblichen Prozessen selbst beteiligt. Durch die Art, wie wir sie verstehen, wird sich unser Handeln ändern, wir nehmen eine konstruktivistische Haltung in unserer Praxis ein und wandeln dadurch die Praxis.

Mein Gebiet ist die Softwareentwicklung, dabei geht es um die Herstellung von technischen Produkten, die ein bestimmtes Verständnis eines Gegenstandsbereichs verfestigen und in menschlichen Arbeitszusammenhängen zum Einsatz kommen. Die formalen Grundlagen für die Entwicklung entsprechender Modelle liefern die Mathematik und die Logik, ihre zweckmäßige Implementierung wird von der Softwaretechnik behandelt. Wie jedoch der Gegenstandsbereich gesehen wird, welche Aspekte ins Modell aufgenommen, welche Anforderungen anerkannt werden, wie die Verständigung darüber verläuft und der Entwicklungsprozeß zwischen den Beteiligten gestaltet wird, bleibt in der Informatik offen.

So werden etwa SoftwareentwicklerInnen, deren Aufgabe es ist, eine Organisation zu analysieren, um ein geeignetes Informationssystem vorzuschlagen, ermutigt, von der „realen Welt" auszugehen, das heißt, von den Gegenständen und Aktionen, die den Informationsfluß in der Organisation ausmachen. Soweit es die Informatik interessiert, „gibt" es diese Gegenstände und Aktionen, es kommt nur darauf an, daraus geeignete Abstraktionen zu bilden und in ein korrektes, computerverarbeitbares Modell umzusetzen. Das ist zugegeben schwierig, die Aufgabe selbst jedoch erscheint wohldefiniert, so als gäbe es „die" korrekte Lösung für „das" gegebene Problem unabhängig von den beteiligten Personen. Die Verantwortung der SoftwareentwicklerInnen beschränkt sich darauf, das Modell so zu entwickeln, daß es der realen Welt möglichst genau entspricht und die Funktionen des Programms die informationsverarbeitende Prozesse exakt nachbilden, während die Problemstellung selbst nicht hinterfragt wird.

Das ändert sich drastisch, wenn wir den Beobachter ins Spiel bringen, das heißt, unsere eigene Rolle dabei anerkennen, was wir als reale Welt gelten lassen – damit sind wir bereits bei einem der Schlüssel zum konstruktivistischen Denken angelangt. Es kommt dann nicht mehr darauf an, die korrekte Lösung zu entdecken, sondern eine passende Lösung zu finden. Dabei ist auch das Problem nicht gegeben, sondern wird im Softwareentwicklungsprozeß durch die Beteiligten auf spezifische Weise erschlossen.

Die Softwareentwicklung erweist sich somit als kooperativer Erkenntnisprozeß, der dadurch geprägt ist, wie die Beteiligten die Welt sehen, welche Wahlmöglichkeiten sie anerkennen und wie sie damit umgehen. Einiges von dem, was ich zu sagen habe, ist für die Softwareentwicklung spezifisch, vieles läßt sich jedoch sinngemäß auf andere kooperative Erkenntnisprozesse verallgemeinern. Um es auf einen Punkt zu bringen, verstehe ich unter einer konstruktivistischen Haltung in der Praxis einen bewußten und sorgfältigen Umgang mit Möglichkeitsräumen.

2. Das von Foerstersche Dreieck

Dem heutigen Anlaß entsprechend beziehe ich mich im wesentlichen auf die Ansätze von Heinz von Foerster, die durch Forschungsergebnisse aus der Kybernetik und der Neurobiologie ausgelöst wurden und sich in den Dimensionen Epistemologie, gemeinschaftliche Praxis und Ethik entfalten.[2] Das für ihn charakteristische Zusammenspiel dieser drei Dimensionen will ich als „von Foerstersches Dreieck" bezeichnen.

Die Beschäftigung mit konstruktivistischen Ansätzen war nicht einfach für mich. Sie erfordern ein sehr weitgehendes Umdenken, das ich nur schrittweise vollziehen konnte. Ferner ist die verfügbare Originalliteratur stückhaft und heterogen und behandelt vorwiegend Gegenstandsbereiche, die mir fern liegen. Dies hängt damit zusammen, daß sie von Autoren aus verschiedenen Disziplinen geschrieben ist, und daß es sich um eine Metatheorie über das Zustandekommen von Erkenntnis handelt, deren Einsichten aus Untersuchungen in unterschiedlichen Wissenschaften gewonnen sind. So gibt es wichtige Gemeinsamkeiten, aber auch Differenzen zwischen den führenden Autoren wie Bateson, Maturana, Varela, von Glasersfeld, Luhmann, Pask, Watzlawick und anderen, mit denen von Foerster über Jahrzehnte in kontinuierlichem Austausch gestanden ist. Auch die Grenzen des Konstruktivismus sind nicht scharf umrissen. Dies nachzuvollziehen, ist nicht unser Anliegen. Auch können wir hier die Grenzen der Übertragbarkeit von einem Bereich in andere nicht ausloten.

Im Konstruktivismus werden Epistemologie und Ontologie getrennt. Der Konstruktivismus lehrt, daß unsere Erkenntnis durch Konstruktion zustandekommt, er macht damit keine Aussage über das Seiende. Bei der Erkenntnis geht es nicht um Abbilder, die einer vorgegebenen Realität entsprechen, wir konstruieren vielmehr unsere Erkenntnisse so, daß sie in für uns brauchbarer Weise passen. Wesentlich ist dabei die Einführung des Beobachters. Erkenntnis ist prinzipiell an einen Beobachter gebunden. Beobachter können nur das erkennen, wozu sie in der Lage sind. Damit hängt auch das Konzept von Perspektiven zusammen. Eine Perspektive ist die Gesamtheit von Annahmen über relevante Aspekte eines interessierenden Gegenstandsbereichs aus einem gemeinsamen Blickwinkel. Perspektiven sind an Personen gebunden. Eine Person nimmt zeitlich verschoben unterschiedliche Perspektiven ein. Zwischen zwei oder mehreren bilden sich gemeinsame Perspektiven. Perspektivität erzeugt einen Fokus und bringt zugleich Blindheit mit sich. Ich sehe nicht, was ich nicht sehen kann. Die Blindheit kann niemals ausgeschaltet werden.

Das Treffen von Unterscheidungen und Benennungen ist konstituierend für Erkenntnis. Durch Unterscheidungen werden konzeptuelle Welten entfaltet. Komplexe Erkenntnisprozesse bestehen in Geflechten von ineinandergreifenden Unterscheidungen und Wiederzusammenführungen, die sich auf jeweils unterschiedliche Perspektiven beziehen.

Ein Schlüsselkonzept ist die Selbstreferenz, die zu den in der Logik verbotenen Paradoxien führt. Sie ist grundlegend für das Verständnis des Lebendigen. Selbstreferenz erfordert operationale Geschlossenheit. Das bedeutet zunächst nur, daß auf das Ergebnis einer Operation wieder dieselbe Operation angewendet werden kann, das ist die Voraussetzung zur rekursiven Anwendung von Operationen. Unter bestimmten Bedingungen stabilisiert sich dann das Verhalten anhand von Eigenwerten, die zu Eigenverhalten Anlaß geben. Daraus ergibt sich Selbstorganisation, die zum Zustandekommen höherer Ordnungen führt.

Selbstreferenz spielt auch eine zentrale Rolle beim Zustandekommen von Erkenntnis. Voraussetzung für das Entstehen von tieferen Einsichten ist Selbstreferenz und die Interaktion (Kreuzung) von Perspektiven. In gewissem Sinne kann perspektivische Blindheit durch Selbstreferenz überwunden werden. „Wenn ich sehe, daß ich blind bin, kann ich sehen" betont von Foerster und bezieht sich dabei auf eine für ihn prägende Erfahrung aus der therapeutischen Tätigkeit von Viktor Frankl.[3]

Ein wesentlicher und immer wieder betonter Aspekt des Konstruktivismus ist, daß Ethik von der Erkenntnis niemals losgelöst werden kann. Das geschieht nicht durch explizite Angabe von Normen darüber, was man tun soll, sondern das Ethische ist von vornherein mit „eingewoben", da Erkenntnis immer auf mich bezogen ist. Nach von Foerster stützt sich die Ethik auf ihre beiden „Schwestern": die Metaphysik, d.h. die eigene Verantwortung für Entscheidungen zu prinzipiell unentscheidbaren Fragen, und die Dialogik, d.h. die Bereitschaft, sich am anderen zu orientieren.

Besonders klar herausgearbeitet wird dies in dem wichtigen Papier *Über das Konstruieren von Wirklichkeiten*[4], das über die Geschlossenheit des Nervensystems und die dadurch implizierten Grundvoraussetzungen der Wahrnehmung handelt. Am Ende des Papiers werden die Folgerungen für die Epistemologie skizziert. Im Gegensatz zur verbreiteten Auffassung, wonach äußere Reize entsprechende neuronale Reaktionen hervorrufen, ist hier Autonomie wesentlich, d.h. die Reaktionen werden durch das geschlossene Nervensystem in nicht vorhersehbarer Weise erzeugt.

In diesem Zusammenhang setzt sich Heinz von Foerster mit dem oft geäußerten Vorwurf des Solipsismus auseinander. Er begegnet diesem Einwand mit der Feststellung, es könne in der Tat nicht bewiesen werden, ob der andere existiert. Ob ich den anderen anerkenne oder nicht, ist vielmehr meine Stellungnahme zu einer prinzipiell unentscheidbaren Frage.

Wenn ich es ablehne, dann bin ich der Mittelpunkt des Universums, meine Wirklichkeit sind meine Träume und meine Alpträume, meine Sprache ist ein Monolog, meine Logik eine Monologik. Wenn ich das Prinzip akzeptiere, kann weder ich noch ein anderer den Mittelpunkt des Universums bilden. Es muß wie im heliozentrischen System etwas Drittes geben, das den zentralen Bezugspunkt bildet. Das ist die Relation zwischen Du und ich, und diese Relation heißt IDENTITÄT:
Wirklichkeit = Gemeinschaft.
Was folgt aus all dem für Ethik und Ästhetik?
Der ästhetische Imperativ: Willst Du erkennen, lerne zu handeln.
Der ethische Imperativ: Handle stets so, daß die Anzahl der Möglichkeiten wächst.
So konstruieren wir aus unserer Wirk-lichkeit in Zusammenwirkung unsere Wirklichkeit.[5]

Willst Du erkennen, lerne zu handeln – Das, was für uns erkennbar ist, erschließt sich durch unserer Handeln. „Triff eine Unterscheidung!" ist das Motto des gesamten Artikels. Dieses berühmte Zitat von Spencer Brown lautet im Original „Draw a distinction." Durch unser Handeln werden Unterscheidungen möglich, eröffnen sich Möglichkeitsräume, die wir zu sehen lernen, ergeben sich Bewertungsgrundlagen, die wir abwägen lernen. Möglichkeiten werden zu Optionen, für oder gegen die wir uns entscheiden können.

Wirklichkeit=Gemeinschaft – Es geht weder um Egoismus noch um Altruismus, sondern um Dialogik. Darum, sich „durch die Augen des anderen zu sehen". Nicht der Einzelne ist das Grundelement der Wirklichkeit, sondern die Dyade. Von Foerster bezieht sich oft auf Martin Buber, der argumentiert, es gebe kein Grundwort „Ich" oder „Du", sondern nur die

Paare „Ich–es" oder „Ich–Du". Im dialogischen Ich–Du wechseln sich Geben und Nehmen ab, übernehmen die Partner abwechselnd die Führung ohne festes hierarchisches Verhältnis. Das Handeln in Gemeinschaften wird dann als Geflecht von Dyaden verstanden, alle werden einbezogen und in Interaktion gebracht, um den jeweiligen Prozeß zu tragen.

Handle stets so, daß die Anzahl der Möglichkeiten größer wird – Keine „Du sollst"-Moral, Gebote sind nach von Foerster selbstreferentiell, sie sagen vor allem etwas aus über den, der sie ausspricht. Daher kein restriktiver, sondern ein konstruktiver Imperativ, der uns einlädt, in Möglichkeitsräumen zu denken und sie zu entfalten. Für sich genommen bliebe dieser Imperativ sehr unbestimmt, doch machen die vorangestellten Sätze klar, daß der Bezugsrahmen die Gemeinschaft ist – es geht also um Möglichkeiten für mich und den anderen –, und daß es unsere eigene Verantwortung ist, diese Möglichkeiten sehen zu lernen, indem wir handeln.

Dieses Dreieck hat eine ungeheure Dynamik in sich, die, wenn ernst genommen, zu verantwortetem gemeinsamen Handeln führen kann. Von Foersters Grundideen sind generell anwendbar und sind auch für ganz unterschiedliche professionelle Gemeinschaften – von der Familientherapie bis zum Management, von der Wissenschaft bis zur Kunst – zur Inspiration geworden. Im folgenden will ich ihre Konsequenzen für die Softwareentwicklung aufzeigen.

3. Von der Produktions- zur Designsicht

Mein Anliegen war, Softwareentwicklung zu verstehen. Es ergab sich aus der langjährigen Beschäftigung mit Softwareentwicklungsmethoden in Forschung, Lehre und Praxis. Dabei sind für mich die etablierten Denkschemata der Softwaretechnik als ausschließliche Fundierung der wissenschaftlichen Arbeit fragwürdig geworden.

Das betrifft insbesondere folgende Grundannahmen des Faches: die Sicht der Softwareentwicklung als Produktion von Programmsystemen aufgrund fester Vorgaben, die Trennung zwischen Produktion und Einsatz bzw. Wartung des Produktes, die Einteilung der Produktion in linear zu durchlaufende Phasen, die dabei fast ausschließliche Verwendung von Zwischenergebnissen in Form von Dokumenten, die Sicht von Methoden als feste Regelwerke, die menschen- und situationsunabhängig eine standardisierte Arbeitsweise festlegen und die einseitige Betonung von Formalisierung unter Wegfall von Kommunikation, Lernen und Evolution. Wegen ihrer fast ausschließlichen Fokussierung des Produktes Software und der Analogiebildung zwischen Software und herkömmlichen technischen Produkten nenne ich dies die Produktionssicht.

Ich gebe gerne zu, daß kaum ein mir bekannter Autor die genannten Annahmen heute noch ohne Einschränkungen vertritt. Sie werden vielmehr als Idealvorstellungen eingeschätzt, die in der Praxis nur approximiert werden können. Die mit diesen Annahmen verbundene Sicht der Softwareentwicklung ist zweifellos nützlich. Sie hat entscheidend zu den beeindruckenden Fortschritten in der Programmiermethodik, zu kontrollierbaren Modellen für die Abwicklung von Projekten und darauf aufbauender Entwicklung von Werkzeugen beigetragen. Sie gestattet es im Vorfeld, wichtige Aspekte der Softwareentwicklung zu verstehen oder im nachhinein mehr oder weniger abgeschlossene Projekte aufzuarbeiten.

Sie ist aber nicht brauchbar, um die in der jeweiligen Situation tatsächlich ablaufenden Prozesse der Softwareentwicklung zu verstehen, die insgesamt das Zustandekommen von Einsichten in die Funktionalität, Realisierung und Nutzungsmöglichkeiten von Programmen betreffen. Insbesondere führt uns die Produktionssicht irre, indem sie uns nahelegt, daß wir bei der Softwareentwicklung von festen Gegebenheiten ausgehen können (müssen), und daraus (im Idealfall nach festen Regeln) ein Programmsystem ableiten können. Die Produktionssicht beleuchtet einen wichtigen Betrachtungsschwerpunkt der Softwareentwicklung. Sie verstellt andere.

Die Fragwürdigkeit dieser Tradition folgt für zum einen aus den eklatanten Widersprüchen zwischen ihren Postulaten und dem, was in Projekten in der Industrie wie auch an der Hochschule tatsächlich stattfindet, obwohl viele dieser Projekte im Sinne der etablierten Tradition angeleitet werden. Mir steht fern zu behaupten, die Produktionssicht der Softwareentwicklung wäre irrelevant, sie scheint mir aber immer nur jeweils stückweise bezogen auf wohldefinierte Teilziele zu greifen, während sie der Softwareentwicklung als Ganzem nicht gerecht wird. Zum anderen berücksichtigt die etablierte Sicht nicht das Ringen um Qualität bei der Softwareentwicklung. Letztlich bietet sie keine Aufsatzpunkte für eine menschengerechte Systemgestaltung.

Hier scheint eine reichhaltigere Sichtweise notwendig. Das hat mich veranlaßt, nach adäquaten erkenntnistheoretischen Grundlagen für die Softwareentwicklung zu suchen. Sie müssen uns helfen, spezifische, von Gemeinschaften getragene, koordinierte Erkenntnisprozesse zu verstehen, bei denen verschiedene Realitätsbereiche aufeinanderstoßen, abstrakte und gleichzeitig sehr komplexe Ergebnisse erarbeitet werden, die entstehende technische Realität der Software mit der sozialen Realität ihrer Herstellung und Nutzung verwoben ist, und sämtliche Prozesse vor dem Hintergrund gesellschaftlicher Widersprüche stattfinden.

Die erkenntnistheoretische Fundierung der Softwareentwicklung wird heute von vielen Wissenschaftlern und Praktikern als wichtiges Anliegen anerkannt und von verschiedenen Blickwinkeln aus vorangetrieben.

Ein früher Beitrag in diese Richtung ist das vor einigen Jahren viel diskutierte Buch *Understanding Computers and Cognition* von Winograd und Flores, in dem es insgesamt um das Zusammenspiel von informationstechnischen Systemen mit unserem Denken und kooperativen Arbeiten geht. In diesem Buch wird ein gangbarer Weg für erkenntnistheoretische Untersuchungen in unserem Bereich abgesteckt. Die etablierte Sicht, so argumentieren die Autoren, erscheint uns nur so lange selbstverständlich, wie wir uns innerhalb der rationalistischen Tradition bewegen, die sie durch ihre Postulate und zugrundeliegenden Annahmen charakterisieren. Diese Tradition, wie jede andere, bringt aber eine „Blindheit" mit sich, indem sie den Blick auf die ihr zugrundeliegenden Annahmen verstellt. Die Autoren beziehen sich dann auf die Hermeneutik, die Sprechakttheorie und die Neue Biologie, um diese Grenzen zu überwinden.

Inzwischen gibt es eine Reihe von Ansätzen zu Alternativen für die etablierte Denktradition des Software Engineering. Das hat sich für mich am deutlichsten bei der von mir und anderen veranstalteten Tagung *Software Development and Reality Construction* gezeigt, die durch Heinz von Foerster wesentlich geprägt worden ist.[6] Dort wurden verschiedene Auffassungen zusammengetragen, die zum Teil konstruktivistisch sind oder dem Konstruktivismus nahe stehen, und zum Teil aus anderen Denktraditionen stammen.

Nach meiner Auffassung verstellt die Produktionssicht die Sicht auf Design. Bei der Softwareentwicklung geht es um eine spezifische Ausprägung von Design, darunter verstehe ich insgesamt den kreativen Vorgang, in dem das Problem erschlossen, eine zugehörige Lösung erarbeitet und in menschliche Sinnzusammenhänge eingepaßt wird. Die übergreifende Natur und damit die Schlüsselstellung des Design wird von vielen Autoren und Autorinnen gesehen, speziell im skandinavischen Raum. Auch der Untertitel des zitierten Buchs von Winograd und Flores ist *A New Foundation for Design.*

Im folgenden möchte ich einen konstruktivistischen Zugang zu Design aufzeigen.[7] Zunächst will ich einen für die Softwareentwicklung passenden Design-Begriff ausarbeiten. Design ist nicht primär an vorweg festgelegte Ziele gebunden, sondern wird durch das Suchen nach Qualität geleitet.

Dann wird der Design-Raum aufgespannt. Er besteht aus den ineinandergreifenden Realitätsbereichen Anwendung, Methoden und Realisierungsmittel, die im Design konstruiert werden. Im Unterschied zu der Produktionssicht wird hier kein phasenspezifischer, zeitlicher Übergang von einem Realitätsbereich zum anderen angenommen, sondern es handelt sich um ein pulsierendes Gebilde aus immer neu und immer feiner zu treffenden Unterscheidungen, das sozusagen in der Zeit „tanzt".

Darauf aufbauend werden die beim Design stattfindenden Erkenntnisprozesse als Geflecht von Entscheidungen charakterisiert, die die für Design maßgeblichen Realitätsbereiche verknüpfen. Die Brauchbarkeit einer Design-Entscheidung erweist sich durch ihre Beurteilung. Wo eine Rückwirkung der Beurteilung auf den Design-Prozess zugelassen wird, kommt es zur Schließung, indem Ergebnisse von Design wieder Grundlage für die Weiterführung von Design werden. Erfolg im Design bedeutet Stabilisierung des Geflechtes von Design-Entscheidungen trotz Revisionen.

Während die bisherige Behandlung auch für Design-Prozesse gilt, die von einzelnen vollzogen werden, werden abschließend die Chancen einer dialogischen Orientierung aufgezeigt, bei der Softwareentwicklung mit anderen und für andere in dialogisch gestalteter Zusammenarbeit umgesetzt wird. Diese Orientierung betont Partizipation und menschengerechte Systemgestaltung und bezieht unsere Verantwortung unmittelbar in die technische Arbeit ein.

Insgesamt ergibt sich eine Sicht von Design bestehend aus ineinandergreifenden, lebenden Prozessen, die von uns getragen werden, die verkümmern, entarten oder sich entfalten können. Ihre Entfaltung setzt zum einen eine genügende Autonomie des Designs voraus, zum anderen auch die Fähigkeit und Bereitschaft der Beteiligten zur multiperspektivischen Reflexion.

4. Softwareentwicklung als Design

Zunächst ist zu klären, was ich hier unter Design verstehen will. Es wird nicht ausreichen, einen vorgegebenen Begriff von Design zu verwenden. Vielmehr wird es mir darum gehen, den Begriff Design passend zu den für mich maßgeblichen Anliegen zu konstruieren. Das heißt: ich möchte mit Ihnen gemeinsam eine Reihe von Unterscheidungen treffen, um Design in der Softwareentwicklung brauchbar zu charakterisieren.

Mit Design meinen wir eine spezielle Art von Erkenntnisprozessen, die auf machbare und wünschenswerte Ergebnisse in einem interessierenden Bereich ausgerichtet sind. Die interessierenden Bereiche können ganz unterschiedlich sein. Wir sprechen in der Regel nur dann von Design, wenn es Anliegen gibt, die man erfüllen möchte, begrenzte Ressourcen, die zur Verfügung stehen, und verschiedene Möglichkeiten zur Realisierung.

Design in der Softwareentwicklung ist spezifisch und unterliegt besonderen Bedingungen. Software ist durch ein Zusammenspiel mehrerer unüblicher Eigenschaften gekennzeichnet, die sowohl die Art des Produktes als auch seine Einbettung in menschliche Sinnzusammenhänge betreffen. Software weist eine ungeheure Komplexität auf, erfordert also ebenso komplexe Herstellungsprozesse. Sie besteht aus einem einheitlichen, abstrakten Baustoff, ist daher beliebig formbar und prinzipiell uneingeschränkt revisionsfähig. Sie muß maschinell verarbeitbar, das heißt bis ins Einzelne vollständig, konsistent und formal fehlerfrei sein. Sie ist nicht der sinnlichen Wahrnehmung zugänglich, kann also letztlich nur beim Einsatz beurteilt werden. Sie schafft soziale Kontexte für menschliche Handlungen, die durch die technischen Eigenschaften des Produktes geprägt werden.

Design verknüpft somit verschiedene Welten: die soziale Welt der jeweils maßgeblichen Anwendung, die technische Welt der Realisierungsmittel und die formale Welt der Methoden und Konzepte.

Es ist nicht einfach, die gemeinte Bedeutung auf Deutsch auszudrücken.

Um die erforderliche Reichhaltigkeit zu gewährleisten, müssen wir „Design" auf das Paar „Entwurf" und „Gestaltung" abbilden. „Entwurf" allein genügt nicht, weil wir in der Regel Entwurf und Realisierung trennen. Wir entwerfen etwas. Das Ergebnis (der Entwurf) wird anschließend realisiert. „Gestaltung" meint zwar auch Realisierung, erscheint aber im Zusammenhang mit rein technischen Aspekten künstlich.

Verwenden wir statt dessen das englische Wort im Deutschen, so denken wir hauptsächlich an „das Design" als Ergebnis eines Gestaltungsprozesses, das vorwiegend äußere Merkmale eines Gegenstandes betrifft. Das ist jedoch zu eng. Design ist hier prozessual zu verstehen: die Ergebnisse des Designs werden in die Gestaltungsprozesse eingeordnet, aus denen sie hervorgehen. Design betrifft nicht nur äußerliche Merkmale, sondern auch die Funktionalität des zu erstellenden Programmsystems sowie seine Einbettung in menschliche Handlungskontexte. Im Design ist auch die Bereitstellung von geeigneten Werkzeugen und Methoden für die jeweils spezifische Softwareentwicklung sowie die Projektgestaltung enthalten.

Ich möchte jetzt Design in der Softwareentwicklung von verschiedenen Seiten her beleuchten.

5. Der Design-Raum aus ineinander verschränkten Realitätsbereichen

Die Produktionssicht legt uns nahe, die Softwareentwicklung als Folge von Phasen zu betrachten, die im Idealfall linear zu durchlaufen sind. Sie haben zum Gegenstand, zuerst die Anforderungen der Anwendung zu ermitteln, darauf aufbauend eine Spezifikation des zu erstellenden Systems zu erarbeiten, die festlegt, was gemacht werden soll, ohne zu bestimmen, wie das System arbeiten wird, und daraus das Programm abzuleiten.

Hier treten die für Design maßgeblichen Realitätsbereiche implizit auf:
– die Welt der Anwendungen, deren Anliegen für die Softwareentwicklung maßgeblich sind, und aus der wir Anforderungen an die Software ableiten,
– die Welt der Realisierungsmittel, in unserem Falle informationstechnische Systeme einschließlich vorhandener Software,
– die Welt der Methoden und Konzepte, die wir wie Landkarten verwenden, um uns bei der Verknüpfung von Anliegen mit Realisierungsmitteln zurecht zu finden.

Floyd, Das Mögliche ermöglichen

Im Phasenmodell wird genau ein Weg durch diese Welten aufgezeigt: von den festen Anforderungen nach festgelegten Methoden zur Realisierung auf einem vorgegebenen System. Dieser Weg ist im Idealfall einmal bezogen auf das gesamte Produkt Software zu durchlaufen.

Die Design-Sicht bringt hier ein Umdenken mit sich. Der zeitliche Fortschritt ist von den Realitätsbereichen zu trennen. Sie werden nicht zeitlich nacheinander bearbeitet, sondern sie sind zu jedem Zeitpunkt gegenwärtig und verknüpft. Ferner ist keiner der Realitätsbereiche vorgegeben, sondern sie werden im Design konstruiert. Das bedeutet:

– Wir analysieren nicht Anforderungen, sondern wir konstruieren sie aus unserer Perspektive. Diese wird bestimmt durch unsere eigenen Prioritäten und Werte, durch die von uns als Landkarte verwendeten Methoden, und durch unsere Interaktion mit anderen, die Anforderungen aus ihrer Sicht konstruieren. Anforderungen sind perspektivisch. Sie reflektieren meist Differenzen der Perspektiven und unterliegen zeitlichem Wandel.

– Wir wenden nicht fest vorgegebene Methoden an, sondern wir konstruieren sie aufgrund der Gegebenheiten. Methoden als solche gibt es nicht, es geht vielmehr stets um Prozesse der situationsbedingten Methodenentwicklung und -anwendung. Wir wählen Methoden und passen sie an. Letztlich entwickeln wir im Verlaufe von Design unsere eigenen Methoden.

– Wir beziehen uns nicht auf feste Realisierungsmittel, die erst spät und im Detail bei Entscheidungen zum Tragen kommen. Vielmehr konstruieren wir den sinnvollen Einsatz von Realisierungsmitteln durch Erproben, Auswahl oder Ergänzung dessen, was verfügbar ist.

Die Annahme eines vorweg definierten Weges durch diese Welten ist irreführend. Dieser Weg wäre nur dann gangbar, wenn alle relevanten Entscheidungen bereits getroffen wären. Dann aber kann kein Design stattfinden.

6. Design als Geflecht von Entscheidungen

Design ist in Anliegen verankert. Sie geben Anlaß zum Setzen von Zielen, die mit Hilfe von bestimmten Mitteln erreicht werden sollen. Mit der Differenzierung zwischen Anliegen und Zielen will ich hier von vornherein die mögliche Diskrepanz zwischen dem, was vorgeblich erreicht werden soll und dem, was sich als wünschenswert erweist, einbeziehen. Design wird im Hinblick auf gesetzte Ziele ins Leben gerufen, wobei der Ausgangspunkt ein bereits getroffenes Geflecht von Entscheidungen ist, die die für relevant gehaltenen Anliegen im Hinblick auf zu erreichende Ziele mit vorläufig anvisierten Realisierungsmitteln verknüpfen.

Dennoch setzt Design nicht auf einer festen Grundlage auf, und wird auch nicht durch vorgegebene Ziele determiniert. Die Anliegen können sich während des Design-Prozesses wandeln. Die Realisierungsmittel können sich als nicht ausreichend erweisen. Die vorgegebenen Ziele können als irreführend oder nicht mehr gültig erkannt werden. In diesem Sinne kann Design als zielfrei angesehen werden. Design schafft sich seine eigenen Grundlagen und setzt sich seine eigenen Ziele.

Design erfordert ein Zusammenspiel unterschiedlicher Fähigkeiten: neben der Beherrschung von Methoden sind dies ein Gespür für das Potential der Realisierungsmittel und Sensitivität für die sich wandelnden Anliegen der Anwendung.

Design setzt einen (Spiel)raum mit Wahlmöglichkeiten voraus und den (Frei)raum für spielerisches Vorgehen zum Ausloten dieser Möglichkeiten. Das bedeutet: Design kann nur dort zustandekommen, wo ein ausreichendes Repertoire an Möglichkeiten besteht, um relevante Unterscheidungen zu treffen. Design erfordert Autonomie, um eine echte Auswahl treffen zu können.

Design besteht aus einem Geflecht von Designentscheidungen, die in ihrer Gesamtheit einen Lösungsvorschlag ausmachen. Nicht alle erforderlichen Designentscheidungen werden bewußt getroffen. Häufig zeigt erst die Beurteilung des Lösungsvorschlags, welche Entscheidungen erforderlich wären, und welche Konsequenzen nicht getroffene Entscheidungen implizieren. Zum Design gehört natürlich eine Fülle von Entscheidungen. Sie verknüpfen Anliegen mit Mitteln im Hinblick auf das Erreichen von jeweils gültigen Zielen. Dabei werden komplexe Strukturen von miteinander verwobenen Entscheidungen aufgebaut. Sie müssen in sich kohärent und insgesamt wünschenswert sein. Ihr Zustandekommen ist für den individuellen Design-Prozeß spezifisch, es ist nicht vom vorgegebenen Problem determiniert. Vielmehr wird auch das Problem im Design erschlossen. Design ist durch die Perspektive seiner Träger, und durch die ihnen auferlegten Vorgaben bestimmt.

Was wünschenswert ist, orientiert sich an mehreren Gesichtspunkten, die häufig zu gegenläufigen führen: ob die Entscheidungen zu den Anliegen passen, ob das Geflecht von Entscheidungen alle als wesentlich erachteten Elemente des Problems überdeckt, ob die verfügbaren Mittel sinnvoll eingesetzt werden, ob die gesetzten Ziele erreicht werden. Diese Unterscheidungen werden durch einen Beobachter getroffen.

Design beruht somit auf einer Fülle von aufeinander bezugnehmenden Unterscheidungen darüber, was gut (wünschenswert) ist. Dabei ergibt sich ein Wechselspiel zwischen Lösungsvorschlägen und ihrer Beurteilung. Was gut ist, erweist sich im Prozeß dadurch, daß die Beteiligten es für gut halten. Unterscheidungskriterien ergeben sich aus den für das Design maßgeblichen Anliegen.

Design kann sich nur dann voll entfalten, wenn bereits getroffene Entscheidungen aufgrund ihrer Beurteilung revidiert werden können; das heißt, wenn die Ergebnisse von Design selbst wieder zum Ausgangspunkt für Design werden. Dadurch kommt Schließung im Design zustande.

Das Treffen von Entscheidungen, die Beurteilung und die Schließung finden, ineinander verschränkt, auf verschiedenen Ebenen statt: beim Einzelnen informell, beim Erarbeiten und Überprüfen eines Lösungsvorschlages, bei gemeinsamer kritischer Würdigung, beim Umsetzen einer Entscheidung in die Realisierung, beim Testen, beim Einsatz.

Schließung erfordert, Fehlern nachzugehen, um daraus zu lernen, konstruktive Kritik zu geben und zu nehmen, von fehlgesetzten Zielen abzugehen und sich wandelnde Anliegen anzuerkennen. Schließung bedeutet die Weiterführung des Design.

Design ist insgesamt erfolgreich, wenn sich das Geflecht von Designentscheidungen im Verlauf von Revisionen stabilisiert, das heißt, wenn es Beurteilungen standhält und trotz sich wandelnder Anliegen von den Beteiligten als gut anerkannt wird.

Design ist somit immer multiperspektivisch, auch wenn es von einzelnen getragen wird. Dies ergibt sich aus der Verknüpfung von Anliegen, Realisierungsmitteln und Methoden, aus unterschiedlichen Beurteilungskriterien, sowie aus dem Wechselspiel zwischen Entwurf, Realisierung und Benutzung, das maßgeblich für die Schließung ist. Design erfordert multiperspektivische Reflexion.

7. Design für und mit anderen

Design in Gemeinschaften ist gekennzeichnet durch die Zusammenarbeit von Gruppen verschiedener Beteiligter mit unterschiedlicher Betroffenheit und verschiedenen Sichtweisen. Ich gehe dabei davon aus, daß Gruppenarbeit bei der Softwareentwicklung als ineinander verwobenes Geflecht von Zusammenarbeitsbeziehungen angesehen werden kann, und spreche von einer dialogischen Orientierung, genau genommen von
– dialogischem Entwurf, damit meine ich das mit anderen EntwicklerInnen gemeinsame Erarbeiten eines Lösungsvorschlages, und
– dialogischer Gestaltung, damit meine ich das mit BenutzerInnen gemeinsame Schaffen von computergestützten Handlungskontexten.

Im dialogischen Design geht es darum, daß ein wünschenswerter Lösungsvorschlag zwischen mir und anderen entsteht, daß Designentscheidungen gemeinsam getroffen werden und Schließung unter Berücksichtigung der Perspektiven aller Beteiligten erfolgt. Das heißt: anstatt mein Modell nach meinen Beurteilungskriterien zu entwickeln, diese nach Möglichkeit zu verobjektivieren und durchzusetzen, gilt es, mich den Perspektiven der anderen zu öffnen, die Perspektiven aller aufzugreifen, und in Interaktion zu bringen.

Dies wird von Methoden nur wenig unterstützt. Die meisten mir bekannten Methoden sind monologisch (genau genommen postulieren sie eine Pseudo-Objektivität und erkennen die Perspektivität des Designers nicht an). In einem dialogischen Design müssen wir davon ausgehen, daß jeder ausgearbeitete Beitrag vorläufigen Charakter hat, daß zusammenarbeitende Designer unterschiedliche Erwartungen an den gesamten Prozeß und unterschiedliche Prioritäten und Beurteilungskriterien mitbringen. In einem dialogischen Design müssen wir auch bestehende Konflikte anerkennen und gemeinsam bewältigen.

Für Design im Dialog muß es gelingen, diese Perspektiven so zu vernetzen, daß das im Design entstehende Geflecht von Entscheidungen gemeinsam getragen wird. Das bedeutet, in sinnvoller Weise zwischen individueller und gemeinsamer Arbeit zu alternieren, konstruktive Kritik zu geben und zu nehmen, die Konsequenzen von vorgeschlagenen Designentscheidungen auszuloten, Ergebnisse multiperspektivisch zu bewerten und gemeinsam zu revidieren, so daß sich allmählich ein gemeinsam getragener Lösungsvorschlag stabilisiert.

Die Voraussetzung für Design im Dialog ist Vertrauen. Es kann nur dort entstehen, wo die Interessen der Beteiligten berücksichtigt werden und verlangt von allen Beteiligten, besonders vom Projektleiter, die Bereitschaft zur Schaffung und Aufrechterhaltung eines sozial stützenden Milieus.

Dialogische Gruppenarbeit kann von keinen impliziten Voraussetzungen ausgehen, sondern muß die Grundlagen für die gemeinsame Arbeit selbst legen. Das bedeutet gemeinsame Etablierung des Projektes, der Übernahme von Verantwortungen, der Aufgabenteilung und Synchronisation, der Konventionen und Standards für die gemeinsame Arbeit. Es bedeutet auch gemeinsame Erarbeitung einer für das Projekt maßgeblichen Sicht der Grundlagendokumente und der jeweils gültigen Anliegen, Prioritäten und Beurteilungskriterien. Design im Dialog erfordert die bewußte Bildung einer gemeinsamen Projektsprache, die die maßgeblichen Realitätsbereiche in einer für alle nachvollziehbaren Weise verknüpft.

Gemeinsame Ziele müssen im laufenden Prozeß aufgrund der jeweiligen Situation gesetzt und revidiert werden. Gemeinsame Arbeit erfordert gemeinsam zugängliche und aufrechterhaltene externe Stützen wie Projektordner oder Tagebücher, die die geltenden Arbeitsgrundlagen und die gemeinsam getroffenen Entscheidungen festhalten, so daß der Entscheidungsprozeß bei Revisionen nachvollzogen werden kann. Design im Dialog erfordert reichhaltige Kommunikation zwischen allen Beteiligten. Information muß kontinuierlich gesammelt und gestreut werden, neue Blickwinkel eingebracht und aus immer wieder neuen Perspektiven beurteilt werden.

Die Arbeitsteilung muß stets vor dem Hintergrund einer gemeinsam getragenen Gesamtsicht erfolgen, getrennt erarbeitete Ergebnisse müssen gemeinsam überprüft werden. Technisch kann dieser Prozeß durch Prototyping unterstützt werden, wobei gemeinsames Lernen anhand der realisierten Vorversionen im Vordergrund steht.

Insgesamt orientieren sich die beschriebenen Maßnahmen daran, daß sich im Projekt Geist entfaltet und eine gemeinsam getragene Perspektive zustandekommt.

Für die besonderen Bedingungen ethischen Handelns bei der Softwareentwicklung gilt es zu bedenken, daß wir durch Design die Möglichkeiten anderer, Verantwortung wahrzunehmen, beeinflussen. Wir schaffen ja mit den durch Software realisierten Computeranwendungen quasieigenständig agierende Instanzen, die sich nach den von uns bestimmten Spielregeln verhalten und im Kontext bestimmte Eingriffsmöglichkeiten der Beteiligten zulassen – oder nicht.

Es ist faszinierend, das von Foerstersche „Handle stets so, daß die Anzahl der Möglichkeiten wächst" als Maxime im Kontext Design zu betrachten. Sie stimmt ziemlich nahtlos mit bekannten Kriterien für menschengerechte Systemgestaltung überein, z.B. mit der Vorstellung, Computeranwendungen als Werkzeug oder als Medium auszulegen, das von den BenutzerInnen flexibel verwendet werden kann.

Doch wirft der Umgang mit Möglichkeitsräumen die Frage auf, ob wir tatsächlich immer die Anzahl der Möglichkeiten vergrößern sollten. Wessen Möglichkeiten? Sind alle Möglichkeiten gleich wichtig? Muß man nicht Möglichkeiten verschließen, um wichtigere Möglichkeiten zu eröffnen? Ich glaube, ja. Der von Foerstersche Imperativ kann uns in der Design-Situation inspirieren, aber er kann und will uns nicht die Verantwortung abnehmen, über Gestaltungskriterien und ihre Verantwortbarkeit selbst zu diskutieren und zu entscheiden.

8. Schlußbemerkungen

Obwohl ich hier nur eine Skizze von Softwareentwicklung als Design geben konnte, möchte ich noch aufzeigen, was für Konsequenzen sich ergeben, wenn wir diese Sicht anerkennen und ihr Raum geben wollen. Sie bedeutet eine bewußte Orientierung für unsere wissenschaftliche und praktische Arbeit.

Floyd, Das Mögliche ermöglichen

Bei der Ausbildung wird sie uns nahelegen, den Studierenden die für Design erforderlichen Fähigkeiten mitzugeben. Bei der Methodenentwicklung wird es darum gehen, flexibel adaptierbare Konzepte und Verfahren auszuarbeiten, die die Zusammenarbeit mit anderen unterstützen. Gemeinsames, flexibel strukturiertes und inkrementelles Arbeiten wird auch maßgeblich bei der Werkzeugentwicklung sein.

Die Projektgestaltung wird die Zusammenarbeit im Design fördern. Das bedeutet möglichst hohe Autonomie, so daß wir Verantwortung einbringen können; die Schaffung eines dialogisch orientierten Arbeitsmilieus, so daß gemeinsame Perspektiven gebildet werden können; die Arbeitsteilung so, daß unsere gemeinsamen Designentscheidungen zustandekommen und beurteilt werden können; letztlich die bewußte Einbeziehung von Revisionen, so daß Design sich schließen kann.

Ein Anerkennen und Umsetzen dieser Sicht bedeutet somit, Design selbst zu gestalten – Designing Design. Zweifellos sind wir sehr weit von gesellschaftlichen Bedingungen entfernt, in denen das im großen Ausmaß möglich ist. Das macht es um so wichtiger, als Beitrag zu wünschenswerten gesellschaftlichen Veränderungen, gangbare Wege für Design, orientiert an gemeinsam erlebter Qualität und menschengerechter Gestaltung, aufzuzeigen, zu erproben und ihre Tauglichkeit unter Beweis zu stellen.

Heinz von Foerster, den wir heute feiern, hat durch seine Pionierarbeit dafür die gedanklichen Voraussetzungen geschaffen und durch seine persönliche Glaubwürdigkeit viele Menschen wie mich inspiriert und ermutigt, Schritte in diese Richtung zu gehen. Lieber Heinz, dafür möchte ich Dir sehr herzlich danken.

Anmerkungen

1. Christiane Floyd, „Choices about Choices", in: Systems Research, Bd. 13, Nr. 3, 1996, S. 261–270.
2. Anhand des Sammelbandes Heinz von Foerster, Wissen und Gewissen – Versuch einer Brücke, Frankfurt/ Main: Suhrkamp 1993 läßt sich das Gesamtwerk sehr gut erschließen.
3. Diese Begebenheit wird erzählt in Heinz von Foerster, „Erkenntnistheorien und Selbstorganisation", in: Siegfried J. Schmidt (Hg.), Der Diskurs des radikalen Konstruktivismus, Frankfurt/Main: Suhrkamp 1987, S. 133–158.
4. Heinz von Foerster, „Über das Konstruieren von Wirklichkeiten", in: Heinz von

Foerster, Wissen und Gewissen – Versuch einer Brücke, Frankfurt/Main: Suhrkamp 1993, S. 25–49.

5. Ebd., S. 49.

6. Als Ergebnis der Tagung ist das Buch Christiane Floyd, Heinz Züllighoven, Reinhard Budde, Reinhard Keil-Slawik (Hg.), Software Development and Reality Construction, Berlin, Heidelberg: Springer 1992 entstanden. Es enthält den Beitrag: Heinz von Foerster, Christiane Floyd, „Self-Organization and Software Development" (Ebd., S. 75–85).

7. Für eine ausführlichere Darstellung siehe Christiane Floyd, „Software Development as Reality Construction", a.a.O., S. 86–100.

Karin Knorr Cetina

Konstruktivismus in der Soziologie

1. Einführung: Konstruktivistische Theorienbildung und ihre Freiheiten

Die Idee eines theoretischen Konstruktivismus hat etwas Paradoxes an sich. Konstruktivisten haben, so würde man erwarten, eine natürliche Abscheu vor Sozialtheorien, weil sie an der Untersuchung des Konkreten interessiert sind. In den letzten beiden Jahrzehnten gab es in der Soziologie einen nahezu kometenhaften Aufstieg des konstruktivistischen Denkens – in Gebieten, die von der Agrarsoziologie und der Sozialpolitik bis zu feministischen Studien, autopoietischen Systemen und der Soziologie des Wissens reichen.[1] In den meisten dieser Gebiete verbindet man den Konstruktivismus nicht mit Theorie, sondern mit einem spezifischen empirischen Mikrofokus, der auf Repräsentations- und Interaktionspraktiken gerichtet ist. Die konstruktivistische Forschung wird oft nicht nur als a-theoretisch, sondern als anti-theoretisch wahrgenommen; der Konstruktivismus sei bestrebt, die „Ordnung" der sozialen Welt aufzulösen und in Kontingenz und Unbestimmtheit überzuführen. Das Spezifische in den meisten konstruktivistischen Studien liegt darin, wie sie Besonderheiten in den Griff bekommen. Die Vertrautheit mit Besonderheiten macht einen ungläubig nicht nur gegenüber Meta-Erzählungen, sondern auch gegenüber Sozialtheorien, welche die empirische Welt in universalen Modellen und interpretativen Gerüsten rekonstituieren. In der Vergangenheit haben konstruktivistische Studien häufig gegen vereinheitlichte theoretische Modelle argumentiert und darauf hingewiesen, daß die empirische Welt weder so kohärent noch so strukturiert ist, wie diese Modelle gerne glauben machen möchten.

In diesem Artikel möchte ich dennoch den konstruktivistischen Standpunkt für eine theoretische Untersuchung benützen – basierend auf der Annahme, das Interessante am Konstruktivismus liege nicht daran, daß er eine Antwort auf den Niedergang des Universalismus darstellt (es gibt andere Antworten darauf, z.B. den Postmodernismus), sondern daran, wie er die Neustrukturierung einer Gegenposition zum Universalismus erlaubt. Ich werde argumentieren, daß man durch Verwenden einiger konstruktivistischer Gedankengänge eine theoretische Perspektive vorschlagen kann, die weniger an der speziellen Produktion praktischer Ergebnisse interessiert ist als an der Konstruktion der Konstruktionsmaschinerien, die diese Ergebnisse produzieren. In den gegenwärtigen konstruktivistischen Arbeiten sind zumindest drei verschiedene Ansichten von Konstruktion eingebettet, die einem unterschiedlichen Beschreibungsvokabular entsprechen. Die erste und vorherrschende Ansicht stützt sich auf das Bild von Individuen als „Handelnde" und „Erzeugende"; sie stellt sich die Welt als etwas vor, das unter dem Aspekt der spezifizierenden Kategorien menschlicher Handlungen produziert („konstruiert") wird. Ein zweites Motiv des konstruktivistischen Denkens betont die Prozesse der Fixierung, Verfestigung und Objektivierung, die von individuellen Handlungen abstrahieren und den flüssigen und formlosen Charakter des alltäglichen Lebens in festere Strukturen verwandeln. Dieser stärker „aggregative" Strang des Konstruktivismus weist die deutlichsten anti-essentialistischen Implikationen auf; er kann auch mit dem theoretisch-konstruktivistischen Interesse an den „ordnend-produktiven" Merkmalen der Gesellschaft verknüpft werden. Eine dritte Linie der konstruktivistischen Analyse entfernt sich von dem akteurzentrierten Vokabular durch die Verwendung von räumlichen Konzepten und Beschreibungen. Diese Konzepte zeichnen ein Bild von Praxis als sich erweiternde Choreographie (sozialer) Muster auf der Basis rekonfigurationaler Prozesse und der Entfaltung neuer Räume.

Nach meiner Auffassung liegt die bedeutendste, und mit Sicherheit die klarste Stoßrichtung der neueren konstruktivistischen Analysen bei der zweiten und dritten Ansicht von Konstruktion und nicht bei der ersten. Wenn konstruktivistische Analysen das Hauptaugenmerk auf Akteure und deren Handeln in Situationen legen, befinden sie sich auf einer Linie mit anderen handlungstheoretischen Ansätzen, wie z.B. dem symbolischen Interaktionismus. Versteht man „Konstruktion" aus der Sicht von Akteuren als „Konstrukteuren", dann stellt sich für eine umfassendere Theorienbildung als Thema die bekannte alte Fragestellung, wie subjektive und situationale Interpretationen und Interaktionen zum zentralen Anliegen theoretischer Überlegungen werden können (siehe Alexander 1987: 17). Der Konstruktivismus hält für solche Fragen keine Antworten bereit. Andererseits können die aggregativen und raumorientierten Stränge des konstruktivistischen Denkens als Sprungbrett für eine Position dienen, die sich für die theoretische Variabilität und die „Kreativität" moderner Institutionen interessiert: für die Erzeugung und Vernetzung von Formen und Ebenen von Ordnung und Regimes, und für die Vielfalt und Entfaltung dieser Formen und Ebenen. Eine solche Position verschiebt die konstruktivistische Sensibilität für die Inkonsistenzen und die dissoziativen Charakteristiken menschlicher Angelegenheiten auf die Ebene der Strukturierung. Sie kann auch dazu dienen, das Lokale als „Dichteregion" der sozialen Welt wieder in die soziale Theorienbildung einzubringen.

Es mag nützlich sein, zur weiteren Charakterisierung der konstruktivistischen Theorienbildung einen kurzen Vergleich mit traditionelleren Konzeptionen der Sozialtheorie anzustellen (Fararo 1989; Wallace 1988; Coleman 1990: Kap.1). Konstruktivistische Theorienbildung erfordert etwas an „Unschärfe": die Freiheit, Anstoß an einigen der traditionellen Merkmale zu nehmen, die von einer Sozialtheorie gewünscht werden. Das erste unkonventionelle Moment liegt in der Verabschiedung von der Idee, daß Theorienbildung die Entwicklung eines einzigen, konsistenten Gerüsts oder eines Systems von Konzepten bedeutet, von dessen Blickwinkel aus das relevante Segment der Welt verstanden werden soll. Stattdessen könnte man sich das „Theoretisieren" als eine Konversation verschiedener Rahmen vorstellen – eine Konversation, die bewußt offen gehalten wird und die in ihren Inkonsistenzen und Paradoxien und in ihrer theoretischen Vielfalt dem modernen Leben folgt. Eine zweite Verabschiedung, die man bei einer konstruktivistischen Theorienbildung gerne treffen möchte, betrifft jene von der „Eindeutigkeit" der Referenz. Viele unserer hochehrwürdigen Sozial- und Gesellschaftstheorien beschreiben und erklären soziale Phänomene (Organisationen, funktionale soziale Systeme, Entwicklungszustände der Gesellschaft, soziale Überzeugungen, etc.) aus der Sicht anderer sozialer Phänomene (soziale Regeln und Interaktionsmuster, Prozesse der Differenzierung und Industrialisierung, Klassenerfahrungen usw.). Die vorliegende Art der Theorienbildung könnte auf Grund eines erweiterten konstruktivistischen Fokus mehr Augenmerk auf die Architektur hybrider und kreolisierter Muster richten wollen, z.b. auf die Ordnungen und Regimes, die Menschen- und Maschinenelemente miteinander kombinieren. Eine solche „Offenheit" entspricht auch der Vorstellung, daß es theoretisch produktiv sein könnte, das Soziale nicht als eine Art allgemeines Medium zu betrachten, in dem wir alle schwimmen (und durch welches wir konstituiert sind), sondern als eine (historische) Ordnungsform unter anderen. Die Aufdeckung dieser Formen und die verschiedenen Beziehungen von Verbindung, Verdrängung, Überordnung, etc., die lokal und global zwischen ihnen entstehen, ist von Interesse für den theoretischen Konstruktivismus. Einschätzungen des heutigen Lebens, denenzufolge soziale Beziehungen und Strukturen zunehmend durch Informations- und Kommunikationsstrukturen verdrängt werden (Baudrillard 1985; Lyotard 1986; Lash und Urry 1994) passen zu diesem Interesse, ebenso wie jene Auffassungen, die auf „Symmetrie" in unserer analytischen Behandlung von menschlichen und nicht-menschlichen Agierenden dringen (Aronowitz 1988; Callon 1986; Latour und Johnson 1988; siehe auch Joerges 1979; Serres 1990; Sheldrake 1990). Eine dritte Annahme, die man als Konstruktivist treffen möchte, ist die Wiedereinführung des Beobachters und Analytikers in die Konzepte und Geschichten, die wir entwickeln. Die Implikation von Beobachtenden in den Texten, die sie beim Schreiben oder Berichten von wissenschaftlichen Ergebnissen produzieren, wurde in Gebieten wie z.B. der Anthropologie ausführlich diskutiert, wo die Teilnahme von Beobachtenden an anderen Kulturen seit langem ein Problem darstellt (z.B. Clifford und Marcus 1986; Geertz 1988). Die konstitutive Rolle von Analytikern wird auch von Konstruktivisten anerkannt, die den konstruierten oder „geschlossenen" Charakter aller Wissens- und Informationssysteme vertreten (z.B. Foerster 1985, Maturana und Varela 1980; Woolgar und Ashmore 1988; Luhmann 1984). Aber diese Fragen spielen keine besondere Rolle in den sozialtheoretischen Debatten, für die Reflexivität hauptsächlich ein Merkmal des modernen Subjekts oder bestimmter Stufen der gesellschaftlichen Entwicklung darstellt (Giddens 1990; Beck et al. 1994). Die Art und Weise, wie Reflexivität in unsere Theorienbildung eingebaut werden kann, muß erst ausgearbeitet werden, ebenso wie die Implikationen der anderen erwähnten Freiheiten.[2]

Worauf diese und andere Ausnahmen[3] hinauslaufen, ist wohl eine deflationäre Konzeption von Theorie im Sinne von Fine (1986) und Alexander (1994). Was ich im weiteren Verlauf dieses Aufsatzes andeuten möchte, sind die Grundzüge einer solchen Position; ich werde auch einige „konstruktivistische" Merkmale des Alltagslebens diskutieren – die theoretische Kreativität moderner Institutionen, die Idee einer objektzentrierten Sozialität sowie des Labors als Zentrum der Konstruktion und spätes modernes Substitut für das Konzept von Organisation. Um zu erläutern, was ich meine, werde ich kurz die meines Erachtens gegenwärtig aktivsten Versionen des Konstruktivismus durchgehen, um einige der Argumente zu verankern, die ich später verwenden werde. Danach werde ich das vorstellen, was ich für die konstruktivistische Recodierung des Reduktionismus halte; die Verschiebung der Sensibilität liegt im Übergang von der Betrachtung eines sozialen Ganzen unter dem Aspekt seiner „Elemente" zur Betrachtung von stabilen sozialen Entitäten oder Kategorien unter dem Aspekt von Prozessen der Instanziierung, Fixierung und Objektivierung. Dieser Abschnitt erlaubt mir auch, einige der Beschränkungen der aktuellen konstruktivistischen Forschung zu diskutieren. In Abschnitt 4 werde ich kurz skizzieren, worauf ein theoretischer konstruktivistischer „Impact" der beobachteten Phänomene hinausläuft, und argumentieren, daß dieser „Einfluß" mit den konstruktivistischen und reflexiven Prozessen in der gesamten Gesellschaft verknüpft werden kann, die von einigen Autoren diagnostiziert wurden (z.B. Habermas 1981, Giddens 1990, Beck 1992). Dann werde ich behaupten, daß sich in der heutigen Gesellschaft die Konstruktionen sozialer Ordnungen und epistemische Prozesse entscheidend miteinander verbinden.

2. Gegenwärtige Richtungen des Konstruktivismus

Es gibt zwei allgemeine Intuitionen, die den größten Teil der konstruktivistischen Forschung motivieren. Jede hat eine lange und bekannte Geschichte innerhalb unserer intellektuellen Traditionen. Eine solche Intuition ist, daß die Welt unserer Erfahrung unter dem Aspekt menschlicher Kategorien und Konzepte strukturiert ist: für Kant waren es die Grundkategorien des menschlichen Geistes, die die Struktur erzeugten, für Whorf war es die Sprache, für Ethnowissenschaftler die in der Sprache ausgedrückte Kultur, und für die symbolischen Interaktionisten sind es die Bedeutungen, die in die Verhandlungen und Definitionen der Situation einfließen. Innerhalb dieser Agenda interessiert sich der Konstruktivismus dafür, wie die Welt symbolisch oder konzeptuell konstituiert ist. Eine zweite Wurzel des Konstruktivismus kann in der Vorstellung gesehen werden, daß die Welt durch menschliche Arbeit erschaffen wurde. Diese Vorstellung ist in Marx' berühmten Ausspruch, „die Menschen machen ihre eigene Geschichte", enthalten, obwohl sie das – wie Marx hinzufügte – „nicht aus freien Stücken" tun. Diese Idee kann auch mit Schütz' Vorstellung des „Wirkens" verknüpft werden, und mit dem ethnomethodologischen Konzept der praktischen Leistung. Der Unterschied zwischen den beiden Dimensionen der Konstruktion tritt heute an verschiedenen Stellen zutage, z.B. im Unterschied zwischen dem, was Sismondo (1996) den „neo-Kantianischen" Konstruktivismus nennt – die Vorstellung, daß Repräsentationen (kausal) die materielle Welt formen –, und anderen Konstruktivismen. Nichtsdestoweniger hat sich in den heutigen Konstruktivismen die Vorstellung von Konstruktion als Arbeit/Leistung gewissermaßen durchgesetzt; sie ist eng mit der interaktionalen Interpretation des Konstruktivismus und seinen disaggregationalen Tendenzen verbunden – der Tendenz, nach unten zu graben, zum Kern sozialer Angelegenheiten. In der aktuellen Forschung ist das meist die Ebene, auf der „Arbeit" als etwas gesehen wird, was von Akteuren „geleistet" wird, die Ziele verfolgen und Ressourcen nutzen, um soziale Ergebnisse zu erzeugen. Akteure werden als Entitäten betrachtet, die Symbole manipulieren und Bedeutung erzeugen. Wird das Thema Arbeit/Leistung also in einen akteursbezogenen Ansatz übersetzt, bleibt die Konstruktion als symbolische Konstitution durch die Bedeutungen und Interpretationen der Akteure im Bild. Der disaggregationale Impuls kann auch eine dekonstruktivistischere Note annehmen, die uns von Marx und Kant entfernt und Nietzsche näherbringt. Was ich meine, ist die Tendenz und Fähigkeit konstruktivistischer Studien, die „niedrigen Ursprünge" von Dingen aufzudecken, die normalerweise im Sinne einer Black Box als „gegebene" Entitäten und „objektive" Fakten betrachtet werden.

Aktuelle Richtungen des Konstruktivismus beschäftigen sich nicht nur mit disaggregationalen und manchmal reduktionistischen Themen, sondern haben – zumindest seit Berger und Luckmann (1967) – auch ein Interesse an aggregationalen Prozessen und Absichten. Das bedeutet – denke ich – die Untersuchungen von ‚stabilisierenden‘, ‚verfestigenden‘ und ‚objektivierenden‘ Mechanismen, welche die festen Entitäten menschlicher Erfahrung erzeugen und aufrechterhalten. Das Thema Aggregation ist auch präsent, wenn Fragen der Dekontextualisierung und Delokalisierung behandelt werden. Innerhalb des epistemischen Konstruktivismus, wie ich ihn nennen werde, ist das z.B. die Frage, wie besonderes Wissen in allgemeines Wissen transformiert wird. Obwohl das Interesse an Aggregation oft im Rahmen von Studien über die Ausführung von Interaktionen Konsequenzen verfolgt wird, bietet es dennoch den direktesten und offensichtlichsten Einstiegspunkt für Theorien, die sich für die Konstruktion sozialer und natürlicher Ordnungen interessieren. Konkreter kann dieses Thema in aktuellen Konstruktivismen als Ausgangspunkt für Untersuchungen dienen, durch die der Fokus konstruktivistischer Studien wieder auf die theoretische Topologie moderner Institutionen gelegt wird – auf die Grundstrukturen der Existenz, mit denen sie arbeiten, auf die Art von Prinzipien, aus denen sich diese Einheiten konstituieren und auf die Ordnungsformen, die daraus entstehen.

Betrachten wir jetzt die skizzierten Tendenzen in Relation dazu, was ich für die aktivsten Stränge des konstruktivistischen Denkens in der Soziologie heute halte:

1. Die den Soziologen bekannteste Tradition der konstruktivistischen Forschung ist jene des sozialen Konstruktivismus. Die jüngste Quelle des Begriffs ‚sozialer Konstruktivismus‘ – und auch die erste bahnbrechende Studie von Mechanismen der Objektivierung – ist der Text von Berger und Luckmann über Die gesellschaftliche Konstruktion der Wirklichkeit (1967). Berger und Luckmanns zentrale Frage ist: wenn – wie Marx meinte – soziale Ordnungen soziale Konventionen sind, wie kommt es, daß sie von den Teilnehmenden als „objektive“ und quasi-natürliche Ereignisse erfahren werden? Wie kann die soziale Realität gleichzeitig kollektiv produziert und als außerhalb der Gesellschaft erfahren werden? Bei der Beantwortung dieser Frage weisen Berger und Luckmann auf verschiedene Prozesse hin: Typisierung in der Sprache abstrahiert beispielsweise

von der individuellen Erfahrung, Gewöhnung läßt gewohnheitsmäßiges Verhalten als notwendige Struktur erscheinen und Legitimierungsprozesse erklären und rechtfertigen Bedeutungen und Routinen und verstärken damit deren Festigkeit. Diese Antworten lassen Berger und Luckmanns Betrachtungsweise als phänomenologisch/philosophische erkennen insoweit, als diese nicht die Entstehung und Errichtung konkreter sozialer Institutionen adressiert, sondern das, was man als die (sozialen) Bedingungen der Möglichkeit solcher Institutionen im allgemeinen bezeichnen könnte. In gewissem Sinne interessieren sich Berger und Luckmann für die Vorgeschichte von „objektiven" Formen der sozialen Ordnung. Spätere Forschungen in der sozial-konstruktivistischen Tradition orientieren sich mehr an Goffman und anderen Interaktionisten sowie am Verhandlungskonzept als an den eher makrosoziologischen Fragen in der Art von Marx, Durkheim und Mannheim, von denen Berger und Luckmann geprägt wurden. Mit anderen Worten verschiebt die spätere Forschung den sozialen Konstruktivismus zur symbolischen Geschichte der Ergebnisse von Interaktionssituationen. Sie dokumentiert vorwiegend den sozialen Ursprung von Strukturen und Ereignissen, durch die Betonung der Interaktionsarbeit, die von den Teilnehmenden beim Erzeugen dieser Ereignisse geleistet wird, und der Bedeutungen und Definitionen, die ständig in die entsprechenden Ergebnisse und Situationen gelegt werden.

2. Die zweite Tradition des konstruktivistischen Denkens und Forschens werde ich allgemein als epistemischen Konstruktivismus bezeichnen. Er ist seit den späten 1970er Jahren in der Soziologie des naturwissenschaftlichen Wissens und der Technologie[4] entstanden und bezieht seine Relevanz aus dem Phänomen, daß genau die Dinge, die wir als die realsten in der Gesellschaft betrachten, auch die wissenschaftlichsten sind; das Studium der Konstruktion der Realität bedeutet daher heute vor allem auch das Studium der epistemischen Praxis. Der epistemische Konstruktivismus verlagerte den wissenschaftlichen Realismus auf die empirische Analyse der Fakten-Erzeugung in den Naturwissenschaften, im Gegensatz zur philosophischen Analyse der Logik der Fakten-Rechtfertigung. Interessant ist hier, daß der epistemische Konstruktivismus den sozialen Konstruktivismus in seiner Tendenz fortsetzt, Konstruktion von den Akteuren her zu verstehen, die Ziele verfolgen, Ressourcen nutzen, sich am Aushandeln von Interpretationen beteiligen, usw. Aber dieser Kon-

struktivismus unterscheidet sich auch in mehrfacher Hinsicht vom sozialen Konstruktivismus. Einmal stellt er bestehende Positionen stärker in Frage – und es wurde ihm mit schärferen Kontroversen begegnet – weil er konstruktivistische Analysen auf ein Gebiet anwendet, das wir gewöhnlich nicht als von Menschen erzeugt betrachtet haben, sondern als von Menschen entdeckt – die Realität der Natur. Einige Konstruktivisten entfernen sich auch vom sozialen Konstruktivismus, indem sie den Ausdruck „sozial" aus dem Titel des Ansatzes entfernen.[5] Das mag eine Anerkennung des Phänomens bedeuten, daß soziale Faktoren selbst konstruiert sind und daß es daher nicht unproblematisch ist, wenn man sich in konstruktivistischen Studien auf sie als unabhängige, erklärende Konzepte beruft. Es kann aber auch bedeuten, daß Konstruktion als Konstruktion mit Objekten und Entitäten betrachtet wird, die nicht gleichzeitig soziale Objekte sind – z.B. schließen Callon (1986) sowie Latour und Johnson (1988) materielle Objekte als unabhängige Kräfte ein, mit denen das Ergebnis eines Konstruktionsprozesses „ausverhandelt" werden muß. Eine dritte Art, wie sich der epistemische Konstruktivismus von sozialkonstruktivistischen Ideen entfernt, ist durch die Betonung eines produktiven Ortes, des wissenschaftlichen Laboratoriums.[6] Wie ich später argumentieren werde, ist die Vorstellung einer Lokalität als konstruktive Umgebung, in der sich Realität entfaltet und vervielfältigt, wichtig für das Verständnis der theoretischen Konstruktion. Es gibt schließlich eine weitere Art, wie der Konstruktivismus in Wissensstudien seinen Schwerpunkt anders gesetzt hat als der soziale Konstruktivismus. Dies geschieht, indem er mehr Affinität zur reflexiven Selbstbefragung in der Form zeigt, wie sie derzeit in der Anthropologie und im Post-Modernismus vorherrscht. Wenn man wie die Konstruktivisten behauptet, daß wissenschaftliche Ergebnisse (sozial) konstruiert sind, dann muß klarerweise auch dieses Untersuchungsergebnis konstruiert sein. Diese Einsicht hat dazu geführt, daß neue literarische Genres und andere Darstellungsmittel danach untersucht wurden, ob sie einem Analytiker oder einer Analyse Reflexivität erlauben (Woolgar und Ashmore 1988; Ashmore 1989). Es bringt auch den epistemischen Konstruktivismus näher an die Art von Konstruktivismus, den ich als nächstes untersuchen werde und für den Reflexivität – oder Selbst-Referenz – zentrale Bedeutung im Verständnis sozialer Systeme hat.

3. Neben dem sozialen Konstruktivismus und dem epistemischen Konstruktivismus gibt es drittens den kognitiv-biologischen Konstruktivismus, der sich aus Arbeiten auf dem Gebiet der Biologie der Wahrnehmung von Foerster (1985) sowie von Maturana und Varela (z.B. 1980) herleitet. Eine zentrale Vorstellung des kognitiven Konstruktivismus ist nicht die Konstruktion, sondern die Rekonstruktion: die Wahrnehmung ist z.B. nicht eine Leistung des Auges, sondern des Gehirns, und das Gehirn ist ein in Bezug auf Information geschlossenes System, das eine externe Umgebung nur aus der Erinnerung und aus der Interaktion mit sich selbst (re)konstruiert bzw. „errechnet". Niklas Luhmann hat die Analogie von der Biologie auf soziale Systeme erweitert (1984) und argumentiert, daß diese als geschlossene Kommunikationssysteme gesehen werden können, die auf der Basis von Binärcodes laufen, durch die sie Information von außen auswählen und verarbeiten. Die Vorstellung von Wissen, das innerhalb eines geschlossenen Systems entsteht (siehe auch Krohn und Küppers 1989), deckt sich mit dem Gestus epistemischer konstruktivistischer Studien, die eine Abkehr von realistischen Vorstellungen von der Beziehung zwischen Wissen und Welt befürworten. Luhmanns „Melange" des kognitiven Konstruktivismus mit einer allgemeinen Systemtheorie und sein Verständnis von Wissenschaft als binärem Wahrheitsdiskurs verträgt sich jedoch weniger gut mit empirischen konstruktivistischen Studien. Aus der Perspektive der detaillierten Beschreibung, die in solchen Studien favorisiert wird, läßt die Charakterisierung von „Wissenschaft" als unitäres Unternehmen viel zu wünschen übrig, und der in sich selbst eingeschlossene Apparat von Luhmanns Theorie erweist sich als weitgehend nicht auf empirische Situationen anwendbar. Die Stärke von Luhmanns Systemtheorie, die auf Maturanas Theorie der Autopoiese Bezug nimmt, liegt jedoch in der Bereitstellung eines Modells zur Umkehrung der Verwirrungen und Blockaden, die entstehen, wenn Reflexivität ausschließlich als ein „methodologischer Horror" konstruiert wird (Woolgar und Ashmore 1988). Indem zirkuläre Prozesse als fundamental für soziales Geschehen angesehen werden, wurde Reflexivität zum theoretischen Denken zurückkanalisiert, und ein Weg für die Revision der Logik der Kausalität und Funktionalität eröffnet, mit der in den letzten 30 Jahren Theorien ausgedrückt wurden.

3. Die konstruktivistische Recodierung des Reduktionismus

Für sozial-konstruktivistische Studien und ihre wissensorientierten Versionen stellen die „Akteure" und das Vokabular der Interaktionen zentrale Ressourcen dar. Im Gebiet der Wissenschafts- und Technologiestudien zum Beispiel bedeutet die Behauptung, daß wissenschaftlichen Fakten konstruiert sind, im wesentlichen, daß wissenschaftliche Ergebnisse vom „Aushandeln" und Interpretieren der Agierenden abhängen; und gleichermaßen von Faktoren, die an die Situation gebunden sind, von politischen, rhetorischen und anderen Strategien, die sie entwickeln, und möglicherweise von ihren sozialen und kognitiven Interessen und Investitionen. Wenn diese Studien nach unten graben, gelangen sie zum Kern der Aktion: zu dem, was die teilnehmenden menschlichen Wesen (oder manchmal nicht-menschlichen Wesen, siehe Callon 1986) tun, unter welchen Umständen, mit welchen Mitteln, in Relation zu einem wissenschaftlichen Ziel und in Relation zueinander. Die Annahme dieser Studien ist, daß man die Konstruktion versteht, wenn man die „Natur" der beitragenden Aktionen verstanden hat. Das ist ein bekanntes Modell und eine ‚natürliche' Intuition, denen man in der mikro-soziologischen Forschung folgt. Dennoch ist dies auch ein Ansatz, den manche „reduktionistisch" nennen würden. Steven Lukes (1985) führt den Ansatz auf die Paduaner Methode zurück, die von Galileo praktiziert und von Hobbes übernommen wurde, und die besagt, daß „alles am besten durch seine konstitutiven Gründe" verstanden wird und unter dem Aspekt seiner „konstitutiven Teile". In der konstruktivistischen Forschung werden diese Teile meist als die Individuen gesehen, welche die ‚Konstrukteure' der Ergebnisse sind. Mit anderen Worten, sie werden als die (sozialen) Akteure betrachtet.

Die Frage, ob einzelne Akteure (und ihre Interaktionen) ein natürlicher Referenzpunkt der Sozialforschung sind, wurde schon ausführlich diskutiert und muß hier nicht neu aufgeworfen werden.[7] Nur soviel sei gesagt, daß sich zumindest die Frage stellt, warum man nicht tiefer graben soll, zum Beispiel bis zur Ebene multipler Personen und Situationsrollen, in die das moderne Selbst vermeintlich gespalten ist; oder warum man nicht höher oben oder vielleicht ganz woanders suchen sollte, um zum Beispiel zu praktischen Routinen oder semiotischen Prozessen zu kommen. Die moderne Sozialwissenschaft hat diese Möglichkeiten eher vervielfacht als auf bloß eine Wahl eingeschränkt. Ich möchte aber etwas anderes betonen, nämlich daß die interaktionistische Interpretation nur eine bestimmte Möglichkeit ist, von der Konstruktionsmetapher zu profitieren. Sie ist weder die einzige Möglichkeit, noch diejenige, welche das meiste aus dem ursprünglichen konstruktivistischen Potential macht.

Betrachten wir kurz die vorher erwähnte, näher an Nietzsche liegende, dekonstruktivistische Lesart des Konstruktivismus. Von Nietzsches Standpunkt aus sind die großen Erzählungen des Ursprungs, die heroischen Geschichten des Triumphalen und dergleichen nicht einfach nur kognitive Beschreibungen, sondern simplifizierende Mythen – in einem „signifikanten" (Geertz) Rahmen codierte Beschreibungen, welche die Niederungen historischer Ereignisse verdecken.[8] Die konstruktivistische Version davon ist, daß sich ‚unvermeidbare' Gegebenheiten, feste Entitäten, einheitliche Strukturen, monolithische Systeme, ehrfurchtgebietende Mächte und ‚unaufhaltbare' Entwicklungen bei näherer Untersuchung als aus banalen Prozessen bestehend herausstellen, die nicht einmal einem ‚logischen' oder ‚rationalen' Muster folgen (z.B. MacKenzie 1990). Zum Beispiel sind diese Systeme voll von Widersprüchen und ständigen Zusammenbrüchen, signifikant von Unwissenheit und Mißverständnissen behaftet, und würden sich nirgendwohin bewegen, wenn sie nicht ununterbrochen geflickt und repariert werden.[9] Der Konstruktivismus deckt das normale Funktionieren dieser Systeme und Strukturen auf, die unzähligen nicht-festen Bestandteile, aus denen sie stammen, die Asymmetrien, die oft in ihrem Ursprung liegen, und die dauernde Notwendigkeit von Stabilisierung und wechselseitige Verstärkung. Diese Ebene des normalen Funktionierens und der banalen Prozesse läuft darauf hinaus, was die Sozialtheorie „Praxis" nennt. Aus meiner Sicht ist die konstruktivistische Botschaft, daß die grundlegenden Strukturen des sozialen Lebens auf der Ebene der Praxis in Realzeit adressiert werden müssen, und wenn sie auf diese Weise adressiert werden, legen die aufgedeckten Prozesse Strukturen frei, die den distanzierten universalistischen Beschreibungen und Regelsystemen widersprechen. Dort ist es, wo der Konstruktivismus eine Antwort auf den Universalismus und eine Form des Reduktionismus darstellt – als Praxis.

Läuft die hier angedeutete Vorstellung von Praxis auf ein aktionstheoretisches Gerüst hinaus? Ich denke nein. Tatsächlich sind aktuelle Praxis-konzepte von Bourdieu (z.b. 1977) bis zur ethnomethodologischen Vor-stellung von Praxis (z.b. Lynch 1993) nicht Handlungstheorien, sondern eher Alternativen dazu – obwohl sie Vorstellungen einschließen, die sich auf Individuen beziehen. Es gibt natürlich bei den Praxistheorien eine große Vielfalt (siehe Turner 1994). Doch anstatt die Praxis auf die Ak-teure zurückzuführen, porträtieren die bedeutenderen Praxistheorien die Akteure als Träger von Praxis (oder eines praktischen Sinnes; nochmals Bourdieu), oder vielleicht als „Teilnehmende" daran (Ethnomethodolo-gie), aber nicht als die Autoren von Praktiken oder als ihre konstituie-renden Prinzipien. Ich möchte nicht argumentieren, daß der Konstrukti-vismus in einer dekonstruktivistischen Lesart eine bestimmte Vorstellung von Praxis fördert. Der Konstruktivismus in seiner aktuellen Interpreta-tion trifft Annahmen über die normale ‚Banalität' der menschlichen An-gelegenheiten, und die wahrscheinliche Fiktionalität von Berichten, die etwas anderes behaupten. Er lenkt den analytischen Fokus weg von den sozialen Mythen hin zu den darunterliegenden banalen Ordnungen, ohne eine vorgefaßte Vorstellung, was diese Ordnungen beinhalten können. Die Vorstellung von Praxis kann in diesem Sinn schlicht als Kurzfassung für ‚banale Muster ohne innewohnende Natur' angesehen werden. Durch den Übergang vom interaktionistischen Verständnis des Konstruktivismus zur dekonstruktivistischen Version haben wir uns nicht nur eine ironischere und vielleicht kritischere Sicht der Welt erworben. Wir haben auch die Idee eines „Kerns" der Aktion gegen eine Platzhaltervorstellung (‚Praxis') ausgetauscht, die nicht mehr die Substanz des Kerns bezeichnet.

Gehen wir jetzt einen Schritt weiter und fragen wir, in welcher Be-ziehung das konstruktivistische Interesse an Prozessen der Verfestigung, Stabilisierung und Objektivierung – dem zweiten Strang des konstrukti-vistischen Denkens, den ich herausgearbeitet habe – zu der Vorstellung steht, daß es keinen Kern gibt. Die Annahmen, die aus konstruktivi-stischen Arbeiten extrahiert werden können, sind erstens, daß soziale Entitäten nur insofern ‚gegeben' sind, als die Mechanismen und Pro-zesse existieren, durch die sie produziert und aufrechterhalten werden, und zweitens, daß zumindest einige dieser Mechanismen und Prozesse gleichzeitig mit den produzierten Ergebnissen operieren. Die erste An-nahme ist eine Art Anti-Essentialismus; die zweite drückt die Auffassung aus, daß das Erzielen von sozialen Objekten ein kontinuierlicher Prozeß ist. Beide Argumente sind unproblematisch, wenn man sie mit den offensichtlich ‚produzierten Gütern' in unserer Gesellschaft in Beziehung setzt. Technologische Objekte sind solche Güter, doch wissenschaftliche ‚Fakten' hielt man bis vor kurzem nicht für auf diese Weise ‚produziert'. Das konstruktivistische Argument wird noch kontroversieller, wenn wir es auf die angenommenen Grundstrukturen der Existenz im sozialen Leben ausdehnen. Aber diese Strukturen sind um nichts weniger konstituiert als die fabrikerzeugten Gebrauchsartikel. Sie werden innerhalb der Netze sozialer und historischer Ereignisse konstituiert, auf die wir uns mit der Vorstellung von Praxis beziehen.

Betrachten wir, was dies in Bezug auf ein Konzept wie das der Handlung bedeuten würde. Die erste Implikation wäre, nehme ich an, daß die Rolle des Akteurs (oder die Rolle des Aktanten usw.) nicht automatisch den Individuen zugeschrieben werden könnte, ebenso wie wir sie nicht automatisch auf kollektive Entitäten wie z.B. Organisationen anwenden könnten. Ob die Beschreibung zutrifft, müßte mit anderer Begründung entschieden werden als einfach durch Identifikation der Entität als menschliches Wesen. Es würde z.B. davon abhängen, ob die soziale Kategorie des Handelns (mit ihrer Assoziation der menschlichen Freiheit und des freien Willens; siehe Alexander 1992) in dieser Umgebung wichtig ist; und davon, ob Mechanismen und Vokabulare existieren, die ‚Akteure' als aktive, zielgerichtet Handelnde definieren, die für die Durchführung praktischer Angelegenheiten verantwortlich sind; ob die entsprechenden Personen gelernt haben, als Individuen ‚Entscheidungen zu treffen' und ‚Handlungen zu setzen'; ob eine Reihe von Optionen existiert, mit deren Hilfe sich Personen als Individuen konstituieren können und nicht als Teilnehmende in gemeinsamen Angelegenheiten, usw. Eine akteurszentrierte Ontologie müßte aus dieser Perspektive eher als eine Konsequenz gesehen werden denn als eine Vorbedingung einer bestimmten Form von Praxis. Eine Ontologie, wie ich den Ausdruck hier verwende, bezieht sich auf die grundlegenden Strukturen von Existenz, die in einer Domäne implementiert sind. Es könnte andere Ontologien geben, die in sozialen Domänen existieren. Ein Beispiel sind die kommunitaristischen Ontologien, die das individuelle menschliche Wesen in einen kollektiven Rahmen aufnehmen. Es könnte auch – und hier bewegen wir uns etwas vom bekannten Boden weg – Strukturen des Diskurses geben, die an die Stelle der menschlichen Akteursrolle treten. Die relevanten Ontologien würden als lokal kontingent erscheinen und müßten empirisch determiniert werden.

Zum Schluß dieses Abschnitts möchte ich jetzt die Frage behandeln, aus der die Diskussion entstanden ist: die konstruktivistische Recodierung des Reduktionismus. Ich habe argumentiert, daß zumindest eine der verschiedenen miteinander verwobenen Bedeutungen und motivierenden Ziele des Konstruktivismus als reduktionistisch betrachtet werden können: sein interaktionistischer Impuls, oder die Tendenz, das soziale Leben als durch die (zielgerichteten, situationsbezogenen) „Aktionen" und „Inter-Aktionen" von Individuen und anderen Akteuren erklärt zu betrachten. Diese Tendenz mag etwas mit unserer Common-Sense-Vorstellung von Konstruktion zu tun haben: wir meinen, daß das Konstruieren mit dem aktiven, zielgerichteten Erzeugen von Ergebnissen zu tun hat. Autoren, die den Konstruktivismus auf diese Weise interpretieren, haben Schwierigkeiten mit Werken (wie Berger und Luckmann), die nicht spezifizieren, welche Handlungen am Aufbau eines sozialen Objekts beteiligt sind (Sismondo 1996). Wie ich zu zeigen versucht habe, kann der Konstruktivismus auch mit anderen Interpretationen und Überzeugungen assoziiert werden, z.B. die Ansicht, daß die (soziale) Existenz von Entitäten und Strukturen von aufrechterhaltenden und stabilisierenden Prozessen abhängt. Es ist wichtig zu betonen, daß dieser Strang des aktuellen konstruktivistischen Denkens, sein anti-essentialistischer (und anti-naturalistischer) Impuls, mit dem ersten in Spannung oder sogar im Widerspruch steht. Er unterminiert die Suche nach dem deutlich Konstruierten auf der Handlungsebene durch Zulassen der Möglichkeit, daß die Rolle des (individuellen) Akteurs oder Handelnden selbst eine geschaffene Kategorie ist, von der wir annehmen können, daß sie in bestimmten, aber nicht allen Umgebungen aufrechterhalten wird.

Gleichermaßen unterminiert er jede andere theoretische Annahme, oder stellt zumindest in Frage, daß es grundlegende gemeinsame Strukturen zeitgenössischer Gesellschaften gibt, die auf Intuitionen von ‚natürlichen' Gegebenheiten basieren. Universelle Kategorien sind keineswegs aus einer konstruktivistischen Perspektive ausgeschlossen. Aber sie müssen plausibel gemacht werden durch die Identifikation von aufrechterhaltenden Mechanismen und delokalisierenden Praktiken, von denen gezeigt wird, daß sie global im Gebrauch stehen. Das Gegenargument der Soziologie gegen den Vorwurf des Naturalismus oder Essentialismus (im Sinne der Annahme gemeinsamer Strukturen oder Gegebenheiten) war üblicherweise historisch: das Argument, daß relevante soziale Kategorien wie die des Subjekts oder der Sexualität (siehe Foucault 1977, 1981) sich historisch zusammen mit spezifischen sozialen Formationen entwickelt haben und keineswegs auf naturalistische oder essentialistische Weise verstanden werden sollen.[10] Aus konstruktivistischer Perspektive ist etwas falsch an diesem Argument: nämlich, daß die Kategorien, nachdem sie einmal historisch entstanden sind, pauschal gelten sollen, außer vielleicht in Stammesgruppen oder nicht-westlichen Gruppen. Konstruktivistische Studien streben zusammen mit anderen mikrosoziologischen Ansätzen nach einer hochauflösenden Optik, die die theoretische Variabilität heutiger Institutionen ins Blickfeld bringt. Im nächsten Abschnitt möchte ich konkreter ausdrücken, was ein theoretisch konstruktivistisches Projekt bedeuten könnte und einige Behauptungen über Merkmale heutiger Gesellschaften prüfen, die mit dieser theoretischen Variabilität in Beziehung gesetzt werden können.

4. Theoretischer Konstruktivismus und die theoretische Kreativität moderner Institutionen

Beim Herausarbeiten der Bedeutung des theoretischen Konstruktivismus kann man mit dem Vorschlag beginnen, daß er ein Versuch sei, die Aufmerksamkeit von der Konstruktion von Gütern und Ergebnissen wegzulenken und zur Konstruktion von Maschinerien und Konstruktionsdesigns hinzulenken, die an diesen Ergebnissen beteiligt sind. Mit anderen Worten muß man sich von der Analogie der Fabrikation von Gütern entfernen, was – denke ich – im konstruktivistischen Denken implizit ist. Diese Orientierung erleuchtet stärker, wie Produkte (z.B. Geschlechter, Körper, Fakten oder Wissen) erzeugt werden. Diese Vorstellung von Konstruktion kann jedoch auch auf theoretische Ordnungen und Prozesse angewendet werden; und auf die erwähnten Konstruktionsmaschinerien. Berger und Luckmann folgten dieser Argumentationslinie, als sie über die Konstruktion als von Institutionen sprachen, die eher kein Produkt sind, sondern

Muster und Prozesse. Interessant ist, in einer etwas anderen Sprache ausgedrückt, das theoretische Konfigurieren von praktischen Ordnungsformen. Die theoretischen Konfigurationen schließen Grundstrukturen der
Existenz (soziale Ontologien) ein, die in einer Domäne implementiert
sind, die Geräte, aus denen diese Strukturen bestehen, und die Regimes, durch die sie aufrechterhalten werden. Wie schon gesagt, ist der
theoretische Konstruktivismus eine Methode, die theoretische Topologie
moderner Institutionen zu analysieren – die Art von Grundeinheiten, mit
denen sie operieren, die Art von Prinzipien, aus denen sich diese Einheiten
zusammensetzen und Ordnungsformen, die um sie herum entstehen.

Und nun ein zweiter Vorschlag. Er bezieht sich darauf, was heutige
Institutionen und die Gesellschaft an sich haben, das sie für eine Untersuchung aus der theoretischen konstruktivistischen Perspektive interessant macht. Ich möchte die Auffassung skizzieren, daß diese Institutionen
„theoretisch kreativ" sind. Betrachten wir zunächst den Konstruktivismus nicht nur als einen ständig neuerfundenen soziologischen Ansatz für
das Studium sozialer Phänomene, sondern auch als eine variable Charakteristik historischer Entwicklungen: Gedanken über die konstruierte
Natur der Realität haben ihre Wurzeln nicht nur im soziologischen Denken über die Welt, sondern in der Existenz, z.B. in der Verschiebung vom
Ziel der deskriptiv adäquaten Beschreibung der Welt zu ihrer konstruktiven Erfindung in vielen wissenschaftlichen Disziplinen. Bestimmte wissenschaftliche Gebiete wie Künstliche Intelligenz und die Wirtschaftswissenschaften, aber auch Naturwissenschaften wie Hochenergiephysik und
Molekularbiologie spiegeln nicht einfach die „Welt da draußen" wider,
ja sie versuchen es nicht einmal. Sie erzeugen vielmehr buchstäblich bestimmte Phänomene, die in der Natur kein Äquivalent haben, mit bestimmten Zielvorstellungen, darunter natürlich technologische Ziele. Beispiele dafür sind die von Teilchenbeschleunigern erzeugten ursprünglichen Partikel, die eine angenommene Situation in den frühen Stadien
des Universums simulieren, oder die von Molekularbiologen erzeugten,
modifizierten und neuen Lebensformen, die technologische Erfindungen
sind und gleichzeitig Forschungsinstrumente und Studienobjekte innerhalb eines empirizistischen Programms. Ein weiteres Beispiel sind Messungen in der Hochenergiephysik, die eine Schnittmenge traditioneller
empirischer Messungen (an erzeugten Objekten) mit Simulationen von

Meßinstrumenten und theoretischen Vorhersagen bilden. In diesen Fällen werden traditionelle empirizistische Versuche, die Welt zu reflektieren, auf auffallende Weise mit konstruktiven Operationen verflochten.

Ähnliche konstruktive Prozesse sind anzunehmen, wenn Theoretiker der Modernität und Postmodernität Modelle des kulturellen Wandels produzieren, die die Erfindungsgabe und Reflexivität der modernen westlichen Gesellschaft betonen. Moderne Gesellschaften werden von Autoren wie Habermas (1981), Giddens (1990), Beck (1992), und Lash und Urry (1994) in dem Sinn als reflexiv betrachtet, als sie sich mit ihrer Selbst-Existenz beschäftigen und mit der reflexiven Ordnung und Neuordnung dieser Existenz (siehe auch Bourdieu und Wacquant 1992). Verschiedene Lebensweisen werden von uns z.b. nicht nur gelebt, sondern auch projiziert, geplant, analysiert, verwaltet, gezeigt, simuliert, kritisiert und rekonfiguriert. Moderne Gesellschaften werden auch für erfinderisch gehalten. Wie Giddens meint (1994a), haben wir vielleicht keine Traditionen mehr, wenn die These von der „Entzauberung" der Welt zutrifft, aber wir erfinden Traditionen. Habermas' Vorstellung von der Kolonialisierung und Technisierung der Lebenswelt, die von formalen Modellen und kognitivem Wissen ersetzt wird, weist in diese Richtung, ebenso wie frühere Studien von Bataille (1933; 1985), Becks Vorstellung von der reflexiven Modernisierung (1994) sowie Lash und Urrys Konzepte der ästhetischen Reflexivität und reflexiven Akkumulation (1994). Ich möchte nicht behaupten, daß solche selbst-konstruktive Operationen, wo sie vorhanden sind, einen radikalen Bruch mit früheren sozialen Formen darstellen. Was ich andeuten möchte, ist eine sich verschiebende existentielle Umgebung, in der konstruktive Prozesse vielfältige Rollen zu spielen scheinen, innerhalb und außerhalb der Wissenschaft.

Aus einer theoretisch-konstruktivistischen Perspektive werden diese (selbst-)konstruktiven Prozesse interessant, wenn sie auch für die theoretischen Muster gelten, nach denen das moderne Leben strukturiert wird. Sie werden interessant, wenn sie sich nicht nur auf die Ebene des reflexiven Bewußtseins von individuellen oder kollektiven Akteuren beziehen, oder auf die Einschätzung globaler Trends im Sinne einer „zeitdiagnostischen Soziologie" (die von Habermas diagnostizierte Dominanz der technisch-wissenschaftlichen Rationalität ist ein solcher Trend), wie auch die Globalisierung der Kommunikations- und Informationsnetzwerke (z.B. Lash und Urry) und, auf der menschlichen Skala, die Individualisierung (z.B. Beck) – lauter Trends, die zur Begründung der Reflexivitätsthese dienen – sondern auch die konkrete theoretische Kreativität adressieren, die in der Proliferation von Ordnungsformen und Prozessebenen instanziiert ist – von denen manche einen Bogen zurück machen und sich mit anderen Ordnungen und Prozessen schneiden. In meiner Interpretation resultiert die Komplexität der modernen Gesellschaft nicht einfach nur aus ihrer Größe (aus der Multiplikation von Einheiten) oder aus ihrer Differenzierung in funktionale Subsysteme, sondern aus der (reflexiven) Ordnung und Neuordnung von theoretischen „Registern" und „Räumen" und aus der gleichzeitigen Existenz von „Registern" und „Räumen" und den referentiellen Beziehungen zwischen diesen. Zusammenfassend schlage ich vor, daß die Komplexität moderner Institutionen als Resultat der Neigung gesehen werden kann, Ordnungsformen zu entfalten und zu erweitern – die Ordnung des Realen, des Lebens, des Sozialen (durch alternierende Realitäten, wie einerseits jene der Simulation und Repräsentation und andererseits durch Strukturen, die Alternativen zu traditionellen Sozialstrukturen darstellen) –, diese Ordnungen in Relation zueinander zu bringen, und die entfalteten Realitäten und Ordnungen als Kontexte zu behandeln, die den sich entfaltenden äquivalent sind.

Die Beziehungen zwischen diesen Ordnungsformen oder, um Schütz und Luckmann zu umschreiben (1979:363)[11], ihre lokalen und translokalen distributionalen Charakteristika sind ein zweiter wichtiger Fokus der theoretischen konstruktivistischen Forschung. Distributionale Charakteristika umfassen die Kopplung und Entkopplung zwischen Ordnungsformen und Regimes, ihre Beziehungen von Verdrängung, Distanzierung, Überordnung, Schnittpunkt, Projektion, usw. Wie ich weiter unten argumentieren werde, können lokale Schauplätze als „Dichteregionen" der sozialen Welt gesehen werden – Regionen, in denen „Texturen" multipler Ordnungen erzeugt, aufrechterhalten und repliziert werden. Wenn man sich vom aktuellen konstruktivistischen Standpunkt aus für die sich entfaltenden „Ordnungsfäden" interessiert, die aus lokalen Schauplätzen kommen und diese ausmachen, interessiert man sich auch für die Texturen, die aus diesen Ordnungsfäden gewebt werden, d.h. ihre Konjunktion, Disjunktion und distributionale Organisation.

Als Zusammenfassung dieses Abschnitts kann man vielleicht die hier vertretene Perspektive durch eine Erinnerung daran charakterisieren, was Mikroanalysen in den letzten 30 Jahren getan haben. Sie sind, wie Geertz es formuliert hat, von physikalischen Prozessanalogien der sozialen Ordnung zu symbolischen Formenanalogien übergegangen (1983: Kap. 2). Sie haben sich für die Theater- bzw. Bühnenanalogie entschieden, die das Leben als eine sich wiederholende Aufführung und Vorstellung sieht (Goffman; Turner), für die Spielanalogie, die das Leben als eine strategische Interaktion sieht (Spieltheorie, Interaktionismus) und für die Textanalogie, die das Leben als Verhaltenstext sieht (Geertz 1973). Woran ich jedoch denke, ist eine andere Analogie, jene der Theorie selbst. Anstatt das soziale Leben als Text zu sehen, der aus einzelnen Wörtern und aus dem Verhalten geschrieben ist, kann man es als ein Ensemble verschachtelter Erzählungen und theoretischer Spiele sehen oder von eingebetteten und sich entfaltenden theoretischen „Registern" und Strukturen. Von einem praxeologischen Standpunkt betrachtet, fragmentiert sich das soziale Leben in sich ausbreitende ontologische Gerüste und andere Ordnungen und Räume, die sich gegenseitig bedingen. Was mit der Idee des theoretischen Konstruktivismus angedeutet wird, ist diese theoretische Dispersion, eine sich entfaltende Konversation von Ordnungen und Regimes, aus denen das soziale Leben aufgebaut ist. Theorienbildung besteht darin, Simulationen auf dem empirischen Gebiet mit mehr als einem „Register" durchzuführen, ohne diese „Register" in einen einzigen Rahmen zu integrieren. Das Ziel eines theoretischen Konstruktivismus kann es nicht sein, diese „Register" zusammenzubinden, ganz im Gegenteil. Der konstruktivistische Standpunkt erlaubt die theoretische Disaggregation moderner Institutionen bis hinunter zu den Dingen, die unaufhörlich als existent konfiguriert werden (die Ontologien des sozialen Lebens) und hinunter zu den Mechanismen, die diese Dinge zusammenbinden (ihre sozialen Ordnungen).

Knorr Cetina, Konstruktivismus in der Soziologie

Anmerkungen

1. Zu repräsentativen konstruktivistischen Studien in der Sozialpolitik Problemforschung siehe die Sammlung von Arbeiten in Miller und Holstein (1993) und Holstein und Miller (1993). Zur Agrarsoziologie siehe Leeuwis (1993). Zur Konstruktion von Geschlechtern in verschiedenen Kontexten siehe Laws und Schwartz (1977), Fausto-Sterling (1985), Martin (1991), Schiebinger (1993). Zur Soziologie des naturwissenschaftlichen Wissens und zu neueren Wissenschafts- und Technologiestudien, bei denen konstruktivistisches Denken eine Reihe von neuen Forschungstraditionen stimuliert hat, siehe Knorr Cetina (1977, 1981); Latour und Woolgar 1979; Pinch und Bijker 1984; Sismondo 1993). Zur konstruktivistischen Version der Systemtheorie siehe Luhmann (1984).

2. Analytiker haben versucht, die methodologische Reflexivität hauptsächlich durch literarische Anerkennung zu berücksichtigen – z.B. durch reflexive Dialoge, die das Editieren und Konfigurieren von Wissensbehauptungen durch einen Autor andeuten. Siehe z.B. Ashmore (1989) und die Sammlung von Arbeiten in Woolgar und Ashmore (1988).

3. Der theoretische Konstruktivismus könnte sich auch damit zufriedengeben, die „schwache" Erklärungsform zu suchen, die mit dem Erkennen eines Musters einhergeht, und die tatsächlich von Churchland (1992) als eine Art konnektionistische Alternative zu kausalen Modellen empfohlen wurde.

4. Der Begriff „Konstruktion" wurde zuerst emphatisch für die Konstruktion wissenschaftlicher Fakten verwendet – in einem als „Laborstudien" bezeichneten Ansatz (die ersten Beobachtungsstudien von Naturwissenschaft bei ihrem Entstehen in wissenschaftlichen Laboratorien) von Knorr (1977), Knorr Cetina (1981) und Latour und Woolgar (1979). Die konstruktivistische „Schule" wurde später auf Technologiestudien ausgedehnt, von Pinch und Bijker (1984) und Bijker et al. (1989). Die „neue Soziologie der Wissenschaft und Technologie" schloß von Anfang an zwei andere Ansätze mit ein, die manchmal als die „Schule von Bath" (z.B. Collins 1975, 1981) und die „Schule von Edinburgh" (z.B. Barnes 1977, Barnes und Shapin 1979, MacKenzie 1981, Pickering 1984) bezeichnet werden. Weitere innerhalb dieses Gebiets entwickelte Ansätze waren „Diskursanalysen" der geschriebenen Texte und gesprochenen Äußerungen von Wissenschaftlern (z.B. Mulkay et al. 1983; Mulkay 1985), das „Reflexivitätsprojekt" (Woolgar und Ashmore 1988; Ashmore 1989) und Callon (z.B. 1986), und der „Actor Network"-Ansatz von Latour (1987, 1988) und Law (1992). Heute wird ein großer Teil der neuen Soziologie der Naturwissenschaften – retrospektiv – als konstruktivistisch bezeichnet. Zu (kritischen) Besprechungen, die sich besonders mit dem Konstruktivismus in Wissenschaftsstudien beschäftigen, siehe Gieryn (1982); Giere (1988); Cole (1992) und Sismondo (1993, 1996) und Zuckerman (1988).

5. Knorr Cetina (z.B. 1981) und Latour und Woolgar (1986) verwenden das Attribut „sozial" nicht.

6. Zu dieser Vorstellung eines Laboratoriums siehe Knorr Cetina (1992).

7. Für eine Zusammenfassung einiger dieser Argumente, siehe Knorr Cetina und Cicourel (1981), Collins (1981), Alexander et al. (1987). Siehe auch Lukes (1985), Coleman (1990).

8. Für die interessanteste Interpretation von Nietzsche auf dieser Linie siehe Foucaults Text „Nietzsche, Genealogy, History" (1984).

9. Der Punkt kann am Mikro- und Makro-Ende der Skala demonstriert werden; für konversationale, sich abwechselnde Systeme und ihren Bezug zu „Reparaturen", und für nukleare Waffensysteme (siehe MacKenzie 1990). Gute Beispiele finden sich auch in der Literatur über Organisationen und Risiken.

10. Dieses Argument wurde oft von Rational-Choice-Theoretikern vorgebracht, die den individuellen Akteur nicht als anthropologische Gegebenheit sehen, sondern als Resultat der Modernität und ihrer Individualisierungsprozesse. Siehe z.B. Coleman (1990).

11. Schütz und Luckmann sprechen über „soziale" Distributionen – damit meinen sie z.B. die Distribution bestimmter Merkmale unter den Subkategorien einer Population.

Literatur

Jeffrey Alexander, Twenty Lectures: Sociological Theory Since World War II. New York: Columbia University Press 1987.

Jeffrey Alexander, „Some Remarks on ‚Agency' in Recent Sociological Theory", in: Perspectives 15 (1), 1992, S. 1–4.

Jeffrey Alexander, „Modernization Theory after 'the Transition'", Zeitschrift für Soziologie 23 (3), 1994, S. 165–197.

Jeffrey Alexander/Peter Colomy (Hg.) Differentiation Theory and Social Change. New York: Columbia University Press 1990.

Jeffrey Alexander/Bernhard Giesen/Richard Münch/Neil Smelser (Hg.), The Micro-Macro Link. Berkeley: University of California Press 1987.

Stanley Aronowitz, Science as Power: Discourse and Ideology in Modern Society. London: Macmillan 1988.

Malcolm Ashmore, The Reflexive Thesis. Chicago: University of Chicago Press 1989.

Barry Barnes, Interests and the Growth of Knowledge. London: Routledge & Kegan Paul 1977.

Barry Barnes/Steven Shapin (Hg.) Natural Order: Historical Studies of Scientific Culture. Beverly Hills: Sage 1979.

Georges Bataille, „La Structure psychologique du Fascisme", (1933,34) Pp. in Visions of Excess: Selected Writings, 1927-1939, translated by Allan Stoekl, C. Lovett and D. Leslie, Jr. Manchester: Manchester University Press 1985. Baudrillard.

Jean Baudrillard, „The Masses: The Implosion of the Social in the Media", New Literary History 16(3), 1985, S. 577–89.

Ulrich Beck, Risikogesellschaft: auf dem Weg in eine andere Moderne. Frankfurt: Suhrkamp 1986.

Ulrich Beck, Risk Society. Towards a new Modernity. London: Sage 1992.

Ulrich Beck, „The Reinvention of Politics: Towards a Theory of Reflexive Modernization" in Ulrich Beck/Anthony Giddens/Scott Lash. Reflexive Modernization. Stanford, CA: Stanford University Press 1994, S. 1–55.

Ulrich Beck/Anthony Giddens/Scott Lash, Reflexive Modernization. Stanford, CA: Stanford University Press 1994.

Daniel Bell, The Coming of Post-Industrial Society. A Venture in Social Forecasting. New York: Basic Books 1973.

James R. Beniger, The Control Revolution. Cambridge: Harvard University Press 1986.

Peter Berger/Thomas Luckmann, The Social Construction of Reality. London: Allen Lane 1967.

Wiebe E. Bijker/Thomas P. Hughes/Trevor Pinch (Hg.), The Social Construction of Technological System: New Directions in the Sociology and History of Technology. Cambridge: MIT Press 1989.

Pierre Bourdieu, „The Specifity of the Scientific Field and the Social Condition of the Progress of Reason", in: Social Science Information 14(6), 1975, S. 19–47.

Pierre Bourdieu, Outline of a Theory of Practice. Cambridge: Cambridge University Press 1977.

Michel Callon, „Some Elements of a Sociology of Translation: Domestication of the Scallops and the Fishermen of St. Brieuc Bay", in: John Law (Hg.), Power, Action and Belief: A New Sociology of Knowledge?. London: Routledge and Kegan Paul 1986, S. 196–233.

Paul M. Churchland, A Neurocomputational Perspective. The Nature of Mind and the Structure of Science. Cambridge, Mass: The MIT Press 1992.

James Clifford/George E. Marcus (Hg.), Writing Culture: the Poetics and Politics of Ethnography. Berkeley and Los Angeles: University of California Press 1986.

Stephen Cole, Making Science. Cambridge: Harvard University Press 1992.

James S. Coleman, Foundations of Social Theory. Cambridge: Harvard University Press 1990.

Harry Collins, „The Seven Sexes: A Study in the Sociology of a Phenomenon, or the Replication of Experiments in Physics", in: Sociology 9, 1975, S. 205–224.

Harry Collins, Knowledge and Controversy: Studies in Modern Natural Science. Special Issue of Social Studies of Science 11, 1981, S. 1–158.

Randall Collins, „On the Microfoundations of Macrosociology", in: American Journal of Sociology 86(5), 1981, S. 984-1014.

Randall Collins, The Sociology of Philosophies. Cambridge: Harvard University Press 1998.

Jeff Coulter, Mind in Action. Cambridge: Polity Press 1989.

Thomas J. Fararo, The Meaning of General Theoretical Sociology, Tradition and Formalization. Cambridge: Cambridge University Press 1989.

Anne Fausto-Sterling, Myths of Gender: Biological Theories About Women and Men. New York: Basic Books 1985.

Nigel G. Fielding (Hg.), Actions and Structure. London: Sage 1988.

Arthur Fine, The Shaky Game. Chicago: The University of Chicago Press 1986.

Heinz von Foerster, Sicht und Einsicht. Versuche zu einer operativen Erkenntnistheorie. Braunschweig: Friedrich Vieweg & Sohn 1985.

Michel Foucault, „Nietzsche, Genealogy, History", in Paul Rabinow (Hg.), The Foucault Reader. New York: Pantheon Books 1984. S. 76–100.

Clifford Geertz, The Interpretation of Cultures. New York: Basic Books 1973.

Clifford Geertz, Local Knowledge. Further Essays in Interpretative Anthropology. New York: Basic Books 1983.

Clifford Geertz, Works and Lives. Stanford: Stanford University Press 1988.

Anthony Giddens, The Consequences of Modernity. Stanford: Stanford University Press 1990.

Anthony Giddens, „Living in a Post-Traditional Society", in: Ulrich Beck/Anthony Giddens/Scott Lash, Reflexive Modernization. Stanford: Stanford University Press 1994, S. 56–109.

Ronald N. Giere, Explaining Science: A Cognitive Approach. Chicago: University of Chicago Press 1988.

Thomas F. Gieryn, „Relativist/Constructivist Programmes in the Sociology of Science: Redundance and Retreat", in: Social Studies of Science 12, 1982, S. 279–297.

Jürgen Habermas, Theorie des kommunikativen Handelns. Frankfurt/M.: Suhrkamp 1981.

Ian Hacking, Rewriting the Soul. Princeton: Princeton University Press 1995.

Donna Haraway, „A Cyborg Manifest to: Science, Technology and Socialist-Feminism in the Late Twentieth", in: Donna Haraway, Simians, Cyborgs, and Women. New York: Routledge 1991.

James A. Holstein/Gale Miller (Hg.), Reconsidering Social Constructionism. Hawthorne: Aldine de Gruyter 1993.

Bernward Joerges, „Überlegungen zu einer Soziologie der Sachverhältnisse. ‚Die Macht der Sachen über uns' oder ‚Die Prinzessin auf der Erbse'", in: Leviathan 7(1), 1979, S. 125–37.

Karin Knorr Cetina, „Producing and Reproducing Knowledge: Descriptive or Constructive?", in: Social Science Information 16, 1977, S. 669–696.

Karin Knorr Cetina, The Manufacture of Knowledge: An Essay on the Constructivist and Contextual Nature of Science. Oxford: Pergamon Press 1981.

Karin Knorr Cetina, „The Couch, the Cathedral, and the Laboratory: On the Relationship between Experiment and Laboratory in Science", in: Andrew Pickering (Hg.), Science as Practice and Culture. Chicago: University of Chicago Press 1992. S. 131–138.

Karin Knorr Cetina, „Laboratory Studies: The Cultural Approach to the Study of Science", in: James C. Petersen/Gerald E. Markle/Sheila Jasanoff/Trevor Pinch (Hg.), Handbook of Science and Studies. Los Angeles: Sage 1994.

Karin Knorr Cetina, Epistemic Cultures. The Cultures of Knowledge Societies (forthcoming), Cambridge: Harvard University Press 1997.

Karin Knorr Cetina/Aaron Cicourel (Hg.), Advances in Social Theory and Methodology: Toward an Integration of Micro- and Macro-Sociologies. London: Routledge & Kegan Paul 1981.

Karin Knorr Cetina, „Sociality with Objects. Social Relations in Postsocial Knowledge Societies", in: Theory, Culture and Society 14 (4). 1997.

Wolfgang Krohn/Günter Küppers, Die Selbstorganisation der Wissenschaft. Frankfurt: Suhrkamp 1989.

Wolfgang Krohn/Johannes Weyer, „Society as a Laboratory: The Social Risks of Experimental Research", in: Science and Public Policy 21(3), 1994, S.173-183.

Scott Lash/John Urry, Economies of Signs and Space. London: Sage 1994.

Bruno Latour, Science in Action. Stony Stratford: Open University Press 1987.

Bruno Latour, „The Politics of Explanation. An Alternative", in: Steve Woolgar (Hg.), Knowledge and Reflexivity. London: Sage 1988, S. 155–176.

Bruno Latour, We Have Never Been Modern. Cambridge: Harvard University Press 1993.

Bruno Latour/J. Johnson, „Mixing Humans with Non-Humans: Sociology of a Door Opener", in: Social Problems 35, 1988, S. 298–310, Special issue on Sociology of Science, Susan L. Star, Hg.

Bruno Latour/Steve Woolgar, Laboratory Life: The Social Construction of Scientific Facts. Beverly Hills: Sage 1979.

Bruno Latour/Steve Woolgar, „Postscript", in: Bruno Latour/Steve Woolgar, Laboratory Life: The Social Construction of Scientific Facts. Beverly Hills: Sage 1979.

John Law, „Notes on the Theory of the Actor-Network: Ordering, Strategy and Heterogeneity", in: Systems Practice 5, 1992, S. 379–394.

Judith Long Laws/Pepper Schwartz, Sexual Scripts: The Social Construction of Female Sexuality. Hinsdale: The Dryden Press 1977.

Cees Leeuwis, Of Computers, Myths and Modelling. Wageningen: Landbouwuniversiteit Wageningen 1993.

Niklas Luhmann, Soziale Systeme. Frankfurt/M.: Suhrkamp 1984.

Niklas Luhmann, Die Wissenschaft der Gesellschaft. Frankfurt: Suhrkamp 1990.

Steven Lukes, „Conclusion", in: Michael Carrithers/Steven Collins/Steven Lukes (Hg.), The Category of the Person. Cambridge: Cambridge University Press 1985.

Michael Lynch, „Laboratory Space and the Technological Complex: An Investigation of Topical Contextures", in: Science in Context 4, 1991, S. 81–109.

Michael Lynch, Scientific Practice and Ordinary Action. Cambridge: Cambridge University Press 1993.

Jean-Francois Lyotard, The Postmodern Condition. Manchester: Manchester University Press 1986.

Donald MacKenzie, Statistics in Britain, 1865-1930. Edinburgh: Edinburgh University Press 1981.

Donald MacKenzie, Inventing Accuracy: A Historical Sociology of Nuclear Missile Guidance. Cambridge: MIT Press 1990.

Emily Martin, „The Egg and the Sperm: How Science has Constructed a Romance Based on Stereotypical Male-Female Roles", in: Signs: Journal of Women in Culture and Society 16(3), 1991, S. 485–501.

Humberto Maturana/Francisco Varela, Autopoeisis and Cognition: The Realization of the Living. Dordrecht: Reidel 1980.

Gale Miller/James A. Holstein (Hg.), Constructionist Controversies. Hawthorne: Aldine de Gruyter 1993.

Michael Mulkay, The Word and the World: explanation in the form of sociological analysis. London: Allen & Unwin 1985.

Michael Mulkay/Jonathan Potter/Stephen Yearly, „Why an Analysis of Scientific Discourse is needed", in: Karin Knorr Cetina/Michael Mulkay (Hg.), Science Observed: Perspectives on the Social Study of Science. London: Sage, 1983, S. 171–203.

Simon Nora/Alain Minc, The Computerisation of Society. Cambridge, Mass.: MIT Press 1980.

Andrew Pickering, Constructing Quarks: A Sociological History of Particle Physics. Chicago: University of Chicago Press 1984.

Trevor Pinch/Wiebe E. Bijker, „The Social Construction of Facts and Artefacts: or How the Sociology of Science and the Sociology of Technology might Benefit Each Other", in: Social Studies of Science 14, 1984, S. 399-441.

David Porush, The Soft Machine. London: Methuen 1985.

Helmut Schelsky, „Der Mensch in der wissenschaftlichen Zivilisation", in: Helmut Schelsky, Auf der Suche nach der Wirklichkeit. Gesammelte Aufsätze. Düsseldorf: Diederichs 1961 (1965).

Londa Schiebinger, Nature's Body – Gender in the Making of Modern Science. Boston: Beacon Press 1993.

Alfred Schütz/Thomas Luckmann, Strukturen der Lebenswelt. Frankfurt: Suhrkamp 1979.

Michel Serres, Le Contrat Naturel. Paris: Editions Francois 1990.

Richard Sheldrake, The Rebirth of Nature. London: Rider 1990.

Sergio Sismondo, „Some Social Constructions", in: Social Studies of Science 23(3), 1993, S. 55-563.

Sergio Sismondo, Science without myth: on constructions, reality, and social knowledge. Albany: State University of New York Press 1996.

Nico Stehr, Arbeit, Eigentum und Wissen. Zur Theorie von Wissensgesellschaften. Frankfurt/M.: Suhrkamp 1994.

Charles Tilly, Big Structures, Large Processes, Huge Comparisons. New York: Russell Sage 1984.

Stephen Toulmin, Human Understanding. Oxford: Clarendon Press 1972.

Stephen Turner, Social Theory of Practice: Tradition, Tacit Knowledge and Presuppositions. Chicago: University of Chicago Press 1994.

Walter L. Wallace, „Toward a Disciplinary Matrix in Sociology", in: Neil J. Smelser (Hg.) Handbook of Sociology. Newbury Park: Sage 1988, S. 23–76.

Max Weber, Wirtschaft und Gesellschaft. 5. bearbeitete Auflage, Tübingen: J.C.B. Mohr (Paul Siebeck) 1922/1976.

Steve Woolgar/Malcolm Ashmore, „The Next Step: An Introduction to the Reflexive Project", in: Steve Woolgar (Hg.), Knowledge and Reflexivity, London: Sage 1988, S. 1–11.

Harriet Zuckerman, „The Sociology of Science", in: Neil J. Smelser (Hg.), Handbook of Sociology. Newbury Park: Sage 1988, S. 511–574.

Gebhard Rusch

Die Wirklichkeit der Geschichte – Dimensionen historiographischer Konstruktion

> Es ist alles hier und jetzt.
> Heinz von Foerster, Wien, 14.11. 1996

0. Konstruktion von Wirklichkeit – Konstruktion von Geschichte

Die kognitiv-soziale Konstruktion von Geschichte ist eingebunden in die Prozesse der Konstruktion individueller und sozialer Wirklichkeit. Sie umfaßt die Konstruktion und Anwendung eines ganzen Netzes von Begriffen, Konzepten und Schemata. Dazu gehören u.a. der Zeitbegriff und die Zeitmodi der Gegenwart, Vergangenheit und Zukunft, die Begriffe der Kausalität und der Genese, Modelle der Entwicklung und des Niedergangs, Konzepte des Gedächtnisses und der Erinnerung, Ereignis- und Prozeßbegriffe, Konzepte der Erzählung und Geschichts-Darstellung, ein Begriff von Wirklichkeit/Realität, Konzeptionen einer Wissenschaft von der Geschichte bzw. der Geschichtsschreibung.

Im folgenden will ich – in der gebotenen Kürze – versuchen, einige dieser Begriffe konstruktivistisch zu interpretieren und Aspekte ihres Zusammenspiels in der Konstruktion der Geschichte zu zeigen.

Den Begriff der kognitiv-sozialen Konstruktion von Wirklichkeit bestimme ich mit Bezug auf zwei Ebenen:

(1) operational als

(i) Wahrnehmen, Beobachten

(ii) Er-Finden und Verwenden kognitionsimmanenter Repräsentationssysteme, z.b.sprachlicher Ausdrücke (Bilden von Begriffen, Kennzeichnungen, Namen)

(iii) Agieren im Hinblick auf Wahrnehmung und Beobachtung, Hantieren mit und Gestalten von wahrgenommen Entitäten (Ausbilden und Entwickeln von viablen Verhaltens- und Handlungsmustern, Handlungsstrategien, Techniken)

(iv) Interagieren, kommunizieren, kooperieren mit anderen Individuen

(2) epistemisch als

(i) Erzeugen sprachlicher und nicht-sprachlicher Strukturen, die Wissen ausdrücken.

Wissen erfordert „Interindividuelle Verifikation"[1]. Das bedeutet den Einsatz all derjenigen Prüfverfahren für eine wahr/falsch-Prädikation von Aussagen, vermittels derer prinzipiell jedes einzelne Individuum in einer Gemeinschaft in der Lage ist, zu beurteilen, ob eine Aussage „wahr" oder „falsch" heißen soll. Es handelt sich hier also nicht um eine Konsenstheorie der Wahrheit, die auf schlichter (wie auch immer entstandener) Übereinkunft beruht, sondern um eine „Intersubjektivitätstheorie der Wahrheit", derzufolge die Wahrheit von Aussagen von jedem einzelnen der beteiligten Individuen auf subjektiv überzeugende Weise durch den Vollzug von (wiederum intersubjektiv anerkannten) Prüfverfahren festgestellt werden kann oder nicht.

(ii) Erzeugen solcher Strukturen, denen das Prädikat „wirklich" zukommt. „Wirklichkeit" bezeichnet ein (mindestens) zweistelliges Prädikat; „x ist wirklich für S", das extensional durch den Referenzbereich der Antworten bestimmt wird, die ein Individuum S auf die Frage „Was gibt es?" bzw. „Was existiert?" zu äußern bereit ist. M.a.W.: „x" steht für alle Entitäten, die in den Antworten auf die Existenzfrage (oder die ontologische Frage) bezeichnet oder gekennzeichnet werden.

Als Individuen S können alle selbsttätigen, handlungs- und sprachmächtigen Einheiten gelten, die als solche beobachtet und die selbst als Beobachter angesehen werden können. Oft werden nicht alle Individuen im Zusammenhang der hier erörterten Fragen als gleichrangig eingestuft. In der Regel erfolgt eine Beschränkung auf menschliche Individuen: Subjekte.

Unter welchen Bedingungen sind Individuen bereit, das Prädikat „Wirklichkeit" zu vergeben? Als wirklich gelten all jene Entitäten, über deren

Existenz Übereinstimmung unter mehreren Individuen hergestellt werden kann (Es sei erinnert an das Beobachtbarkeitspostulat in den Naturwissenschaften). Wirklichkeit kann auch nach dem Ausmaß oder Grad solcher Übereinstimmung differenziert werden (z.B. in subjektiv oder hypothetisch einerseits und objektiv, i.e. intersubjektiv wirklich andererseits). Übereinstimmung wird jedoch nicht unmittelbar beobachtet, sondern in je individueller kognitiver Autonomie subjektiv aus dem Erfolg von Orientierungshandlungen erschlossen. In diesem Sinne ist Wirklichkeit ein kognitives Konstrukt: eine Eigenschaft, die bestimmten kognitiv konstruierten Entitäten abhängig von Handlungen und Beobachtungen beigelegt wird; das Substantiv „Wirklichkeit" bezeichnet die Menge aller Entitäten mit dieser Eigenschaft.

Insofern die Vergabe des Prädikates „Wirklichkeit" von an anderen Individuen beobachtetem Verhalten (und der auf der Basis solcher Beobachtungen erschlossenen Übereinstimmungen mit anderen) abhängt, kann auch von sozialer Wirklichkeit bzw. sozialer Konstruktion von Wirklichkeit gesprochen werden.

Die Konstruktion von Erkenntnisfähigkeiten, die Konstruktion von Erkenntnis/Wissen und die Konstruktion von Wirklichkeit konvergieren in kognitiv-sozialen Synthesen, die wir als persönliches Erleben, als Lebensformen bzw. -stile, als Kulturen mit spezifischen Mythen, Wissensbeständen und Lebenspraxen auf Begriffe bringen. Die Konstruktion von Wirklichkeit ist dem kognitiv autonomen Individuum nur in sozialer Wechselwirkung mit anderen (i.e. durch Verstehen) möglich. Wirklichkeit ist daher immer sozial konstruiert.

1. Zeit und Zeitmodi

J. Piaget hat in seinen Arbeiten[2] gezeigt, daß der elaborierte Zeitbegriff (der Zeit als physikalische Größe externalisiert oder objektiviert) als Verallgemeinerung aus einem Prozeß kognitiver Konstruktionen im Zusammenhang der Koordination von Körperbewegungen hervorgeht. Diese Abstammung prägt den Zeitbegriff auch in seinen sophistiziertesten Anwendungen: Jede Art von Zeitmessung beruht auf der Feststellung der Dauer des einen Vorganges in den Begriffen der Dauer eines anderen (vorzugsweise gleichförmigen) Vorganges (z.B. dem Gang einer Uhr). Auf diese Weise kann der rationale Begriff der Zeit aus kognitiven Operationen gewonnen werden, ohne auf einen physikalischen oder metaphysischen Zeitbegriff zurückgreifen zu müssen.

Für die Begriffe der Vergangenheit, Gegenwart und Zukunft gilt ganz Ähnliches. So kann auch der Begriff der Vergangenheit ohne Zugriff auf so etwas wie die Vergangenheit als eigenständigen Wirklichkeitsbereich gewonnen werden. Das Wachbewußtsein (bzw. das sog. Arbeitsgedächtnis, *immediate memory*) erlaubt nämlich die gleichzeitige Präsenz sowohl als gegenwärtig oder aktuell qualifizierbarer ‚Inhalte‘, als auch solcher Inhalte, die als vergangen, und solcher, die als zukünftig gelten. Wie ist das vorzustellen? Nun, die Ausführung eines Handlungsplanes, z.B. die Zubereitung einer Mahlzeit, wäre als zeitlich koordinierte Sequenz einzelner Teilhandlungen unmöglich, wenn es nicht gelänge, die einzelnen Arbeitsschritte in einer der Erreichung des Zieles förderlichen Reihenfolge auszuführen. Dazu bedarf es eines gleichzeitigen (simultanen) Bewußtseins von dem, was bereits getan ist, was gerade getan wird, und was als nächstes zu tun ist. M.a.W., die Vollendung der Ausführung eines Arbeitsschrittes, die Aktualität der Ausführung des darauffolgenden Arbeitsschrittes und die Erwartung oder Absicht der Ausführung des nächsten Arbeitsschrittes müssen gleichzeitig bewußt sein können, um planvolles, intendiertes Handeln zu ermöglichen. Unser alltägliches Handeln bietet dafür Abertausende von Beispielen.

Im zeitlichen Fokus des Wachbewußtseins liegt in der Regel eine Dauer von nur höchstens 10 Sekunden, die sog. Gegenwartsdauer (i.e. Dauer der Gegenwärtigkeit von Sinneseindrücken, Wahrnehmungen, Gedanken im Bewußtsein bzw. Arbeitsgedächtnis)[3]. Dabei beträgt die Zeitspanne, die einzelne Wahrnehmungseinheiten umfassen, die sog. Präsenzzeit, nur ca. 2 Sekunden[4]. Alle längeren Zeiträume oder länger andauernden Vorgänge werden nicht mehr in einer Wahrnehmungseinheit, z.B. den von G. A. Miller so genannten „Chunks“, erfaßt, sondern über einer Vielzahl von Einzelwahrnehmungen als Makro-Strukturen begrifflich abstrahiert bzw. konstruiert.

In dem Maße nun, wie diese handlungslogisch unterschiedlichen Bewußtseinsinhalte und operational unterschiedlichen Bewußtheitsmodi, das Vollendete, das Aktuale und das Erwartete im Arbeitsgedächtnis ihrerseits zu

Gegenständen der Selbstbeobachtung und Selbsterfahrung und schließlich als Zeitmodi konzeptualisiert werden[5], entstehen einerseits die kognitiven Bausteine zur Bildung der Begriffe von Gegenwart, Vergangenheit und Zukunft, andererseits aber auch bestimmte operationale Referenzwerte zur Qualifizierung/Identifikation von Bewußtseinsphänomenen, wie z.B. Erinnerungen. Dies aber bedeutet, daß bestimmte ‚Inhalte‘ (kognitive Schemata oder Konzepte) deshalb im Modus des Vergangenen bewußt bzw. erlebt werden, weil sie u.a. solche strukturellen oder prozessualen Merkmale (etwa gewisse Unschärfen, schwächere Intensitäten, mangelnde sensorische Referentialisierbarkeit usw.) aufweisen wie jene Bewußtseinsinhalte, in denen vollendete (d.i. vergangene) Handlungsschritte aus einem Handlungszusammenhang bewußt sind.

Diese Überlegungen führen zu einer zunächst kontraintuitiven Konsequenz: Nicht die Existenz der Vergangenheit als eigenständigem Wirklichkeitsbereich macht deren begriffliche Repräsentation notwendig, sondern die Ausprägung eines Begriffes des Vergangenen und dessen Externalisierung bzw. Objektivierung hat das kognitive Resultat, daß Vergangenheit als Wirklichkeitsbereich eigener Art konstituiert wird.

Für den Begriff der Geschichte bedeutet dies, daß Geschichte als sprachlich dargestellter Ereigniszusammenhang das (ohne den Bezug auf das immediate memory) vakuöse Vergangenheitskonzept inhaltlich und formal ausfüllt und interpretiert. Vergangenheit wird in Form von Geschichten und Geschichte bewußt gemacht, thematisiert und analysiert. Dabei existiert Vergangenheit in keiner anderen Weise denn als erinnerte, erzählte oder geschriebene Geschichte.[6] Diese Überlegung ist keine neue Einsicht im geschichtstheoretischen Denken! Aber ihre Rückführung auf kognitive Voraussetzungen und Randbedingungen vergangenheitsorientierten Handelns erklärt – zu einem gewissen Teil – die fatale (epistemologische und wissenschaftstheoretische) Lage der Historiographie und Geschichtswissenschaft.

In der Phase der post-historistischen Geschichtsforschung (einsetzend nach dem 2. Weltkrieg über die jüngeren Theoriedebatten der 80-er Jahre bis in unsere Tage reichend) betonte z.B. C. Levi-Strauss[7], daß die Geschichtswissenschaft gar keinen genauer bestimmbaren Gegenstandsbereich habe. Denn was macht die Vergangenheit unserer Vorstellung nach aus? Woraus besteht sie? Levi-Strauss sah am Ende solchen Fragens nur das Chaos. Und Michel Foucault[8] warf die Frage auf, ob wir überhaupt eine Geschichte haben.

Diese Einschätzung ist aber nicht nur bei französischen Strukturalisten und in post-modernen Diskursen zu finden. Sie wird bzw. wurde mit geringfügigen Modifikationen auch von kritischen Rationalisten wie Karl Popper vertreten.[9] Und es überrascht in gar keiner Weise, daß auch Vertreter idealistisch-pragmatischer Positionen, z.B. R. G. Collingwood gar nicht die Vergangenheit als Gegenstand historischer Forschung betrachten, sondern die als Quellen und Zeugnisse in der Gegenwart vorfindlichen Objekte.[10]

Die Historiographie bietet mit wiederholter und intersubjektiver Beobachtung zugänglichen Objekten der Erfahrungswirklichkeit, nämlich den sog. Quellen, Zeugnissen und Relikten vergangenen Geschehens kompatible und kohärente Geschichten auf. Die Vergangenheit, so Leon Goldstein, kommt in der Tätigkeit des Historikers überhaupt nicht vor, d.h., sie spielt keine operative Rolle.[11] Und Alan Donagan[12] schließlich argumentiert aus der Sicht eines historiographischen Instrumentalismus, daß es nicht einmal so etwas wie eine wirkliche Vergangenheit gebe. Die Geschichten, zur historischen Erklärung der Gegenwart aufgeboten, würden vielmehr als Darstellungen dieser Vergangenheit ausgegeben – ein zirkuläres, jedoch (daher?) äußerst wirksames Verfahren.

In diesem Sinne macht Geschichtsschreibung Vergangenheit kognitiv verfügbar, jedoch ohne sie zu erforschen. Was sie erforscht, ist die Gegenwart im Hinblick auf eine Geschichte, die diese Gegenwart (als Ergebnis geschichtlicher Entwicklung) erklärt. Die empirische Basis dieser Forschung ist die Beobachtung und Erfahrung im Umgang mit Quellen und Zeugnissen, also jeweils gegenwärtigen Objekten.

Damit stellt sich die Historiographie als ein wesentlich paradoxes Unternehmen dar: Ihr Gegenstandsbereich (die Vergangenheit) ist ihr nicht zugänglich, ihre Erkenntnisse (die Geschichte) sind an und in der Gegenwart (also gar nicht an ihrem Gegenstand) gewonnen.[13]

Auf dieser Basis entfallen auch alle erfahrungswissenschaftlichen Möglichkeiten zur Prüfung der Validität historischen Wissens. Dieses kann sich nämlich nicht in der Auseinandersetzung (Konfrontation) mit der Vergangenheit bewähren, sondern nur in den Diskursen der Gegenwart und Zukunft, in denen der Fachgelehrten, der Politiker, der interessierten Zeitgenossen.[14]

Natürlich gibt es neben den Geschichts-Skeptikern, -Idealisten, -Instrumentalisten, -Kritikern und -Konstruktivisten, einer Gruppe von Autoren, zu der insbesondere auch Friedrich Nietzsche[15] und Theodor Lessing[16] zu zählen sind, auch eine Majorität ausgesprochener Geschichts-Realisten – und selbstverständlich eine ganze Palette von Zwischentönen. Nicht nur in der deutschen Historiographie, auch in der New History und der Annales-Schule herrschte und herrscht eine realistische Grundeinstellung, fühlen sich die Historiker vergangener Wirklichkeit verpflichtet. Nach dem Historismus L. v. Rankes und der gesamten hermeneutischen Tradition historiographischer Meta-Theorie von W. v. Humboldt, F. D. E. Schleiermacher, J. G. Droysen, G. G. Gervinus, W. Dilthey, F. Meinecke bis G. Ritter und M. Weber, sowie unter dem Eindruck der historisch-materialistischen Konzeption von K. Marx und F. Engels, besonders der materialistischen Geschichtsschreibung und dem Erfolg der Sozialgeschichte seit ca. 30 Jahren ist dies auch nicht wirklich überraschend. Irritierend ist vielleicht nur, daß die sog. Theoriedebatte der 1980-er Jahre unter den deutschen Historikern – federführend wären zu nennen: R. Koselleck, W. Mommsen, J. Rüsen, J. Kocka und H. U. Wehler – bisher so folgenlos geblieben ist. Selbst H. U. Wehler, der sicher zu den theoretisch reflektiertesten Vertretern seiner Zunft gehört, vertraut darauf, daß „die Vergangenheit unabhängig vom erkennenden Subjekt Strukturen besitzt"[17], daß diese unter den konkurrierenden Interpretationen sichtbar und zu objektiven Elementen für die Prüfung historischer Theorien gemacht werden könnten.

2. Daten und Fakten in der Historiographie

Ein Objekt als ein historisches Datum, eine Quelle oder ein Relikt vergangenen Geschehens zu betrachten, bedeutet aus konstruktivistischer Sicht, dieses Objekt in einem bestimmten Licht, in einem bestimmten begrifflichen Rahmen bzw. in einem bestimmten kognitiven[18] Stil wahrzunehmen.

Stellen wir uns eine Menge beliebiger Gegenstände auf einem Tisch liegend vor. Wir können diese Gegenstände nun z.B. in der Weise identifizieren, daß wir ihre Farbigkeit so genau beschreiben, daß wir jeden einzelnen danach unterscheiden und die Gegenstände dann nach einer Farb-Skala sortieren könnten. Wir könnten die Gegenstände aber auch nach ihrer Größe (Volumen), ihrem Gewicht oder ihrer Form (Gestalt) unterscheiden und kategorisieren. Außer diesen analytisch-deskriptiven Klassifikationsprinzipien sind für die menschliche Kognition aber noch weitere, nämlich begrifflich-schlußfolgernde und relational-thematische Kategorisierungsstile typisch. Und die sind in unserem Zusammenhang besonders interessant. Die begrifflich-schlußfolgernde Kategorisierung subsumiert die beobachteten Gegenstände unter einen oder mehrere Oberbegriffe (z.B. Lebensmittel, Gartengeräte, Werkzeug), während die relational-thematische Kategorisierung Gegenstände nach (Handlungs-)Zusammenhängen oder Vorgängen, in denen sie gemeinsam vorkommen, ordnet. So können z.B. Tabak, Pfeife und Streichhölzer unter den Begriff Raucherartikel subsumiert oder relational-thematisch in den folgenden Zusammenhang gebracht werden: Der Tabak wird in die Pfeife gestopft und mit den Streichhölzern angezündet.

Bei der Identifikation von Gegenständen als historischen Daten haben wir es im Prinzip mit einer solchen relational-thematischen, man könnte hier auch sagen: episodischen Kategorisierung, zu tun. Jeder einzelne Gegenstand wird einerseits als (Haupt- oder Neben-, End- oder Zwischen-) Produkt eines Prozesses, d.h. unter genetischem Aspekt, angesehen, andererseits unter funktionalen Gesichtspunkten hinsichtlich der Rollen oder Zwecke, die er in verschiedenen Zusammenhängen spielen bzw. erfüllen kann oder soll.

An dieser Art der Kategorisierung, die genauer als Assimilation beobachteter Gegenstände an Handlungsschemata oder Strukturen episodischen Wissens charakterisiert werden kann, ist noch zweierlei bemerkenswert:

(1) Durch Assimilation kann die episodische Kategorisierung auf jeden beliebigen Gegenstand verallgemeinert werden, d.h.: jeder beliebige beobachtbare Gegenstand kann als historisches Datum betrachtet werden (was auch tatsächlich geschieht).

(2) In welcher Weise ein Gegenstand zu einem historischen Datum gemacht wird, hängt vom episodischen und Handlungswissen desjenigen

Beobachters ab, der die Identifikation vornimmt. D.h., ein Gegenstand ist ein (historisches) Datum erst und jeweils im Lichte verfügbarer Wissensbestände. Und je nachdem, vor welcher begrifflichen Folie, im Rahmen welcher Wissensbestände er beobachtet wird, ändert sich auch seine Identität als (historisches) Datum, und er kann als Beleg für die Annahme ganz unterschiedlicher vergangener Vorgänge angeführt werden.

Genau diesen Umstand hat Leon Goldstein im Blick gehabt, als er den Primat des Wissens[19], nicht den der Quellen, für die Geschichtsschreibung betonte. Und der Philosoph Wilhelm Schapp hat die Beobachtung, daß wir unsere Erfahrungswelt im Lichte episodischen Wissens wahrnehmen und strukturieren auf die Formel gebracht, daß wir „in Geschichten verstrickt"[20] seien. Die Suche nach der wahren Geschichte ist dabei nur eine von den vielen (persönlichen, beruflichen, biologischen, psychologischen, physikalischen, politischen, etc.) Geschichten, in die wir verstrickt sind.

Die hermeneutische Tradition in der Geschichtsschreibung hatte den schriftlichen Quellen einen ganz besonderen Status eingeräumt. Die historische Quellenkritik (Rankes Methodenlehre) kann denn auch bis heute als der methodologische Kern der Geschichtswissenschaft gelten. Es war Rankes Überzeugung, daß die Quellenkritik die hinter den Quellen (Tagebüchern, Berichten, Urkunden, Verträgen, etc.) liegende Vergangenheit zugänglich zu machen vermag. So könne der Historiker sich in den Stand setzen zu sagen, wie es eigentlich gewesen. Aber diese Überzeugung gründet einerseits auf ein maßloses Vertrauen in die Hermeneutik als Verstehenslehre sowie andererseits auf die persönliche Genialität des Historikers. Aber schon F. Schleiermacher hat dieses ungetrübte Vertrauen nicht mehr gehabt, eher nur eine vage Hoffnung, daß sich unter günstigen Umständen ein richtiges, d.h. ein produktives, weiterführendes Verstehen im Sinne eines glücklichen Erratens von Bedeutungen und Sinn einstellen könne. R. Koselleck bringt den aktuellen Stand der Diskussion auf die Formel vom Vetorecht der Quellen.[21] Danach schließen die kritisch interpretierten Quellen lediglich unpassende, inkohärente, widersprüchliche und mit den jeweils dominanten Lehrmeinungen und Forschungsparadigmen unvereinbare Lesarten aus. Damit ist allerdings die Historie für alle in sich und untereinander konsistenten Alternativen offen. Nach der Unifizierung der Geschichte aus den vielen Historien und Geschichten im

18. Jahrhundert stehen wir heute vor den Trümmern des Historismus und der Geschichtsphilosophien: die Geschichte zerfällt wieder in diversifizierte Geschichtsgebiete, Teilgeschichten, Geschichtssplitter.

Als Ordnungs-, Beschreibungs- und Erklärungskategorien bieten sich nur mehr ästhetisch-poetologische, narratologisch-thematische und pragmatisch-funktionale Prinzipien an.[22]

3. Gedächtnis und Erinnerung

Als Tor zur Vergangenheit gelten i.a. das Gedächtnis und die Erinnerung. Angeblich lassen sie vergangene Erlebnisse wieder lebendig, nacherlebbar und mitteilbar werden. Aber wie steht es um das Verhältnis von Gedächtnis, Erinnerung und Vergangenheit?

Der Mechanismus, der kognitive Strukturen ausprägt, stabilisiert und reaktiviert heißt Gedächtnis.[23] So schreiben wir die Fähigkeit zu lernen, wiederzuerkennen, Gelerntes behalten und reproduzieren zu können, der Leistung des Gedächtnisses zu. Die naive Vorstellung, die das Gedächtnis als eine Art Bibliothek ansieht, in dem Gedächtnisinhalte wie Bücher fein säuberlich einer neben dem anderen nach einer Zettelkastensystematik jederzeit abrufbereit abgelegt sind, ist längst überholt.[24] An die Stelle solcher statischen Modelle, die allerdings unsere Intuitionen und Begriffe von Vergangenheit und Geschichte wesentlich geprägt haben, sind heute Vorstellungen getreten, die die Dynamik und Konstruktivität der Gedächtnisleistungen hervorheben. So hat sich heute weitgehend eine Ansicht durchgesetzt, die G. E. Müller im Anschluß an Herrmann Ebbinghaus schon in den zwanziger Jahren unseres Jahrhunderts entwickelt hat, und nach der die Vorgänge im Gedächtnis als das Zusammenwirken von Assoziationen vorgestellt werden und besonders die kreative, nicht lediglich bloß mechanische Rolle des Verstandes beim Erinnern betont wird. Bereits in den dreißiger Jahren vertrat F. C. Bartlett die Ansicht, daß

longdistance remembering is not the reexitation of innumerable fixed, lifeless and fragmentary traces, but instead is an imaginative reconstruction dependent upon ones attitude at the time of recall in using only a few striking details which are actually remembered being determined by our interests.[25]

Seither ist die konstruktive Rolle der Gedächtnisprozesse in zahlreichen Arbeiten insbesondere in der Psychologie und Linguistik untersucht und durch viele Experimente bestätigt worden. In funktionaler Hinsicht schließlich werden die Leistungen des Gedächtnisses in engem Zusammenhang mit der Synthese jeweils gegenwärtigen Verhaltens oder Handelns gesehen. J. M. Hunter vertritt die Ansicht, die primäre Funktion des Gedächtnisses sei es nicht, die Vergangenheit zu konservieren, sondern Abstimmungen/Anpassungen an gegenwärtige Anforderungen zu ermöglichen.[26] Und H. R. Maturana argumentiert ganz ähnlich, wenn er feststellt, daß Gedächtnis, funktional gesehen, Ausdruck eines in seiner Reaktivität modifizierten Systems und nicht ein Speicher vergangener Erlebnisse sei.[27]

Der Aspekt der Konstruktivität des Gedächtnisses wird auch durch die enorme Selektivität der Gedächtnismechanismen gestützt, und zwar sowohl bei der Niederlegung und Konsolidierung von Strukturen, als auch beim Retrieval. Die Reaktivität des Systems wird nur durch besonders nachhaltige, intensive Aktivierung verändert, d.h. nur besonders attraktive, also z.B. mit besonderer Aufmerksamkeit oder Emotionalität bedachte, rekurrente, neuartige, besonders angenehme oder gefährliche Erfahrungen. Alles, was die Attraktionsschwelle unterschreitet, wird zwar wahrgenommen und für das unmittelbare Verhalten verrechnet, aber nicht behalten. Entsprechendes gilt für die Aktivierung von Gedächtniselementen. Abhängig vom aktuellen Zustand des kognitiven Systems, von Stimmungen, Gefühlslagen, Ängsten, Interessen, Bedürfnissen und Wünschen sowie abhängig von den Situationen, in denen sich ein Organismus befindet, werden bestimmte Strukturen eher als andere aktiviert. Sigmund Freud hatte hier von Zensurmechanismen und Verdrängungen gesprochen; psychische und physiologische Probleme und Krankheiten können diese Selektions-Effekte noch verstärken oder nachhaltig modifizieren.

Die Tauglichkeit des Gedächtnisses für die Erforschung der Vergangenheit muß angesichts dieser Befunde in hohem Maße bezweifelt werden.

Nun mag eingewendet werden, daß es eben einer besonderen Behandlung der Gedächtnisinhalte bedarf, um mit ihrer Hilfe das Tor zur Vergangenheit aufzustoßen, nämlich des Erinnerns als eines besonderen kognitiven Vermögens. Leistet aber die Erinnerung, was das Gedächtnis allein nicht vermag?

Erinnerungen sind, so wie sie im Bewußtsein auftreten, nicht Elemente des Gedächtnisses als einer neuro-physiologischen und psychologischen Funktion, sondern sie werden wie Wahrnehmungen und Vorstellungen als ein spezifischer Typ von Bewußtseinsphänomenen synthetisiert. Sie können als eine Art von Wahrnehmung (mit sinnlichen Anmutungen) angesehen werden, deren Synthese nicht umstandslos mit sensorischen Stimulationen verrechnet werden kann. Sie ähneln dem Wiedererkennen mit der Einschränkung, daß bestimmte charakteristische Kontexte sinnlicher Wahrnehmung fehlen. Sie ähneln Vorstellungen mit der Einschränkung, daß sie stets im Modus des Vergangenen bewußt werden. Die zeitliche Stabilität der mit Erinnerungen korrelierten kognitiven Strukturen (als andauernde Aktivität oder als andauernde Reaktivierbarkeit) ist dafür eine notwendige, jedoch keineswegs eine hinreichende Bedingung. Die Gedächtnisleistungen eines Organismus gehen weit über dessen Erinnerungsleistungen hinaus.[28]

Mit dem Auftreten von Erinnerungen (i.S.v. qualifizierten sinnlichen Anmutungen) im Bewußtsein kann, wenn entsprechende Verstärkungen, z.B. durch die Fokussierung der Aufmerksamkeit, durch Verbalisierungen usw. erfolgen, ein Elaborationsprozeß in Gang gebracht werden, dessen Verlauf – dem subjektiven Erleben nach – den Vorgang des Erinnerns im eigentlichen Sinne ausmacht.

Erinnerungselaborationen können als Versuche aufgefaßt werden, die Undeutlichkeit oder Fragmenthaftigkeit der als Erinnerungen auftretenden sinnlichen Anmutungen und die daraus resultierenden Unsicherheiten, Inkonsistenzen oder Dissonanzen zu kompensieren. Dabei kommt es darauf an, undeutliche Eindrücke klarer und fragmentarische Eindrücke vollständiger zu machen. In beiden Fällen bieten diejenigen Wahrnehmungsschemata, in deren Rahmen die jeweiligen ‚Defizite' bestimmt sind, Anhaltspunkte für die weitere Elaboration.

Folgt man der Ansicht G. M. Schlesingers, daß es in der menschlichen Natur liege, semantische Vakui zu vermeiden,[29] dann ist auch anzunehmen, daß eine einmal erzeugte Konsistenz nicht ohne Not gefährdet oder gar aufgegeben wird. Aus diesem Zusammenhang ergibt sich, daß diejenigen kognitiven Strukturen, unter deren Mitwirkung zuerst eine konsistente Gesamtstruktur entsteht, auch als diejenigen ‚Inhalte' verrechnet werden, die die Erinnerung präzisieren und in den Details genauer ausarbeiten.

Gewöhnlich laufen Erinnerungselaborationen nicht ad infinitum weiter, sondern kommen – etwa wenn eine subjektiv befriedigend kohärente Struktur realisiert ist – an ein sozusagen ‚natürliches' Ende, oder sie werden von aktuellen Wahrnehmungen und aktuellem Handlungsbedarf überlagert und verdrängt.

Es dürfte eine allgemeine Erfahrung sein, daß im Verlaufe von Erinnerungselaborationen mitunter auch alternative, in sich jeweils konsistente Elaborationsvarianten erzeugt werden können. Dabei scheint es bezeichnend für die Bedingungen und Modalitäten der Erinnerungstätigkeit, daß solche Ambiguitäten meist gar nicht anders als pragmatisch aufgelöst werden können, indem z.B. Doppellösungen toleriert (bzw. die Desambiguierung auf einen späteren Zeitpunkt verschoben wird), eine von der Sache her oft unmotivierte (und nicht weiter begründbare) Entscheidung für die eine oder andere Variante getroffen oder das klärende Gespräch mit anderen Personen gesucht wird. Dies scheint bezeichnend, weil darin deutlich wird, daß es neben interner und externer Konsistenz und Vertrautheit keine weiteren internen Evaluationskriterien für die Güte der Elaborationen gibt. Aus diesem Grunde müßten alternative Elaborationsvarianten das subjektive Vertrauen in das eigene Erinnerungsvermögen eigentlich entsprechend nachhaltig verunsichern. Daß dies nicht immer geschieht (oder nur selten sichtbar wird), mag daran liegen, daß weitere kognitive Instanzen in das Geschehen eingreifen, z.B. in Form einer Art Verträglichkeitsprüfung mit aktuellen Selbst-Konzepten, mit dem Gewissen, mit den Erwartungen anderer, mit gesellschaftlichen Normen und Standards.

Sprachliche Strategien bzw. Verbalisierungsstrategien spielen eine wichtige Rolle in der Erinnerungselaboration. Neben der Verstärkungsfunktion, die Verbalisierungen für die Präsenthaltung und assoziative Verknüpfung mentaler ‚Inhalte' erfüllen, ist hier vor allem auch an die (aus der Wechselwirkung zwischen Bewußtseinsprozessen und wahrgenommenen Verbalisierungen resultierenden) strukturbildenden bzw. die Bildung komplexerer Strukturen fördernden Funktionen syntaktischer Grundmuster (auf Satz- und Textebene), an das Tempus sowie an relationale, konditionale und kausale Satz-Verknüpfungen zu denken.

Auf der Textebene werden in erster Linie jene Schemata zur Geltung kommen, die der produktiven und rezeptiven Organisation von Erzählungen dienen.[30] So sorgt die Erzählung (als formaler Organisationsrahmen der Elaboration) nicht nur für eine relativ bestimmte Form und Gestalt, sondern auch für eine bestimmte Richtung. In diesem Sinne führt das Erzählschema fast zwangsläufig zu einem kohärenten Entwurf einer Geschichte, der in dem Maße, wie ihm Schlüssigkeit, Wahrscheinlichkeit und Anschaulichkeit, schließlich auch Interesse und Zustimmung der Zuhörer zukommen, seinen Entwurfscharakter zunehmend verliert,

weil es immer schwieriger wird, gegen die Überzeugungskraft eines komplexen konsistenten Systems zu denken, und weil es eine immer größere Anstrengung und schließlich eine Unmöglichkeit bedeuten würde, die durch ein solches System einmal gewonnene Konsonanz, die Sicherheit und das Vergnügen ohne Not preiszugeben. Damit wird das kognitive System gewissermaßen ein Opfer seiner eigenen Verführungskünste; es kann die Kohärenz, die es erzeugt, nicht leugnen, und erliegt daher selbst der Überzeugungskraft, auf die hin seine Konstruktionen angelegt sind.[31]

Neben solchen strukturellen Bedingungen kommen aber schließlich auch pragmatische Bedingungen ins Spiel, die sich mit den Äußerungssituationen, mit der Anwesenheit bestimmter Kommunikationspartner, mit bestimmten allgemeinen und speziellen Gesprächszielen oder Absichten (z.B. Information, Unterrichtung, anweisendes Beispiel geben, warnendes Beispiel geben, sich beliebt machen, Herstellung von Gemeinsamkeit usf.) ergeben. Außerdem spielen konversationelle Prinzipien, etwa die von H.P. Grice formulierten Konversationsmaximen[32] eine wichtige Rolle. Betrachtet man diese Maximen als konversationelle Konventionen, so wird leicht einsichtig, daß buchstäbliche Verbalisationen von Erinnerungen (i.e. kontextlosen Ereignisfragmenten) oder der Vorgänge in der Erinnerungselaboration (Revisionen, Relativierungen und Veränderungen) kaum eine Chance hätten, als Gesprächsbeitrag akzeptiert zu werden. In diesem Sinne manifestieren oder bekräftigen die konversationellen Bedingungen jene, durch eine erste Verbalisation getroffene Festlegung auf eine bestimmte syntaktische und semantische Struktur; sie machen einen Verbalisationsentwurf verbindlich und verstärken dadurch die für eine Erinnerungselaboration einmal gesetzten Konsistenzbedingungen ebenso wie die einmal eingeschlagenen Richtungen. Aber nicht nur das; sie üben auch einen gewissen Druck oder Zugzwang[33] z.B. zur Elaboration, zur Detaillierung oder Kondensierung, zur Vermeidung von Ambiguitäten oder Unsicherheiten und zur Gestaltschließung aus, d.h., sie forcieren die Konstruktion einer konsistenten Elaboration.[34]

Der Vorgang des Erinnerns ist im wesentlichen nicht als ‚Zugriff' zum Gedächtnis, sondern als ein kreativer Prozeß der Elaboration von als Erinnerungen qualifizierten (sinnlichen) Anmutungen aufzufassen. Dabei hängt er in erheblichem Maße von Bedingungen ab, die völlig unabhängig von den ‚erinnerten Inhalten' sind, z.b. von allgemeinem Weltwissen, von kognitiven Prinzipien der Verarbeitung von Bewußtseinselementen, von sprachlichen, narrativen und konversationellen Modalitäten zum Zeitpunkt der Elaboration. Auch die Erinnerung scheidet daher als Königsweg des Zugangs zur Vergangenheit aus. Nichtsdestoweniger sind es gerade Erinnerungen, und besonders solche, die mit anderen geteilt werden können, die das Bewußtsein der kognitiven Zugänglichkeit der Vergangenheit als eines Bereiches vergangener Wirklichkeit lebendig halten und immer wieder neu bestärken. Der wesentliche Grund dafür ist der mit Erinnerungen assoziierte Aspekt der Zeugenschaft. Für die Geschichtswissenschaft (wie übrigens auch für das Justizsystem) sind Augenzeugen von ganz besonderem Interesse. Schließlich haben sie vergangene Zeiten selbst erlebt, haben gesehen und gehört, was und wie sich etwas zugetragen hat. Augen- und Ohrenzeugen genießen deshalb einen Vorschuß an Glaubwürdigkeit. Tatsächlich verdanken sie dieses Vertrauen aber in erster Linie dem Selbstbewußtsein und dem Streben nach stabiler persönlicher Identität auf Seiten ihrer Zuhörer und nicht ihrem eigenen phänomenalen Gedächtnis und unbestechlichen Erinnerungsvermögen. Grundsätzliche Zweifel an der Qualität von Augenzeugenberichten bzw. Zeugenaussagen würden nämlich auch das Beobachtungs- und Erinnerungsvermögen der Zuhörer untergraben; prinzipielle Zweifel an der Glaubwürdigkeit des anderen bedeuten unausweichlich entsprechende Selbstzweifel, während das i.d.R. – beim psychisch gesunden Menschen – ungetrübte Verhältnis zu den eigenen Gedächtnis- und Erinnerungsleistungen die Bereitschaft fördert, entsprechendes Vertrauen in die Erinnerungen der anderen zu investieren.

Freilich erreicht die Glaubwürdigkeit mit dem Auftreten von Inkonsistenzen (gleich welcher Art) ihre Grenzen. Wie Juristen viel besser als manche Historiker zu wissen scheinen, ist Augenzeugenschaft alles andere als eine Wirklichkeitsgarantie für erinnerte Sachverhalte, Vorgänge oder Ereignisse. Tatsächlich scheint es viel eher die Regel als die Ausnahme zu sein, daß Zeugen desselben Geschehens nicht nur unterschiedliche, sondern im Detail auch einander widersprechende Aussagen über eben dieses Geschehen machen. Nicht umsonst werden Zeugen vor Gericht in besonderer Weise – und zwar unter Androhung empfindlicher Strafen – zu wahrheitsgemäßen Aussagen verpflichtet. Aber diese Regelung kontrolliert bestenfalls absichtliche Falschaussagen bzw. Lügen. Die Glaubwürdigkeitsproblematik aber reicht tiefer. Auch nach bestem Wissen und Gewissen gemachte Aussagen verschiedener Zeugen können einander widersprechen. Die subjektiven Faktoren in der Wahrnehmung, in der Selektivität des Gedächtnisses und in den Erinnerungsleistungen können durch gesetzliche Regelungen und juristische Techniken nicht kontrolliert werden. So bleibt für Juristen und Historiker am Ende nur eine Lösung: aus den verfügbaren Aussagen und Indizien den Hergang eines Geschehens, den juristischen oder historischen Fall, nach eigenen (subjektiven und im Rahmen jeweiliger Sozialsysteme intersubjektiven und standardisierten bzw. konventionalisierten) Plausibilitäts-, Wahrscheinlichkeits- und Möglichkeitskriterien (wie z.B. aus der Quellenkritik bekannt) zu konstruieren. Diese Konstruktion gilt dann juristisch bzw. historisch als verbindlich bzw. als wohl etabliert, solange keine – im Sinne der akzeptierten Konstruktionskriterien – überzeugendere Alternative aufgeboten wird. Zu diesem Vorgehen gibt es keine rationale Alternative. Dies aber bedeutet: vergangenes Geschehen ist ungewiß, unsicher, unerkennbar. Tatsächlich hatte J. M. Chladenius[35] dies schon im 18. Jahrhundert erkannt und die Geschichtsschreibung in gewissem Sinne von den Berichten der Augenzeugen, die immer nur Ausschnitte eines größeren Geschehens und diese nur aus ihrer eigenen Perspektive erfassen, unabhängig gemacht. Indem er aber den Historiker als eine Art Zeugen der Geschichte i.S. eines größeren Zusammenhangs von Ereignissen betrachtet, relativiert er auch die Geschichtsschreibung als unvermeidbar standortbezogen. Erst der historistische Quellenpositivismus vor allem L. v. Rankes hat diese aufklärerische Einsicht bis auf unsere Tage wieder verschüttet.

4. Die Wirklichkeit der Geschichte

Die Geschichte ist eine virtuelle, genauer; eine hyper-virtuelle Wirklichkeit. Sie ist wirklich, weil sie kognitiv-sozial als ein prinzipiell intersubjektivierbarer Wissensbereich konstruiert wird, aber sie ist keine Erfahrungswirklichkeit, daher in höherem Grade virtuell. Als kognitiv-soziales Konstrukt ist sie wirksam, obgleich weder durch Gedächtnis und Erinnerung, noch durch Geschichtswissenschaft in einem plausibilisierbaren Sinne zugänglich. Erinnerung und Historiographie bringen Elaborationen und Interpretationen hervor, die weit mehr durch jeweils gegenwärtige Bedingungen geprägt sind als durch die Vergangenheit. Wir benutzen sie, als ob sie Darstellungen unserer Vergangenheit wären. Und solange diese Unterstellung nicht durch irgendwelche Irritationen beunruhigt wird, halten wir an ihr als unserer Wirklichkeit fest.

Wie die Erfahrung mit der Geschichte zeigt, geben wir sie selbst dann nicht auf, wenn die Irritationen unübersehbar und nachhaltig sind. Seit der Aufklärung sind die einschlägigen Argumente bekannt. Chladenius, Semler, Gatterer u.a. haben die unvermeidbare Perspektivität, die Standortgebundenheit, die Parteilichkeit des Historikers herausgearbeitet. Sie haben gezeigt, daß die unvermeidbare Selektivität der Geschichtsschreibung, schließlich ihre eigene Geschichtlichkeit bzw. Historizität jeden Objektivitätsanspruch ad absurdum führen. Ad-hoc-Hypothesen und Immunisierungsstrategien sollten dieses Leiden lindern:
Semlers Idee des beständigen historiographischen Erkenntnisfortschritts;
Gervinus' Vorschlag, Objektivität zu gewinnen dadurch, daß der Historiker sich als „Parteimann des Schicksals" und nicht als Parteigänger einer politischen Strömung verstehen möge;
v. Steins Gedanke, nicht die einzelnen Geschichten, sondern die hinter diesen liegenden historischen „Bewegungsgesetze" zu erforschen, die wie Naturgesetze den Gang der Ereignisse bestimmen sollten;
die geschichtsphilosophischen Konzeptionen von Kant und Herder über Hegel bis zu Marx, Engels und Lenin, die mit ihren Sinnangeboten den Gang der Weltgeschichte nicht nur zu verstehen und zu erklären suchten, sondern aus diesem Verständnis auch aktiv mitzuvollziehen gedachten – was letztere mit den bekannten Folgen dann sogar politisch umsetzten;

Rankes Quellenpositivismus, der aus der Präsenz der Quellen die Evidenz von Geschichte folgerte;

Diltheys Konzeption der geschichtlichen Welt und des Primats der Hermeneutik für die Geisteswissenschaften, insbesondere jeder Art von Historiographie;

die Quantifizierungsansätze der Annales, der Histoire Quantitative, der Histoire Sérielle, der New History, der Cliometriker und der historischen Demographie, Industrie- und Wirtschaftsstatistik seit den 1960er Jahren;

die sozialwissenschaftliche Orientierung der Geschichtswissenschaft seit den 1970er Jahren, die zwar erfolgreich war, aber die genannten theoretischen Probleme in keiner Weise tangierte, Theorien importierte ohne methodologische Konsequenzen zu ziehen;

etc.

Die Wirkung dieser Medizin ist heute jedoch erschöpft. Die allgemeine wissenschaftstheoretische Reflexion der letzten Jahrzehnte und die Theoriedebatte in der Geschichtswissenschaft haben die alten Diagnosen bestätigt bzw. in beunruhigender Weise erweitert. Danach scheint eine nicht nur rhetorische, sondern methodologische Annäherung an die empirischen Sozialwissenschaften aus prinzipiellen Gründen solange ausgeschlossen, wie die Geschichtswissenschaft sich dogmatisch und ausschließlich auf die Vergangenheit hin orientiert, d.h. ihren Gegenstandsbereich jenseits menschlicher und wissenschaftlicher Erfahrungsmöglichkeiten lokalisiert.

Zu der herrschenden Praxis gibt es – soweit ich sehe – mindestens zwei Alternativen:

(1) Hayden White's Konzeption[36] der Ästhetisierung bzw. Literarisierung der Historie, die Geschichtsschreibung als eine im wesentlichen literarische Veranstaltung betrachtet, deren ästhetisch-poetisches Potential durch eine kreative Geschichtsschreibung, eine Histoire Artistique oder ClioArt erst noch auszuschöpfen wäre.

(2) Die Konzeption einer diachronologischen Sozialwissenschaft, die Ansätze und Verfahren der quantitativen, sozial- und wirtschaftsstatistischen Geschichtsforschung aufgreift und radikalisiert, um soziale Dynamik bzw. die Dynamik sozialer Systeme zu erforschen. Die Reproduktion der Historiographie von Generation zu Generation bedeutet eben nicht so etwas wie die Fortschreibung der Geschichte, sondern gibt im Gegen-

teil nur immer wieder Anlaß, Geschichte (im jeweils bevorzugten oder modischen konzeptuellen Rahmen) neu- bzw. umzuschreiben. Eine Diachronologie orientiert sich im Gegensatz dazu an solchen Disziplinen wie etwa der Metereologie, die seit inzwischen 150 Jahren dynamische Systeme erforscht, indem sie in langen Zeitreihen immer denselben Typ von Daten erheben, z.B. Temperatur, Luftfeuchtigkeit, Windrichtung, Windgeschwindigkeit, Bedeckung, etc. Auf diese Weise entstehen sehr große Datensätze aus homogenen Datentypen über sehr lange Zeiträume. Und mit diesen Daten lassen sich sehr erfolgreiche Prognosemodelle – wie wir aus den Wettervorhersagen der jüngeren Zeit wissen – errechnen. Die Homogenität der Daten bzw. die Invarianz des Meß- oder Erhebungsverfahrens ist wesentlich, weil anders eine Zeitreihenanalyse sinnlos wäre. Würde man die Beobachtungsverfahren immer wieder verändern, wie es übrigens der sozialen und z.T. auch der wissenschaftlichen Praxis entspricht, die neuen Ideen, Moden und Trends folgt, so wäre die Vergleichbarkeit der Beobachtungen und damit auch eine sinnvolle Interpretation ihrer Unterschiede oder Gemeinsamkeiten nicht mehr möglich.

Natürlich ist zu erwarten, daß die Verhältnisse für soziale Systeme komplizierter als für das Wetter sind. Aber es geht hier auch nur um das Prinzip eines solchen Ansatzes, einer Wissenschaft von dynamischen Großsystemen. Während die Geschichtsschreibung sich den konzeptionellen Rahmenbedingungen ihrer Zeit mit gewissen Einschränkungen ausliefert und deshalb zu ständigen Um- und Neuinterpretationen der Vergangenheit genötigt ist, käme es darauf an, in einem erfahrungswissenschaftlichen methodologischen Rahmen Mo-delle sozialer Dynamik zu entwickeln, aus diesen Modellen relevante Parameter abzuleiten, sie zu operationalisieren, die entsprechenden Variablen zu definieren, deren Werte in Zeitreihenerhebungen zu messen, um dann die Modelle durch die Zeitreihendaten empirisch zu interpretieren und zu testen. Die Ergebnisse solcher diachroner Sozialforschung sind freilich keine Geschichten, keine Geschichts-Erzählungen mehr, sondern empirische Interpretationen von Theorien bzw. abstrakten Modellen sozialer Dynamik.

Anmerkungen

1. Vgl. W. Kamlah & P. Lorenzen, „Interpersonelle Verifikation", in: G. Skirbekk (Hg.), Wahrheitstheorien. Frankfurt/M.: Suhrkamp, S. 483–495.

2. Vgl. z.B. Jean Piaget, Die Bildung des Zeitbegriffs beim Kinde. Frankfurt/M.: Suhrkamp 1974.

3. Vgl. E. A. Adams, Informationstheorie und Psychopathologie des Gedächtnisses. Berlin, Heidelberg, New York: Springer 1971; dazu auch G. A. Miller, „The Magical Number Seven, Plus or Minus Two: Some Limits on Our Capacity for Processing Information", in: Psychological Review, 63, 1956, S. 81–97.

4. Vgl. P. Fraisse, „Zeitwahrnehmung und Zeitschätzung", in: Handbuch der Psychologie. Hrsg. v. W. Metzler, Bd. 1.1 Allgemeine Psychologie I. Göttingen: Hogrefe 1966, S. 656–690.

5. Vgl. Bertrand Russell, „On the experience of time" (Orig. 1915), in: Charles M. Sherover (Hg.), The Human Experience of Time. New York: New York University Press 1975, S. 308f. Siehe auch Bertrand Russell, Probleme der Philosophie. Frankfurt/M.: Suhrkamp 1976 (6. Aufl.), S. 45f.

6. Vgl. Gebhard Rusch, „Zur Konstruktion von Geschichte – Bausteine konstruktivistischer Geschichtstheorie", in: G. Pasternack (Hg.), Philosophie und Wissenschaften. Zum Verhältnis von ontologischen, epistemologischen und methodologischen Voraussetzungen der Einzelwissenschaften. Frankfurt/M., Bern, New York, Paris: P. Lang 1990, S. 78.

7. Vgl. Claude Lévi-Strauss, Das wilde Denken. Frankfurt/M.: Suhrkamp 1971, S. 295ff.

8. Michel Foucault, Die Ordnung der Dinge. Frankfurt/M.: Suhrkamp 1974, S. 441, 444f.

9. Vgl. Karl Popper, Die offene Gesellschaft und ihre Feinde. München: Francke 1975; ders., Das Elend des Historizismus. Tübingen: Mohr 1974.

10. R.G. Collingwood, The Idea of History. Oxford 1946; ders., Essays in the Philosophy of History. Ed. by W. Debbins. Austin, Texas 1965.

11. Vgl. Leon J. Goldstein, „Daten und Ereignisse in der Geschichte", in: H. Albert (Hg.), Theorie und Realität. Aufsätze zur Wissenschaftslehre der Sozialwissenschaften. Tübingen: Mohr 1972, S. 263–288; ders., Historical Knowing. Austin, Texas 1976.

12. Vgl. Alan Donagan, „Realism and Historical Instrumentalism", in: Revue Internationale de Philosophie, 1975, S. 81

13. Vgl. Gebhard Rusch, Erkenntnis, Wissenschaft, Geschichte. Von einem konstruktivistischen Standpunkt. Frankfurt/M.: Suhrkamp 1987, Kap. 4.

14. Beispiele für solche Diskurse sind zahlreich. Aus der jüngsten Zeit wären etwa die Debatten zu nennen, die Daniel J. Goldhagens Buch über den Holocaust, Hitlers willige Vollstrecker (Orig.: Hitler's Willing Executioners. New York: Alfred A. Knopf Verlag 1996), in der Öffentlichkeit und unter Historikern ausgelöst hat, weil es die Frage der Mitverantwortung und Mittäterschaft der deutschen Bevölkerung erneut thematisierte und den fragilen Konsens speziell der deutschen Historikerzunft über die nationalsozialistische Vergangenheit nachhaltig erschütterte. Eine extrem entgegengesetzte – wissenschaftlich allerdings in keiner Weise ernstzunehmende – Position

nehmen demgegenüber neofaschistische Propagandaschriften ein, die den Holocaust als historische Tatsache schlichtweg leugnen. Weniger brisante, aber auch bis in die öffentliche Diskussion geführte Fälle sind z.b. der anhaltende Streit über den Ort und die Beteiligten der Varus-Schlacht, den Grad der kulturellen Entwicklung der germanischen Stämme in der Antike, die Entzifferung paleographischer Texte, die Besiedlung des Amerikanischen Kontinents, etc.

15. Vgl. Friedrich Nietzsche, „Vom Nutzen und Nachteil der Historie für das Leben", in: Werke, 2 Bde. Hrsg. v. I.Frenzel. München: Hanser 1990, S. 115–174. Siehe dazu auch: Walter Kaufmann, Nietzsche. Darmstadt: Wissenschaftliche Buchgesellschaft 1982, S. 164–182.

16. Vgl. Theodor Lessing, Geschichte als Sinngebung des Sinnlosen. München: Matthes & Seitz 1983 (Orig. 1919).

17. Hans Ulrich Wehler, Geschichte als historische Sozialwissenschaft, Frankfurt/M.: Suhrkamp 1973, S. 32. Wehlers Ansicht geht völlig konform mit dem von J.H. Hexter „Wirklichkeitsregel" genannten historiographischen Prinzip, demgemäß Historiker sich verpflichtet fühlen, vergangene Wirklichkeit zu erforschen und wahrheitsgemäße Interpretationen solcher Wirklichkeit aufzubieten, um das Verständnis der Vergangenheit auf diesem Wege immer weiter zu verbessern bzw. zu vertiefen. Vgl. J. H. Hexter, „The Rhetoric of History", in: History & Theory, 6, 1967, S. 3–13.

18. C. Saarni & N. Kogan, „Kognitive Stile", in: G. Steiner (Hg.). Die Psychologie des 20. Jahrhunderts. Bd VII: Piaget und die Folgen. Zürich 1978, S. 445–465.

19. Vgl. Leon J. Goldstein, Historical Knowing, a.a.O.

20. Vgl. Wilhelm Schapp, Philosophie der Geschichten. Fankfurt/M.: Klostermann 1981.

21. Vgl. Reinhard Koselleck, „Standortbindung und Zeitlichkeit. Ein Beitrag zur historiographischen Erschließung der geschichtlichen Welt", in: R. Koselleck/W.J. Mommsen/J. Rüsen (Hg.), Objektivität und Parteilichkeit. Theorie der Geschichte. Beiträge zur Historik, Band 1. München: dtv 1977, S. 17–46.

22. Vgl. Hayden White, Metahistory. Frankfurt/M.: Fischer 1994; Arthur Danto, Analytische Philosophie der Geschichte. Frankfurt/M.: Suhrkamp 1980; Rusch, Erkenntnis, a.a.O.

23. Vgl. für die folgenden Ausführungen Rusch, Erkenntnis, a.a.O., ders. „Erinnerungen aus der Gegenwart" In: S.J. Schmidt (Hg.). Gedächtnis. Probleme und Perspektiven der interdisziplinären Gedächtnisforschung. Frankfurt/M.: Suhrkamp 1991, S. 267-292; vgl. insbesondere auch: Gerhard Roth, Neuro-biologische Grundlagen des Lernens und des Gedächtnisses. Paderborn: Feoll 1975.

24. Olaf Breidbach/Gebhard Rusch/Siegfried J. Schmidt (Hg.), Interne Repräsentationen – Neue Konzepte der Hirnforschung. Zum Dialog von Konstruktivismus und Neurowissenschaften. DELFIN 1996. Frankfurt/M.: Suhrkamp 1996.

25. Vgl. G. J. Whitrow, The Natural Philosophy of Time. Oxford: Clarendon Press 1980, S. 89.

26. Vgl. J. M. L. Hunter, Memory: Facts and Fallacies. Harmondsworth: Penguin 1964.

27. Humberto R. Maturana, Erkennen: Die Organisation und Verkörperung von Wirklichkeit. Braunschweig, Wiesbaden: Vieweg 1982, S. 61.

28. Vgl. dazu Rusch, Erkenntnis, a.a.O.; ders., Erinnerungen, a.a.O.; ders., „Erzählen.

Wie wir Welt erzeugen. Eine konstruktivistische Perspektive." In: H. J. Wimmer (Hg.), Strukturen erzählen. Die Moderne der Texte. Wien: Edition Praesens 1996, S. 326–361.

29. Vgl. G. M. Schlesinger, „Production of Utterance and Language Acquisition" In: D. Slobin (Hg.), The Ontogenesis of Grammar. New York 1971, S. 63–101.

30. Vgl. William Labov, Sprache im sozialen Kontext. Frankfurt/M.: Athenäum 1980, S. 302

31. Rusch, Erkenntnis, a.a.O., S. 374.

32. Vgl. M. Braunroth et al., Ansätze und Aufgaben der linguistischen Pragmatik. Frankfurt/M.: Athenäum 1975.

33. Vgl. Elisabeth Gülich, „Konventionelle Muster und kommunikative Funktionen von Alltagserzählungen", in: K. Ehlich (Hg.), Erzählen im Alltag. Frankfurt/M.: Suhrkamp 1980, S. 335–384; auch William Labov, a.a.O.

34. Vgl. Rusch, Erkenntnis, a.a.O., S. 367.

35. Vgl. J.M. Chladenius, Allgemeine Geschichtswissenschaft. Leipzig 1752.

36. Vgl. H. White, Metahistory, a.a.O.

Siegfried J. Schmidt

Kultur und Kontingenz:
Lehren des Beobachters

1. Autologisierung

Eine der auffälligsten Denk- und Stilfiguren Heinz von Foersters ist die Autologie, und hier nimmt eine besonders prominente Position die Beobachtung des Beobachtens ein. Mit dieser Denkfigur möchte ich im Folgenden operieren.

Ich gehe davon aus, daß wir heute zwischen zwei Fassungen der Beobachter-Autologie unterscheiden können: Beobachten des Beobachters durch Beobachter vs. Beobachten des Beobachters durch Medien. Auf die Beobachtung dieses Beobachtens werde ich mich im Folgenden konzentrieren. Dabei beginne ich mit einigen Konzeptklärungen, damit für Sie als Leser beobachtbar wird, mit Hilfe welcher Unterscheidungen und Benennungen ich beobachte.

Beginnen wir mit dem Konzept ,Medien'.

2. Medien

Der im Folgenden verwendete Medienbegriff bündelt eine ganze Reihe von Faktoren, um den Beobachtungsmöglichkeiten in dem Bereich gerecht zu werden, der umgangssprachlich als (Massen-)Medien bezeichnet wird. Im einzelnen unterscheide ich:
semiotische Kommunikationsinstrumente (z.B. natürliche Sprachen)
Materialien der Kommunikation (z.B. Zeitungen);

technische Mittel zur Herstellung und Verbreitung von Medienangeboten (z.B. Sender);

soziale Organisationen zur Herstellung und Verbreitung von Medienangeboten (z.B. Verlage, Fernsehanstalten) samt ihren ökonomischen, juristischen, sozialen und politischen Handlungsvoraussetzungen;

schließlich die Medienangebote selbst, also Bücher, Hörfunkbeiträge, Filme usw.

Erst das komplizierte Zusammenspiel dieser verschiedenen Faktoren führt zu dem, was man heute „Massenmedien" nennt und als das Mediensystem einer Gesellschaft in Teilsysteme (Print, TV usw.) unterteilt.

Von Medienforschern verschiedenster Ausrichtung wird heute einhellig die Meinung vertreten, daß die Entwicklung sogenannter moderner Gesellschaften eine aus früheren Jahrhunderten unbekannte Beschleunigung technischer Medieninnovationen involviert. Medien entfalten Kommunikation, und die Expansion der Kommunikation unterstützt (oder erzwingt sogar) ihrerseits die Entwicklung neuer Medientechnologien. Heute wiederholt man nur einen Truismus mit der Feststellung, daß wir in einer Mediengesellschaft globalen Ausmaßes leben, in der traditionelle kulturelle Ordnungen und Tätigkeiten allmählich in eine Medienkultur transformiert werden. Individuelle wie soziale Konstruktionen von Wirklichkeit, sozialer Wandel und die fortschreitende Umwandlung normativer Orientierungen vollziehen sich im wesentlichen im Rahmen mediengestützter Kommunikationen, wobei die Mediensysteme zunehmend vernetzt und reflexiv werden. Beginnend mit der Fotografie bis zu der Entwicklung elektronischer Simulationstechniken haben die Medien in tiefgreifender Weise unsere Wahrnehmungsmodi verwandelt. Sie haben unsere Konstruktionen von Öffentlichkeit wie die von Privatheit verändert, und sie haben unser politisches und ökonomisches Verhalten in grundlegender Weise umgestaltet. Wir leben heute in einer Situation, in der die Organisation von Raum und Zeit zunehmend entdifferenziert wird im Rahmen von komplexen, intensiven und beschleunigten Ereignissen, die sich gegenseitig stimulieren.

Medien dienen als Instrumente der Sozialisation und gewinnen steigende Bedeutung für die Inszenierung und Kommunikation von Gefühlen. Wir lernen aus den Medien, wie man lebt und wie man stirbt. Medien gestalten die Beziehung zwischen Kultur und Gedächtnis, zwischen sozialer und kultureller Differenzierung und Entdifferenzierung. Medien favorisieren „Kommunikationsqualitäten" (im Sinne von P.M. Spangenberg) auf Kosten lebensweltlicher Referenz oder Authentizität – das Fernsehprogramm als Ganzes wird zunehmend an der Ästhetik des Videoclips und des Werbespots ausgerichtet. In der Folge dieser Entwicklungen verwischen sich die scheinbar verläßlichen Unterscheidungen zwischen Realität und Fiktion, zwischen Repräsentation und Simulation, zwischen Original und Kopie. Medienerprobte Youngster haben Spaß an der Konstruktion neuer Realitätstypen, die von der traditionellen Dichotomie Realität vs. Fiktion befreit sind, und orientieren sich an Werten wie kognitive Indifferenz, psychedelische Intoxikation und transmoralischer Thrill.

Die Einschätzung der Relevanz der Medien für unsere Gesellschaft kulminiert heute in der Feststellung, daß wir in einer Medienkulturgesellschaft leben. Das klingt spannend, sagt aber erst etwas, wenn wir den dabei verwendeten Kulturbegriff geklärt haben.

3. Kultur

Die folgenden Überlegungen zu einem konstruktivistischen Kulturkonzept gehen aus von der Grundoperation aller kognitiven und kommunikativen Systeme: von Unterscheiden und Benennen. Wahrnehmen und Erkennen operieren mit Unterscheidungen, die sowohl evolutionär als auch sozialisatorisch basiert sind und mit Hilfe von Sprachen als differentiellen Systemen von Benennungen kommunikativ verfestigt werden. Aus Interaktion und Kommunikation emergieren im Laufe der Geschichte die Wirklichkeitsmodelle von Gemeinschaften und Gesellschaften. Wirklichkeitsmodelle lassen sich bestimmen als kollektives Wissen der Mitglieder einer Gemeinschaft, das über Erwartungserwartungen deren Interaktionen koorientiert und damit kommunalisiert. Wirklichkeitsmodelle entstehen auf dem Wege der Konstruktion und Systematisierung für essentiell gehaltener Unterscheidungen. Solche essentiellen Unterscheidungen betreffen die Verhaltensweisen gegenüber Natur und Umwelt (wirklich/unwirklich, hilfreich/gefährlich, oben/unten), gegenüber Ko-Aktanten (alt/jung, männlich/weiblich, mächtig/machtlos), in bezug auf Normen und Werte (gut/böse, heilig/profan) sowie hinsichtlich der

Inszenierung von Emotionen (glücklich/traurig, liebevoll/grausam). Im Unterschied zu Klassifikationen sind solche Unterscheidungen ebenso wie ihre Verknüpfungen ausnahmslos affektiv und normativ besetzt.

Da Aktanten nur solange und insofern Mitglieder einer Gemeinschaft oder Gesellschaft „sind", als sie bezogen auf deren Wirklichkeitsmodell agieren, kommt der Thematisierung, Plausibilisierung und Legitimierung des jeweiligen Wirklichkeitsmodells eine entscheidende Rolle zu. M.a.W., das System von Unterscheidungen, das den kategorialen Rahmen des Wirklichkeitsmodells bildet, muß dauerhaft mit einer gesellschaftlichen Semantik und mit gesellschaftlich sanktionierten Emotionen und Normen verbunden werden. Das Programm für diese soziale Gesamtinterpretation des Wirklichkeitsmodells einer Gesellschaft nenne ich Kultur. Daraus folgt: Es gibt keine Gesellschaft ohne Kultur und keine Kultur ohne Gesellschaft und beide werden getragen von kognitiv und kommunikativ aktiven Individuen.

Die Entscheidung für das Konzept ‚Programm‘ bei der Bestimmung von ‚Kultur‘ bietet m.E. einige Vorteile.

Ein Programm enthält nicht nur eine Menge von Prinzipien, Regeln und festen Items, die aus bisher erfolgreichen Problemlösungen stammen und nicht ohne weiteres geändert werden können, sondern es braucht Programmanwender, soll es funktionieren. Dieser Doppelaspekt erlaubt die Beobachtung, daß der Mensch Schöpfer aller Kultur ist und zugleich die Menschen Geschöpfe einer je spezifischen Kultur sind.

Wie moderne Computerprogramme sind auch Kulturprogramme lernfähig (=partiell dynamisch), im Augenblick der jeweiligen Anwendung aber „lernunwillig". Kultur als Programm koordiniert also Kognition wie Kommunikation über das kollektive Wissen, das Anwender bei sachgerechter Programmanwendung in ihren kognitiven Bereichen erzeugen. Andererseits ist jede Programmanwendung systemabhängig und damit prinzipiell deviant, womit langfristig kultureller Wandel wahrscheinlich wird.

Kultur als Programm stellt Problemlösungen im Bereich der Sinnkonstruktion kognitiv wie kommunikativ auf (relative) Dauer. Damit werden zwei für den Bestand von Gesellschaften zentrale Aufgaben gelöst, nämlich Kontrolle und Reproduktion. Die Reproduktion der Gesellschaft erfolgt durch die Weitergabe des Kulturprogramms an Individuen im

Verlauf der Sozialisation. Die dabei vollzogene Verpflichtung der Gesellschaftsmitglieder auf ganz bestimmte Problemlösungsoptionen (samt deren normativer und emotionaler Besetzung) regelt die Beziehung zwischen sozialen Ordnungen und individuellen Freiräumen. Die Kontrolle der Individuen erfolgt nicht durch kausale Verursachung, sondern durch kulturell programmierte Bedeutungen, wobei Sprache ein effektives Instrument kultureller Kontrolle darstellt. Sprachliche Sozialisation ist besonders rigide, und die Regeln gesellschaftlich korrekter Anwendung sprachlicher Mittel kondensieren gesellschaftlich akzeptierte Erfahrungen, Emotionen und Überzeugungen.

Kulturprogramme und deren sozial akzeptierte Anwendungen sind (bzw. werden z.T. bewußt) der Beobachtung entzogen. Sie sind gleichsam die blinden Flecken der Beobachtungen, die in einer Gesellschaft „immer schon" üblich sind und waren. Darum besitzen kulturelle Programme für ihre Anwender den Anschein der Natürlichkeit bzw. Selbstverständlichkeit (Kultur = System blinder Flecken).

Kulturprogramme bestehen in der Regel aus miteinander verschalteten Teilprogrammen. So entwickeln etwa funktional differenzierte Gesellschaften Teilprogramme für jedes ausdifferenzierte Sozialsystem (=„Wirtschaftskultur", „Sportkultur" usw.), die teilweise untereinander inkompatibel werden können. Konflikte zwischen solchen Teilprogrammen werden in der Regel über abstrakte Rechtsvorschriften gelöst (z.B. Unversehrtheits- oder Eigentumsrecht). Je nach Ausdifferenzierungsgrad eines Kulturprogramms stellt sich die Frage, ob man noch sinnvoll von „der Kultur" einer Gesellschaft sprechen kann.

Je stärker Gesellschaften durch die Entwicklung von Mediensystemen den Grad ihrer Beobachtbarkeit erhöhen, desto drängender wird die Frage nach der Funktionsfähigkeit von Kulturprogrammen. Reflexive Beobachtungsstrukturen – das hat die Modernisierung von Mediengesellschaften in den letzten dreißig Jahren drastisch gezeigt – führen notwendig zu gravierenden Kontingenzerfahrungen: Alles könnte auch anders sein, anders beobachtet und anders bewertet werden, jede Problemlösung erscheint wie jede Überzeugung oder Selbstverständlichkeit als nur eine mögliche Option. (Nota: „Kontingenz" darf nicht mit „Willkür" verwechselt werden!)

Gesellschaften, deren Wirklichkeitsmodelle einer Dauerthematisierung in komplexen Mediensystemen ausgeliefert sind, entwickeln daher notwendig Medienkulturen mit hoher Pluralität und geringem Verpflichtungsgrad traditioneller Problemlösungen. Sie sind verstärkt radikalen Komplexitätsreduktionen über Fundamentalismen jedweder Art ausgesetzt.

Der Zusammenhang zwischen Kultur, Gesellschaft und Individuen kann grundsätzlich als „auto-konstitutiv" bestimmt werden. Wirklichkeitsmodelle, ihre Interpretation durch Kulturprogramme und deren Anwendung, Evaluation und Modifikation durch Aktanten bedingen sich gegenseitig, Sinn- und Ordnungsproduktion erfolgen selbstorganisierend. Damit wird die Kultur einer Gesellschaft operational gegen die Umwelt und gegen andere Gesellschaften und Kulturen abgeschlossen, womit das aus der Biologie bekannte Paradox Anwendung findet, daß nur operational geschlossene Systeme in komplexen Umwelten überlebensfähig sind, weil sie ihre Umweltkontakte selbst selegieren können (=Prinzip der Symmetriebrechung).

Mit Hilfe ihrer symbolischer Ordnungen (Riten, Mythen, Diskurse, Kollektivsymbole, Gattungen usw.), die als kollektives Wissen produziert werden, überbrückt Kultur die kategoriale Trennung zwischen Kognition und Kommunikation und vermittelt die Autonomie der lebenden Systeme mit der gesellschaftlich erforderlichen sozialen Kontrolle. Kultur, so kann man zusammenfassend sagen, ist das Programm sozialer (Re-)Konstruktion kollektiven Wissens in/durch kognitiv autonome Individuen. Kultur als Programm materialisiert sich in Anwendungen, die nur dann gesellschaftlich relevant werden, wenn sie eine (jeweils) relevante Öffentlichkeit erreichen und sich dort hinreichend lange etablieren können. Daher erklärt sich die hohe Bedeutsamkeit von Medien und Kommunikation für jede Kultur.

4. Beobachtungstransformation und Kontingenz

Die geschilderten Entwicklungen lassen sich in einem zentralen Punkt zusammenführen: Die Ausdifferenzierung von Medien und Kommunikation und die Entwicklung hin zur Pluralisierung der Lebenswelten und zum neuzeitlichen Individualismus haben zu einem radikalen Wandel der Beobachtungsverhältnisse geführt: Auf der einen Seite wird im Prinzip jeder Teilbereich – Personen, Ereignisse, Schauplätze, Szenen usf. – beobachtbar und (mit oder ohne Zustimmung der Betroffenen) auch tatsächlich beobachtet; auf der anderen Seite wird Gesellschaft, ja werden schon gesellschaftliche Teilsysteme insgesamt unbeobachtbar. Der Wunsch nach Beobachtung durch die Medien und die Furcht vor dem Beobachtetwerden prägen heute das individuelle wie das öffentliche Leben; sie bestimmen, was wichtig ist und was nebensächlich, und sie prägen die Frage nach Intentionen und Hintergedanken des Beobachtens, Beobachtenlassens und Verbergens.

Medien erlauben Latenzbeobachtung. Darüber hinaus forcieren sie ihre Eigenwerbung, beobachten sich gegenseitig und machen damit nolens volens Kontingenzerfahrung, die von allen Modernisierungstheoretikern als Signum der Moderne bezeichnet wird, zum Regelfall des Medienkonsums. Die Proliferation von Wissen und die Pluralisierung von Wirklichkeiten, die die Medien in den Erfahrungs- und Erlebnishaushalt der Mitglieder der Mediengesellschaft einspeisen, verwandeln (die) Wirklichkeiten in prinzipiell variable sozio-historische „Zufälle". Keiner dieser „Zufälle" ist jedoch willkürlich, sondern in den jeweiligen Systemen seines Auftretens durchaus empirisch bedingt, was seine Zufälligkeit nur desto erschreckender (oder desto befreiender?) macht.

Dieser kontingenzerzeugenden Dauerbeobachtung und reflexiven kommunikativen Thematisierung sind nun auch all diejenigen Teilentwicklungen ausgesetzt, die in Modernisierungstheorien als relevante Trends gesellschaftlicher Modernisierung gehandelt werden: von Rationalisierung, Urbanisierung, Bürokratisierung und Industrialisierung bis hin zu Demokratisierung, Bindungsverlust, Wertezerfall und Individualisierung. Recht und Moral, Staat und Gesellschaft, Wissenschaft und Kunst büßen ihre Selbstverständlichkeit, ihre Legitimation und das Vertrauen der Bürger in ihre Dienlichkeit für das Wohl und die Überlebensmöglichkeiten von Individuen und Gesellschaften ein. Vernunft, Geschichte, Rationalität, Theorie und Offenbarung werden in ihrem Wahrheits- und Geltungsanspruch fortschreitend entmachtet. So gesehen ist es kein Zufall, daß Postmoderne wohl am genauesten charakterisiert werden kann über ein Infragestellen all dessen, was zur Kennzeichnung von Moderne angeführt wird, und das nicht nur im kulturellen Bereich, wie einige Postmoderne-Theoretiker meinen. Denn Dauerbeobachtung und reflexive kommunikative Thematisierung verändern zwangsläufig den Status, das Selbstverständnis und die Identitätspolitik jedes observierten Systems oder Bereichs. Darum macht es gleichermaßen Sinn, Postmoderne als konsequentes Resultat von Modernisierung wie als deren Antithese zu bestimmen. Postmodern, so könnte man sagen, wird ein Segment von Gesellschaft immer dann, wenn es die Kontingenz seines kulturellen (semantischen) Programms durchschaut. Da dies nicht in allen Segmenten zu gleicher Zeit in gleicher Intensität erfolgt, sind Ungleichzeitigkeiten, Widersprüche und Inhomogenitäten erwartbar. Noch trösten sich viele mit der Behauptung, „im großen und ganzen" habe sich doch nicht viel verändert.

Es ist sicher kein Zufall, daß Theoriediskurse wie der (radikale) Konstruktivismus, Postmoderne oder (Luhmannsche) Systemphilosophie gerade in dieser Phase gesellschaftlicher Entwicklung Konjunktur haben, weil sie alle die Gesellschaft darauf aufmerksam machen, was sie sich leistet, wenn sie sich ein reflexives Mediensystem leistet, das die individuelle wie gesellschaftliche Konstruktion von Wirklichkeit beobachtbar macht. Und weil alle drei Diskurse – richtig verstanden – ihre Kontingenzbeobachtung auf sich selber anwenden (müssen), wollen sie nicht zu neuen Meistererzählungen verkommen, heißen sie hier „postmodern". Postmodernes Bewußtsein ist – so gesehen – in der Tat reflexiv gewordene Moderne, die sich Latenzbeobachtung leistet und dabei bemerkt, daß die blinden Flecken ihres Kulturprogramms, die die Gründe für Modernitätsansprüche und -hoffnungen in Gestalt positiver Gewißheiten (Evidenzen) als Selbstverständlichkeiten maskiert mitgeführt haben, ihrerseits gute Gründe brauchen – und so fort: also bestenfalls gute und keinesfalls letzte Gründe haben können. Postmodernes Bewußtsein ist geprägt von globaler Erfahrung, daß die dialektische Entwicklung hin zu Modernisierungszielen Beobachtungsverhältnisse geschaffen hat, die die Dialektik jedes einzelnen Modernisierungstrends (etwa Urbanisierung oder Alphabetisierung) und a fortiori deren Interdependenz evident gemacht hat – die domestizierte Natur muß wieder gerettet und naturalisiert werden, das emanzipierte Subjekt giert nach Bindung, der ubiquitäre Kapitalismus erstickt an der Schattenwirtschaft von Drogen, Glücksspiel und Prostitution, usf.

So wie moderne Gesellschaften durchwegs gekennzeichnet sind von inhomogenen Entwicklungsständen in den verschiedenen Bereichen, so kann auch die Rede von postmodernen Gesellschaften keine epochalen Identitäten bezeichnen, sondern bestenfalls einen Trend, einen in der öffentlichen Meinung relevanten Mentalitätszustand und ein von (den) Meinungsführern für relevant befundenes Reservoir griffiger Metaphern im Haushalt der gesellschaftlichen Semantik, womit die Beobachtungs- und Benennungspraxis auf eine diskursbestimmende neue Unterscheidung einjustiert wird: modern vs. postmodern. Danach kann etwa postmodern denken, wer Vernunft als Herrschaftsinstrument ablehnt oder eine neue (etwa eine laterale) Vernunft propagiert; wer aus der Stadt in die Wüste flüchtet oder als Stadtnomade mäandert, usw.

Medien konstruieren Wirklichkeiten durch die Art ihrer Beobachtung, wobei ihre Selektivitäten in aller Regel erst dann auffallen, wenn andere Medien dies beobachten. Ihre Beobachtungen verleihen Sachverhalten Bedeutung; denn sie werden mit Anspruch auf Aufmerksamkeit und Verstehen verbreitet. Und sie wissen, daß alles, was sie tun, nicht nur von Beobachtern erster Ordnung beobachtet wird – auf diese zielen ja ihre Medienangebote ab –, sondern auch von anderen Medien, deren Angebote wiederum der multiplen Beobachtung ausgesetzt sind. N. Luhmann hat das so auf den Begriff gebracht:

Aber man kann vielleicht von einer generellen Eingewöhnung des Modus der Beobachtung zweiter Ordnung sprechen. Man dechiffriert alles, was mitgeteilt wird, in Richtung auf den, der es mitteilt. Dabei führt das Nachrichten- und Berichtswesen eher zum Motivverdacht (der aber zumeist keine bestimmbare Form annimmt), das Unterhaltungswesen dagegen eher zur Selbstbeobachtung im Modus zweiter Ordnung, zur Beobachtung des eigenen Beobachtens. Sowohl die Welt als auch die Individualität wird auch dann noch als konkrete Merkmalsgesamtheit wahrgenommen; aber immer so, daß man einen Beobachter hinzudenken muß, der sagt, daß es so ist. (Die Realität der Massenmedien. 2. erw. Auflage, Opladen 1996, S. 151f)

Luhmann folgert aus seiner Hypothese, daß Realität zugleich die Form des Was wie des Wie annimmt („des was beobachtet wird und des wie es beobachtet wird"), daß die Realität der Massenmedien die Realität der Beobachtungen zweiter Ordnung ist. Indem die moderne Gesellschaft ihre Selbstbeobachtung dem Mediensystem überläßt, läßt sie sich ein auf

„eben diese Beobachtungsweise im Modus der Beobachtung von Beobachtern".

Die Institutionalisierung der Beobachtung zweiter Ordnung im System
der Massenmedien wird damit auch zur Grundlage unserer Medienkultur. Die Medien präsentieren, was als kulturelles Phänomen beobachtet
werden soll, und sie präsentieren, wie diese Beobachtung geschehen kann.
Dabei sind die Medien geleitet von kulturellen Evidenzen, wie etwa der
Differenzbeobachtung nach ±echt, ±wesentlich, ±verbindlich usw., und
eben diese Orientierung, diese blinden Flecken kultureller symbolischer
Ordnungen, können wiederum latenzbeobachtend beobachtet werden.

Es gibt keinen Anfang und kein Ende mehr. Wir müssen irgendwo
abbrechen.

Peter Weibel

Kunst als soziale Konstruktion

I. Beobachterinstanzen als Aktanten

Traditionellerweise denkt man bei Nennung des Begriffs KünstlerInnen
an den Zenit der Individualität. Der Künstler ist ein singuläres Individuum, der Inbegriff der Singularität, die Ausnahme, das Genie, das reine
Originale produziert. Der Künstler verkörpert durch sein Werk und seine Existenz die Exzentrizität, die Autonomie, die Unabhängigkeit, die
Freiheit.

Unsere Auffassung ist ganz das Gegenteil. Der Künstler ist der Normal-
fall, und wenn er ein Spezialfall ist, dann der Spezialfall für Abhängigkeit.
Wir stehen dabei in keiner schlechten Tradition, nämlich in der Tradition
einer Kunstsoziologie, die sich vom Wiener Kreis abgeleitet hat und mit
Namen wie Edgar Zilsel und Ernst Kris verbunden ist,[1] oder von Marxi-
sten wie Ernst Fischer und Arnold Hauser – der dem Sonntagskreis um
György Lukács entstammt – entworfen wurde.[2]

Unter dem Einfluß der Beobachtertheorien und der Beobachtungsprozesse zweiter Ordnung, wie sie Heinz von Foerster aufgestellt hat, aber
auch im Sinne von Niklas Luhmann,[3] ist offenkundig geworden, daß der
Künstler nicht mehr allein der Autor der Werke bzw. der Bedeutung des
Werkes ist. Michail Bachtin und Roland Barthes haben diese Problematik der verneinten Autonomie des Autors und des Werkes ausführlich
dargelegt. Unsere These ist aber noch um eine Spur schärfer.

Der Künstler ist nur ein Aktant neben vielen anderen gleichwertigen
Aktanten im sozialen Feld der Kultur. Wenn ich Aktant sage, beziehe
ich mich auf die soziologischen Modelle von Bruno Latour, Michel Callon

und John Law, gemäß denen Kultur als Übersetzungsarbeit in einem techno-ökonomisch sozialen Netzwerk entsteht.[4]

Künstler sind die ersten Beobachter, nämlich Beobachter, welche die Produktionen anderer, z.B. Künstler oder Wissenschaftler, beobachten. Die sozialen Instanzen und Institutionen der Kunstgemeinschaft sind die Beobachter zweiter Ordnung, welche die Künstler beobachten. Aus dieser Rekursivität entsteht Kunst. Natürlich steht der Künstler am Anfang der Übersetzungsarbeit. Aber auch er produziert keine ursprungslosen Originale, sondern leistet nur Übersetzungsarbeit, individuelle Interpretationen von Geschichte, von Kunstgeschichte. Der Künstler ist nur ein Aktant, der im sozialen Feld der Kultur eine Hypothese unterbreitet, nämlich: „Verehrte KritikerInnen, GaleristInnen, KuratorInnen, SammlerInnen, bitte betrachten sie dieses von mir produzierte Werk als Kunst." Denn wann ein Werk ein Kunstwerk ist und wann es zweitens ein relevantes Kunstwerk ist und drittens, welche Eigenschaften dieses Kunstwerk hat, bestimmen nicht die KünstlerInnen, sondern vielmehr die Institutionen und Personen der Kunstgemeinschaft, die anderen Aktanten im sozialen Feld der Kultur. Das ist es, was ich meine, wenn ich sage, Kunst ist eine soziale Konstruktion.

II. Kunst als Konsens

Kunst ist das Ergebnis eines sozialen Konsenses zwischen der Hypothese eines Individuums, das das soziale Feld der Kultur mit seinen geistigen oder handwerklichen Fähigkeiten und Leistungen betreten möchte, und den Wächtern, den sozialen Instanzen, die dieses Feld konstituieren. Dieses Feld der Kultur ist aber von unsichtbaren Mauern umgeben, nämlich von jenen Aktanten, die entscheiden, welcher Vorschlag und welche Hypothese im Feld der Kultur zugelassen wird. Die sozialen Institutionen der Kunst entscheiden nämlich strikt nicht nur über die Zulassung eines Werkes bzw. einer Idee als Kunst, sondern bestimmen ebenso strikt auch seinen Ort, seine Position wie seine Bedeutung. Aufgrund dieser Selektions- und Exklusionsmechanismen entsteht in der Kunstgesellschaft eine enorm radikale Hierarchie, die sich nicht zuletzt in den Marktwerten für Kunstwerke abbildet. Der Markt selbst ist nichts anderes als die Synthese einiger Aktanten des sozialen Feldes der Kunst, nämlich der KünstlerInnen, der GaleristInnen, der privaten und öffentlichen SammlerInnen. Zu behaupten, Kunst wäre ohne den Markt möglich, hieße dann zu behaupten, Kunst wäre ohne KünstlerInnen, GaleristInnen, SammlerInnen möglich. Die Trennung von Markt und Kunst ist eine naive Illusion, was nicht heißt, daß Kunst nicht den Markt bekämpfen und verändern kann. Die Hypothesen einiger Individuen können so stark und überzeugend sein, daß die Mehrheit der Kunstgemeinschaft enthusiastisch auf sie einschwenkt. Wenn Kunst, präziser der Vorschlag eines Aktanten, der nicht selbst ein Künstler sein muß, sondern auch ein Kritiker oder Sammler sein kann, den Markt und die Kunstinstitutionen bekämpft, heißt das, er drängt auf eine Regelveränderung. Gelingt es diesem Vorschlag, die Mehrheit der Mitglieder der Kunstgemeinschaft von sich zu überzeugen, ist die Regelveränderung erfolgreich abgeschlossen. Ein kleiner Paradigmenwechsel erfolgt. Ist also in einem ersten Schritt ein Konsens zwischen der Hypothese eines Individuums und der Mehrheit der Kunstgemeinschaft geschlossen worden, was in manchen Fällen einer langjährigen Überzeugungs- und Übertragungsarbeit gleichkommt, kann in einem zweiten Schritt dieser Konsens kritisiert werden. Diese Kritik am Konsens ist aber nur dann erfolgreich, wenn auch sie wiederum einen Konsens erzielt. Kunst ist also in allen Fällen das Ergebnis eines sozialen Konsens. Kunst entsteht dort, wo ein Werk bzw. eine Idee, mit oder ohne Widerstand, früher oder später, von der Mehrheit der Mitglieder der Kunstgemeinschaft die Zustimmung erhält, ein Kunstwerk zu sein. Kritik, die keinen Konsens erreicht, wird irrelevant, so wie Werke, die keinen Konsens erzielen, irrelevant bleiben. So kritisch, autonom und unabhängig die Kunstwerke und Künstler im einzelnen sich auch glauben und geben mögen, und wie sehr auch die Ideologie diesen Schirm an Illusionen entfalten mag, so abhängig von mehrheitlichen Zustimmungen und so konsensfähig muß Kunst letztendlich sein, um als solche anerkannt zu werden. Unzählige Glieder in jahrelangen Ketten von Entscheidungsprozeduren wie Tageskritiken, Ausstellungen, Rezensionen, Essays, Bücher, Kunstmagazine, Sammlungen etc. bilden einen borromäischen Ring, der das Feld der Kunst zusammenhält. Außerhalb dieses Ringes existiert keine Kunst. Kunst ist also eine Landschaft der Exklusion.

III. Kunst als soziale Interaktion

Angesichts dieses Wissens ist es heute nicht mehr möglich, Kunst allein aus der Perspektive der rein individuellen Kreation und als Medium des persönlichen Ausdrucks zu betrachten. Sondern die Produktion von Kunst muß aus dem Gesichtspunkt einer Vielzahl von sozialen Komponenten und Institutionen gesehen werden, wobei das Werk bzw. die KünstlerInnen nur eine Komponente unter vielen sind. Kunst erscheint heute nicht mehr allein als Produkt eines einzigen Individuums, sondern als das Ergebnis einer kollektiven Dynamik der Inklusion oder Exklusion, als kollektiver Konsens. Die Kunst entsteht in einem komplexen Netz sozialer Interaktion zwischen Studio, Galerie und Museum, zwischen Ausstellung, öffentlichen Medien und Markt, zwischen Kritiker, Sammler, Kurator, aus subjektiven psychischen und aus sozialen Mechanismen und Strukturen. Diese vielen Faktoren der Kunstgemeinschaften sind es, die bestimmen, ob ein Werk ein Kunstwerk und zweitens, ob ein Kunstwerk ein relevantes bzw. ein gutes Kunstwerk ist und drittens, welche Eigenschaften dieses Kunstwerk hat.

Die Kriterien und Regeln jener sozialen Institutionen, die Kunst beobachten, kommentieren, archivieren, sammeln, ausstellen, kritisieren, sind die Erzeugerregeln für Kunst. Aus all diesen individuellen und sozialen Aktivitäten entsteht Kunst, „ein kompliziertes soziales Produkt", wie Robert Musil schrieb.[5]

IV. Kunst als Rauschen der kollektiven Beobachtung

Wie entsteht aus dem sozialen Subsystem namens Kunstgemeinschaft bzw. Kunstgesellschaft das, was wir Kunst nennen? Unsere Antwort ist: durch das Rauschen des Beobachters. Was uns am Kunstsystem interessiert, ist der dominierende generative Faktor des Beobachters. Beobachtungsprozesse erster und zweiter Ordnung sind die eigentlichen Erzeugerfaktoren und -regeln der Kunst. Das Rauschen der individuellen Produktion, das Eigensignal des Künstlers, ist weniger wichtig als das Rauschen der kollektiven Beobachtung. Das ist unsere These. Das Rauschen des Beobachters überlagert das Rauschen des Eigensignals. Nur so und nur dann entsteht Kunst. Würden wir nur das Rauschen des Eigensignals der KünstlerInnen vernehmen, würden wir bald unsere Ohren verschließen. Nur das Hören und Zuhören verleiht Werken den Rang von Kunst, verleiht den Stimmen ihre Bedeutung. Erst durch die Amplitudenüberlagerung von Fremd- und Eigensignal entsteht jenes Rauschen des Beobachters, das den Künstler zum bloßen Beobachter und den Beobachter zum Künstler macht und durch das jenes Geräusch entsteht, das wir Kunst nennen. Welches Geräusch entsteht, wenn wir das Wort „Kunst" aussprechen? Was für eine Bedeutung entsteht, wenn wir das Wort „Kunst" sagen? Was für ein Geräusch ist das Rauschen des Beobachters?

Eine Untersuchung der sozialen Konstruktion von Kunst muß also das Rauschen des Beobachters wichtiger nehmen als das Rauschen des Künstlers. Was uns daher interessieren muß, ist der Beobachter, das sind die sozialen Institutionen der Kunst, die im sozialen Feld der Kunst intervenieren und deren Effekte auf das beobachtete System entscheidend sind. Der Beobachter hat in jedem dynamischen System nicht nur Einfluß auf die Rezeption, auf die Erfahrung dieses Systems, z.B. von Kunst, sondern auch Einfluß auf die Gestaltung, auf die Produktion dieses Systems, z.B. von Kunst.

Die erste Beschreibung eines intelligenten Beobachters finden wir bei James Clerk Maxwell. Er hat in seinem Werk *Theory of Heat* (1872) zum ersten Mal ein „hypothetisches Wesen von molekularer Größe" beschrieben, das in einem thermodynamischen System interveniert und dadurch zu paradoxen Zuständen des Systems führt. Dieser Beobachter wird wegen seines Effektes auf das beobachtete System „Maxwells Dämon" genannt. Der entscheidende Einfluß des Beobachters wurde bekanntlich in der Quantenphysik radikalisiert, z.B. in der berühmten Heisenbergschen Unschärferelation: Position und Geschwindigkeit eines Elektrons können nicht gleichzeitig gemessen werden, da der Akt der Beobachtung entweder die Geschwindigkeit oder die Position des Elektrons verändert. Die Quantenphysik hat uns mit der Tatsache vertraut gemacht, daß wir bei der Beobachtung von Systemen und Objekten die Rolle des Beobachters nicht außer acht lassen dürfen.

Die Rolle des Kritikers bzw. aller Aktanten im sozialen Feld der Kunst ist der Position des Beobachters in der Quantenphysik vergleichbar. Alle

Aktanten im sozialen Feld der Kunst, ob Künstler, Kritiker, Sammler, Kurator, sind Beobachter. Sie definieren durch die Formulierung ihrer Beobachtungen das Sein und die Seinsweise des beobachteten Objektes. Der Diskurs, der durch Rezensionen, Reviews, Revues, durch Kritiken, Berichte, Abhandlungen und Monografien, in Printmedien entsteht, ist das entscheidende Rauschen des Beobachters. Die Aufnahme von Kunstwerken in bedeutende öffentliche und private Sammlungen ist mit der Ausstellungsbesprechung in Printmedien, mit der kritischen Aufnahme in gedruckten Kunstmuseen, was ja die Kunstmagazine längst sind, vergleichbar und daher ein weiteres Rauschen des Beobachters. Seit Leo Szilards Arbeit *Über die Entropieverminderung in einem thermodynamischen System bei Eingriffen intelligenter Wesen* von 1929 (wobei Szilard unter intelligenten Wesen eben Maxwells Dämonen verstand) wissen wir, daß Eingriffe intelligenter Beobachter in einem beobachteten System zur Entropieverminderung beitragen, d.h. zur Erhöhung der Information und Ordnung des Systems. Information und Beobachter sind also nicht mehr zu trennen. Der Beobachter vermindert durch seine Beobachtung die Entropie und erzeugt dadurch Information. Wenn also Niels Bohr für die Quantenphysik die berühmte These aufgestellt hat, daß der Akt der Beobachtung das, was wir beobachten, selbst beeinflußt, und John Archibald Wheeler noch einen Schritt weiter gegangen ist und gesagt hat, ein Phänomen ist nur dann ein Phänomen, wenn es ein beobachtbares Phänomen ist,[6] dann können wir für die Kunst daraus folgern, daß der Akt der Beobachtung das, was wir beobachten, nämlich die Werke von Individuen selbst beeinflußt und daß die Kunst als Phänomen nur dann existiert, wenn sie ein beobachtbares Phänomen ist. Beobachtbarkeit wird also zum grundlegenden konstitutiven Moment eines Phänomens, auch als Kunst.[7] Beobachtbarkeit beeinflußt nicht nur die Seinsweise eines Phänomens, sondern begründet eigentlich die Existenz dieses Phänomens. Die beobachtenden sozialen Aktanten der Kunst beeinflussen also nicht nur die Erscheinungsweise der Kunst, sondern begründen erst eigentlich die Existenz der Kunst. Die Information eines Kunstwerkes und die Beobachtung eines Kunstwerkes sind somit nicht mehr zu trennen. Der Beobachter erzeugt erst den Informationsgehalt eines Kunstwerkes. Kunstwerke sind also ganz und gar das Gegenteil von autonomen Werken. Sie sind vielmehr extrem Beobachter-relativ. Kunstwerke sind Spezialfälle der Beobachter-

Relativität und eben deswegen Produkte der sozialen Konstruktion von Konsens.

V. Kulturelle Aktanten als interne Beobachter

Bei diesen Beobachterprozessen, bei dieser Analyse bzw. Beobachtung von Beobachtungsvorgängen ist entscheidend, ob das betreffende Beobachtungssystem selbst Teil der Welt ist, in der sich der Beobachter befindet oder nicht. Ist das beobachtete System ein Teilsystem der Welt, der auch das Beobachtungssystem selbst angehört, bzw. ist der Beobachter Teil des Systems, das er beobachtet, sollten wir von einem internen Beobachter sprechen. Die Aktanten des sozialen Feldes der Kultur sind also interne Beobachter. Sie sind Teil des Systems, das sie beobachten. Ein intern festgestellter Zustand ist aber ein anderer als der objektiv existierende, wobei wir mit objektiver Existenz nichts anderes meinen als die Feststellung eines Zustands durch einen externen Beobachter. Ein externer Beobachter ist ein Beobachter außerhalb des Systems, das er beobachtet. Er gehört dem beobachtetem System nicht an. Im Falle der Kultur bedeutet dies – da die Kultur eine Landschaft der Exklusion ist – daß die Beobachtungen externer Beobachter irrelevant sind. Die Aktanten im sozialen Feld der Kultur sind alle interne Beobachter. Nur als solche bewirkt ihr Rauschen etwas. Dieser Zustand kann selbstverständlich wie bei Maxwells Dämon zu Paradoxien im beobachteten System, im Kunstsystem, führen. Information kann z.B. unrettbar verloren gehen, Urteile können irreversibel sein. Die Informiertheit eines Beobachters, das Wissen über seinen Eigenzustand wie das Wissen, ob er ein interner oder externer Beobachter ist, kann dabei helfen, Beobachterverzerrungen, die normalerweise einem internen Beobachter nicht zugänglich sind (z.B. ästhetische Fehlurteile, Fehlentscheidungen), zu erkennen. Die Abhängigkeit des Informationszustandes des Kunstsystems vom Beobachter ist also ein Argument für eine größere Liberalität bei der sozialen Konstruktion von Kunst.

Eine Quantentheorie für die Kultur ist vonnöten. Es muß von der klassischen historischen Vorstellung Abstand genommen werden, es gäbe eine reine und objektive Beschreibung der Vorgänge in der geistigen Welt, wo der Beitrag des Beobachters zu den beobachteten Phänomenen ausgeblendet bzw. subtrahiert werden kann. Von diesem Klischee und von dieser Illusion muß Abschied genommen werden. Gerade im Gegenteil: Besonders in der Medienwelt gilt Wheelers Theorem, daß nur ein beobachtetes Phänomen ein Phänomen ist. Nicht-Beobachtung und Nicht-Beachtung führen zu Ausschluß und Abgrenzung. Nur was in den Medien repräsentiert wird, existiert auch. Der Kritiker und Kulturtheoretiker praktiziert also nolens volens eine Beobachterrelativität. Das Eigensignal bzw. das Rauschen des beobachteten Objektes (beschriebenen Kunstwerkes) vermischt sich untrennbar mit dem Eigensignal bzw. dem Rauschen des Beobachters. Dies wäre eine quantenphysikalische Kunsttheorie in nuce, die für einen kritischen Umgang mit Informationen und Werken, deren Plazierung und Verdrängung, deren Publikation und Unterdrückung in der postindustriellen, informationsbasierten, kapitalistischen Gesellschaft angemessener ist als die klassische idealistische, wo der Einfluß des Beobachters (Kritikers, Kurators, Theoretikers, Herausgebers) auf das Beobachtete (auf das beschriebene und repräsentierte, durch die Beschreibung erst eigentlich konstruierte Kunstwerk und auf die durch die Repräsentation erst eigentlich codierte Information des Kunstwerkes) verleugnet bzw. vernachlässigt worden ist.

VI. Kunst als Rückkopplung von Beobachtungen

Der Beobachter als Aktant im sozialen Feld der Kunst ist aber stets mehr als das Subjekt, dem unterstellt wird, daß es weiß. Der Beobachter, egal ob er es weiß oder nicht weiß, agiert nämlich selbst in einem kulturellen Feld, das ihn beeinflußt. Der Beobachter selbst ist schon ein Produkt der sozialen Konstruktion von Kultur. Der Beobachter beeinflußt das Kunstwerk und das Kunstwerk beeinflußt den Beobachter, so wie ihn andere Beobachter beeinflussen. Der Beobachter steht also in einer Schleife. Kunst ist das Ergebnis von Beobachterschleifen, von Rückkopplungs-Mechanismen, von Meinungen. Der Beobachter steht also in einer Kette kultureller Rückkoppelungen. Zwischen Beobachter und Kunst besteht ein Kausalkreis oder ein „Circulus creativus", wie Heinz von Foerster gesagt hat. Die rekursive Verkettung von Beobachter und Beobachtetem ist eine Übertragung der kybernetischen Theorie der zirkulären Kausalketten in Lebewesen und Maschinen auf den Bereich der Kultur. Sie ist Teil dessen, was Willard Van Orman Quine „naturalisierte Erkenntnistheorie" genannt hat. Damit ist gemeint, daß der Mensch sich bei der Beobachtung der Umwelt bzw. der Natur nicht aus den Ergebnissen seiner Beobachtung subtrahieren kann. „Wir selbst sind Teil der Natur", wie Niels Bohr gesagt hat.

VII. Kunst, Kybernetik und Konstruktivismus

Eben weil der Mensch Bestandteil der ihn umgebenden Realität ist, kann der Mensch diese Realität erkennen. Unsere Theorien sind Teil dessen, was wir wahrnehmen. Was erzählt also das Auge dem Gehirn und was das Gehirn dem Auge? Solche Fragen bewegten Warren McCulloch, dessen Förderung Heinz von Foerster so viel verdankt. Wie verarbeitet das Gehirn die von den Sinnesorganen gelieferten Daten und konstruiert daraus die Welt? Von Foerster interpretierte die kognitiven Prozesse als komputationelle Algorithmen, die selbst berechnet werden. Damit diese Berechnungen von Berechnungen, sogenannte rekursive Berechnungen, nicht ins Beliebige regredieren, referiert er auf sein Postulat der epistemischen Homöostase: „Das Nervensystem als Ganzes ist so organisiert, daß es eine Stabilität errechnet."[8] Damit der Beobachter sich ein Stehpult vorstellen kann oder weiß, daß er vor einem Stehpult steht, muß keine winzige Repräsentation desselben irgendwo in ihm sitzen, sondern was er dazu braucht, ist eine Struktur, die ihm die verschiedenen Manifestationen einer Beschreibung errechnet. So werden also Wahrnehmung und Erkenntnis zu einem „Prozeß der Erwerbung von Kenntnis als rekursives Rechnen."[9] Im Erkennen wird also eine Realität errechnet. „Erkennen" wird zum „Errechnen einer Beschreibung einer Realität". Im neuronalen Netzwerk geschieht dieses Errechnen, Errechnen von Beschreibungen, Beschreibungen von Beschreibungen, Errechnen von Errechnen. „Erkennen ist Errechnung einer Errechnung einer Errechnung..." Eine Erkenntnistheorie muß also den Beitrag des Beobachters zur Kenntnis nehmen und damit zirkuläre Kausalketten, Rückkopplungsprozesse etc. Verallgemeinert kann man sagen, eben weil ein Teil der Ordnung des

Universums dem Menschen inhärent ist, kann er die Ordnung des Universums erkennen.[10] Die neuronalen Mechanismen der Errechnung von Realität sind deswegen so erfolgreich, weil sie eben Teil dieser Realität sind. Diese Theorie der zirkulären Kausalketten, der kreiskausal geschlossenen und rückgekoppelten Mechanismen in biologischen und sozialen Systemen führte zur Theorie sich selbst organisierender Systeme, an deren Entwicklung neben McCulloch und Heinz von Foerster vor allem Norbert Wiener, John von Neumann, Gregory Bateson, Julian Bigelow, Arturo Rosenblueth u.a. beteiligt waren. Aus dem Studium der Neurophysiologie des Beobachters und rekursiver Beobachterprozesse entstand eine allgemeine Theorie der Kognition, in deren Mittelpunkt der Beobachter als Teil eines Ganzen stand, mithin der Beobachter die zentrale Rolle des Konstrukteurs jenes Netzwerks von Begriffen und Beziehungen innehat, die wir unsere Erfahrungswelt bzw. Wirklichkeit nennen. An der Entwicklung dieser Philosophie des radikalen Konstruktivismus haben neben den Österreichern Heinz von Foerster, Paul Watzlawick und Ernst von Glasersfeld vor allem Humberto Maturana, Francisco Varela und vor allem Jean Piaget mitgewirkt.[11] Mit dieser Theorie ist die Position des Wiener Kreises, die sprachkritische Analyse und satz-logische Konstruktion von Welt, z.T. vom Kopf auf die Füße gestellt worden. Die durch die sprachkritische Brille betriebene Analyse der Konstruktion von Welt als Konstruktion von Sätzen und deren Wahrheitsfunktionen sind auf die materielle Basis der Erkenntnis-Tätigkeit, das Gehirn und seine Organe, welche die Sätze und Wahrnehmungen produzieren, vertieft worden. Es geht immer noch um die rationale Erklärung der Konstruktion von Welt, aber es wird dabei das linguistische Modell verlassen und eine neurophysiologische Brille aufgesetzt. Die Welt wird als Konstruktion von Sinnesdaten statt von Sätzen (aber ebenfalls nach logizistischen Modellfunktionen) interpretiert. Nicht die Konstruktion von Sinn durch Sätze, sondern die Konstruktion von Sinn durch Sinnesdaten ist der Untersuchungsgegenstand.

Auf die Kunst angewendet können wir auch in der Kultur von zirkulären Kausalketten und selbstorganisierenden Prozessen im System der Kunst sprechen. Auch dort gibt es rekursive Beobachterprozesse und steht der Beobachter als Teil eines Ganzen im Mittelpunkt. Der Betrachter

Weibel, Kunst als soziale Konstruktion

spielt die zentrale Rolle des Konstrukteurs jenes Netzwerks von Begriffen und Beziehungen, die wir Kunst nennen.

VIII. Kunst als Sprachspiel

Die Differenz von Satz oder Sinnesdaten als Bausteine der Konstruktion von Welt ändert aber nicht den Bauplan bzw. das Programm. Zwar können wir nicht statt „Der Satz ist ein Bild der Wirklichkeit" (L. W., TLP 4.01) sagen „Das Sinnesdatum ist ein Bild der Wirklichkeit", aber wir können sagen: „Die Sinnesdaten produzieren ein Bild der Wirklichkeit". Wir sehen die Matrix, die Struktur bleibt die gleiche.

In seiner Theorie des Sprachspiels, die Wittgenstein ab 1930 entwickelte, war es ihm daher möglich, von der logischen Analyse der Sprache zu einer Theorie des Gebrauchs der Sprache überzugehen. Der Sinn der Sätze, ähnlich wie der Sinn, den die Sinnesdaten liefern, ist dann abhängig von ihrem Gebrauch in konkreten Situationen und bestimmten Handlungszusammenhängen. Damit wir uns verständigen können, muß der Sprachgebrauch bestimmten Regeln gehorchen. Solche Regelzusammenhänge nennt Wittgenstein „Sprachspiele". Das Subjekt ist von diesen nicht unabhängig, weder im Denken noch im Sprechen. Die kommunikative Handlung und die Sprache bilden eine Einheit: „Das Wort ‚Sprachspiel' soll hier hervorheben, daß das Sprechen der Sprache ein Teil ist einer Tätigkeit oder einer Lebensform."[12] Das Ganze, die Sprache und die Tätigkeiten, mit denen sie verwoben ist, nennt er Sprachspiel. In seiner sogenannten Spätphilosophie gibt Wittgenstein also der sozialen Situation der sprachlichen Äußerung eine privilegierte Position. Die syntaktische bzw. formale Autonomie der Sprache wird also aufgehoben. Wörter, Sätze, größere sprachliche Einheiten beziehen ihre Bedeutungen durch soziale Kommunikation, durch die Lebensform, in der sie stehen. „Zu einem Sprachspiel gehört eine ganze Kultur."[13]

Um ein Kunstwerk kompetent beurteilen zu können, müßte daher die gesamte dahinterstehende Kultur gekannt werden. Ein Beobachter beurteilt ein Kunstwerk mit der gesamten ihm zur Verfügung stehenden Kultur. Der Beobachter bettet die künstlerischen Äußerungen in den kulturellen Gesamtzusammenhang ein. Die kulturellen Aktanten agieren also in einem vorgegebenen Rahmen, in vorgegebenen Bedingungen und Kontexten. Dieser Rahmen bzw. Kontext kann der individuelle konkrete Handlungskontext sein, aber auch die gesamte Kulturgemeinschaft und Lebensform. Das Rauschen des kollektiven Beobachters ist also die Lebensform, die ganze Kultur.

IX. Kunst als dialogisches Prinzip

Die Abhängigkeit der Bedeutung von Sätzen vom sozialen Umfeld hat auch der russische Literaturtheoretiker und Semiologe Michail M. Bachtin (1895–1973) betont. Er hat eine Theorie des dialogischen Prinzips ausgearbeitet, gemäß der gilt:

Die wahre Realität der Sprache als Rede ist nicht das abstrakte System sprachlicher Formen, nicht die isolierte monologische Äußerung und nicht der psychologische Akt ihrer Verwirklichung, sondern das soziale Ereignis der sprachlichen Interaktion, welche durch Äußerung und Gegenäußerung realisiert wird.[14]

Jede kulturelle Äußerung erhält ihre Form und Bedeutung in allen ihren wichtigsten Aspekten nicht von den subjektiven Erfahrungen des Produzenten, sondern von der sozialen Situation, in der die Äußerung produziert wird. Alle Aktivitäten und Produkte des menschlichen Diskurses sind gemäß Bachtin Produkte des sozialen Verkehrs zwischen Mitgliedern einer gegebenen kulturellen Gemeinschaft. Die Autonomie des Autors und des künstlerischen Werkes wird radikal relativiert. Die subjektiven Faktoren werden dezimiert und die objektiv sozialen Faktoren werden betont. Der Leser wird zum Co-Autor, der Betrachter wird zum Co-Künstler. Die Produktion von Kunst wird zur Reaktion eines Autors auf die Reaktion eines Autors. Alle kulturellen Äußerungen werden zu Reaktionen von Beobachtern auf die Reaktionen von Beobachtern. Das Errechnen des Errechnens von Realität wird zur Reaktion von Autoren auf die Reaktionen von Autoren und schließlich zum Beobachten von Äußerungen von Beobachtern von kulturellen Ereignissen. So pflanzt sich ein Denkstil fort, vom Sprachspiel über die Sprache als dialogische Handlung zum Konstruktivismus.

Jedes Verstehen ist das In-Beziehung-Setzen des jeweiligen Textes mit anderen Texten und die Umdeutung im neuen Kontext. Der Text lebt nur, indem er sich mit einem anderen Text, dem Kontext, berührt,

schrieb Bachtin 1940 in *Methodologie der Literaturwissenschaften.*[15]

X. Kunst als Erkennen sozialer Prozesse

Der soziale Kontext ist mithin der Generator des Textes. Die soziale Struktur ist also intrinsisch im Kunstwerk vorhanden, genauso wie der Beobachter Teil eines Ganzen war, Teil des Systems ist, das er beobachtet. Wie Welt und Beobachter daher nicht vollständig separierbar sind, und bei Wittgenstein und Bachtin auch Sprache und Leben bzw. Kunst und Leben nicht separierbar sind, so ist in unserer Theorie auch der Beobachter nicht vom Werk separierbar.

Die historischen Definitionen der Kunst stellten die psychische Verfassung der Produzenten in den Mittelpunkt. Unsere Definition stellt die soziale Kondition, die Lebensform (z.B. die psychische Verfassung des Beobachters), in den Mittelpunkt. Die soziale Verfassung der kulturellen Institutionen und die psychische mentale Prägung von deren Mitgliedern werden als für die Gestaltung der Wirklichkeit durch die Kunst gleichwertig wie die psychische und soziale Verfassung des sogenannten Produzenten evaluiert. Die Kunst wird als ideologisch konstruiertes soziales Produkt transparent. Das Gewebe von Fiktionalisierung und Idealisierung, das den Kunstdiskurs begleitet, wird ersetzt durch eine Empirie, welche die sozialen und ideologischen Bedingungen thematisiert, unter denen Kunst produziert, distribuiert und rezipiert wird. Dadurch werden die sozialen Codes und die verborgenen bzw. verdrängten Faktoren der gesellschaftlichen Konstruktion von Kunst durch die Instanzen und Institutionen des kulturellen Feldes zutage gefördert. Klassische Ästhetik wird daher ersetzt durch Diskursanalyse. Kunst wird zur Produktion von Diskurskontexten bzw. von Diskursanalysen. Alle formalen, sozialen und ideologischen Elemente der Kunst werden analysiert bzw. für die Produktion von Kunst verwendet. Dabei kann der Anteil des Sozialen bei der Konstruktion des Diskurses der Kunst nicht mehr geleugnet werden. Die diskursive Natur, die Theorie- und Ideologieabhängigkeit auch sogenannter realer Entitäten wie soziale Institutionen (Galerien, Museen, Kunstmagazine) wird betont. Kunst wird nicht nur nicht mehr denkbar ohne formale Analyse, ohne Analyse der Lebensform, ohne Interdependenz mit dem Leben, sondern auch nicht mehr denkbar ohne diskursive Elemente und ohne die Interdependenz mit dem Beobachter. „Art is a social product.", lautet daher der erste Satz von Janet Wolffs Buch *The Social Production of Art* (1981), in dem die soziale Natur der Produktion, Distribution und Rezeption der Kunst untersucht wird, die sozialen und institutionellen Koordinaten der künstlerischen Praktik. Von der Charakteristik der künstlerischen Produktion als Manufaktur („Poetry is a manufacture", Majakovski) über die sozialen, psychologischen, neurologischen Faktoren, welche die Kreativität determinieren, bis zur kollektiven Produktion von Kunst (Film) bewegt sich Wolff immer mehr weg vom Bild des Künstlers als Kreator und zeigt nicht nur die sozialen und ideologischen Faktoren, die den Autor des Werkes beeinflussen, sondern auch die aktive und partizipatorische Rolle des Publikums bei der Kreation des Werkes („Interpretation as Re-creation", J. Wolff). Das Buch *The Social Construction of Reality* (1966) von Peter L. Berger und Thomas Luckmann zeigt Realität als eine Art kollektiver Fiktionen, wie die Kunst ebenfalls als eine Art kollektiver Fiktionen erscheinen könnte. Pierre Bourdieus *Elemente zu einer soziologischen Theorie der Kunstwahrnehmung* (1970) nennt eine dieser Funktionen beim Namen, nämlich die spezifisch ästhetische Betrachtungsweise. Es gibt keine reine oder natürliche Wahrnehmung des Kunstwerkes, denn beide setzen einen langen historischen Prozeß voraus. Dieses „unbebrillte Auge" ist in Wahrheit doch nur klassenspezifisch.

Als ein historisch entstandenes und in der sozialen Realität verwurzeltes System hängt die Gesamtheit dieser Wahrnehmungsinstrumente, die die Art der Appropriation der Kunst-Güter in einer bestimmten Gesellschaft zu einem bestimmten Zeitpunkt bedingt, nicht vom individuellen Willen oder Bewußtsein ab. Sie zwingt sich den einzelnen Individuen auf, meist ohne daß sie es merken, und bildet von daher die Grundlage der Unterscheidungen, die sie treffen können, wie auch derer, die ihnen entgehen.[16]

Die Produktion und Aneignung von Kunst beruht also auf einem in der sozialen Realität verwurzelten System. Was gesehen und was nicht gesehen wird, ist dem einzelnen Individuum durch seine Lebensform, die Geschichte seiner Kultur und durch seine soziale Realität, in der er lebt, aufgezwungen. Individueller Blick und sozialer Blick sind nicht zu trennen. Das, was gesehen wird, wie auch, wie gesehen wird, sind Folgen der sozialen und kulturellen Konditionierung.

Hat der Wiener Kreis einen linguistischen Ansatz bei der Analyse der Konstruktion der Welt geltend gemacht und hat der radikale Konstruktivismus diesen um den experimentellen neurophysiologischen Ansatz der Kybernetik erweitert, indem die Konstruktion und das Verstehen von Welt bzw. die Konstruktion von Kognition im wesentlichen als eine Konstruktion des Gehirns und seiner Gehilfen, der Sinnesorgane und der Sprache, interpretiert wird, so soll der von uns vorgeschlagene Konstruktivismus beide Ansätze um die soziale Situation erweitern. Die Wahrnehmungstheorie und deren physiologischer Ansatz haben für die Analyse und für das Verstehen von Kunst viel geleistet, ebenso der informationstheoretische Ansatz. Die Theorie der sozialen Konstruktion von Kunst versteht sich als eine Erweiterung der genannten Ansätze um die Elemente und Faktoren der sozialen Bedingungen bzw. sozialen Institutionen, welche die Kunst als Gewebe von Begriffen und Praktiken jenseits der Werke und Personen definieren. Das Soziale der Kunst wird dabei zu einer internen und funktionsauslösenden Kategorie, zu einem generativen Prinzip. Zwischen dem institutionellen Aufbau der modernen Gesellschaft und der modernen Kunst werden gemeinsame Strukturen sichtbar.

Anmerkungen

1. Ernst Kris/Otto Kurz, Die Legende vom Künstler. Ein geschichtlicher Versuch. (1934), Frankfurt/M., Suhrkamp, 1980. Ernst Kris, Die ästhetische Illusion. Phänomene der Kunst in der Sicht der Psychoanalyse. (1952), Frankfurt/M., Suhrkamp 1977. Edgar Zilsel, Die Entstehung des Geniebegriffes. Ein Beitrag zur Ideen-geschichte der Antike und des Frühkapitalismus. Tübingen, Mohr, 1926. Edgar Zilsel, Die Geniereligion. (Leipzig und Wien, Braumüller, 1918), Frankfurt/M., Suhr-kamp, 1990. Edgar Zilsel, Die sozialen Ursprünge der neuzeitlichen Wissenschaft. Frankfurt/M., Suhrkamp, 1976.
2. Ernst Fischer, Von der Notwendigkeit der Kunst. Hamburg, Claassen Verlag, 1967. Arnold Hauser, Sozialgeschichte der Kunst und Literatur, 1951. Arnold Hauser, Soziologie der Kunst. München, Beck, 1974.
3. Niklas Luhmann, Das Medium der Kunst. Delfin 1986. Niklas Luhmann, Beob-

achtungen der Moderne. Opladen, Westdeutscher Verlag, 1992. Niklas Luhmann/Frederick D. Bunsen/Dirk Baecker, Unbeobachtbare Welt. Haux Verlag, Bielefeld 1990. Niklas Luhmann, Soziale Systeme. Frankfurt/M., Suhrkamp, 1987.
4. John Law, Organizing Modernity. Blackwell, Oxford 1994. John Law (Hg.), A Sociology of Monsters. London, Routledge, 1991. Michael Callon/John Law/Aric Rip (Hg.), Mapping the Dynamics of Science and Technology: sociology of science in the real world. London, Macmillan, 1986. John Law/Wiebe E. Bijker, Shaping Technology – Building Society: studies in sociotechnical change. MIT Press 1992. Wiebe E. Bijker/Thomas P. Hughes/Trevor J. Pinch (Hg.), The Social Construction of Technical Systems. MIT Press 1987. Karin D. Knorr-Cetina/Michael Mulray (Hg.), Science Observed: perspectives on the social study of science. London, Sage, 1983. Karin Knorr-Cetina, The Manufacture of Knowledge. An Essay on the Constructivist and Contextual Nature of Science. Oxford 1981. (dt.: Die Fabrikation von Erkenntnis. Frankfurt/M., Suhrkamp, 1991.) Bruno Latour, Science in Action: how to follow scientists and engineers through society. Open Univ. Press 1987. Bruno Latour/Steve Woolgar, Laboratory Life: the social construction of scientific facts. Princeton 1986.
5. Siehe Peter Weibel (Hg.), Kontext Kunst. DuMont, Köln 1994. Peter Weibel (Hg.), Quantum Daemon. Institutionen der Kunstgemeinschaft. Wien, Passagen, 1996.
6. John A. Wheeler/Wojcieck H. Zurek (Hg.), Quantum Theory and Measurement. Princeton 1983. Harvey S. Leff/Andrew F. Rex (Hg.), Maxwell's Demon. Entropy, Information, Computing. Bristol, Adam Hilger, 1990.
7. Ganz im Gegensatz zur Theorie von Niklas Luhmann (siehe Anm. 3).
8. Heinz von Foerster, „Kybernetik einer Erkenntnistheorie", in: Kybernetik und Bionik. München, Oldenburg, 1974, S. 44.
9. op. cit.
10. Heinz von Foerster, „Circuity of Clues to Platonic Ideation", in: Aspects of the Theory of Artificial Intelligence, Plenum Press 1960.
11. Ernst von Glasersfeld, Wege des Wissens. Heidelberg, Carl Auer, 1997. Heinz von Foerster, Observing Systems. Salinas, CA 1981. Humberto R. Maturana/Francisco J. Varela, Autopoiesis and Cognition. Dordrecht-Boston 1980. H. Maturana, Erkennen: Die Organisation und Verkörperung von Wirklichkeit. Braunschweig, Vieweg 1982. Jean Piaget, La construction du réel chez l'enfant. Neuchâtel 1937. Jean Piaget, Biologie et connaissance. Paris 1967. Jean Piaget, Le structuralisme. Paris 1970. Heinz von Foerster, „On constructing a reality", in: F. E. Preiser (Hg.), Environmental design research, Bd. 2, 1973.
12. Ludwig Wittgenstein, Philosophische Untersuchungen, Nr. 23. Frankfurt/M., Suhrkamp, 1984.
13. Ludwig Wittgenstein, Vorlesungen und Gespräche über Ästhetik, Psychologie und Religion. Göttingen 1968, S. 29.
14. Michail M. Bachtin, Die Ästhetik des Wortes. Hg. Rainer Grübel, Frankfurt/M., Suhrkamp, 1979, S. 32.
15. op. cit., S. 52f.
16. Pierre Bourdieu, Zur Soziologie der symbolischen Formen. Frankfurt/M., Suhrkamp, 1970, S. 174.

Nikola Bock

Tanz mit der Welt

Von der Schlange, die sich selber in den Schwanz beißt. Vorbemerkung zum Konstruktivismus und zur Kybernetik

Der Umbruch, der in unserem Jahrhundert das menschliche Weltbild prägt, geht tiefer als der kopernikanische, der den Menschen aus seiner erträumten Vorrangstellung im Mittelpunkt des Universums vertrieb. Die Aufgabe dieser Idee ließ damals immer noch den Glauben zu, die Menschen seien die Krönung der Schöpfung und wären als einzige Lebewesen dazu fähig, die Beschaffenheit der Schöpfung zumindest in großen Zügen zu erkennen. Das zwanzigste Jahrhundert hat diesen Glauben illusorisch gemacht,

so skizziert Ernst von Glasersfeld, ein wichtiger Vertreter des Konstruktivismus und guter Freund Heinz von Foersters den erkenntnistheoretischen Wandel unserer Zeit.

Was immer wir unter Erkenntnis verstehen wollen, es kann nicht mehr die Abbildung oder Repräsentation einer vom Erlebenden unabhängigen Welt sein. Daß Relativitätstheorie und Quantenmechanik zu Widersprüchen bei der Suche nach objektiver Erkenntnis geführt haben, ist schon in den dreißiger Jahren von einigen Physikern sehr deutlich gesagt worden, doch es hat lange gedauert, bis diese Einsicht das allgemeine Weltbild zu beeinflussen begann.

Die Grundfrage der Aufklärung: „Was müssen wir wissen?" entstammte noch der Vorstellung einer objektiven Realität. Sie prägt bis heute das traditionelle Wissenschaftsverständnis. Die ‚geistige Revolution' des 20. Jahrhunderts stellt die grundlegenderen Fragen: „Wie können wir wissen?" und „Wo sind die Grenzen unseres Wissens?". Die Welt, in der wir leben, ist nicht außerhalb, nicht unabhängig von uns; wir erschaffen sie gemeinsam im Prozeß des Erkennens und im Verwandeln der Erkenntnis in Sprache. Realität finden wir nicht „draußen", sie entsteht im Auge des Betrachters. Bewußtsein findet nicht im Gehirn statt, sondern in den Beziehungen der Menschen untereinander. Das sind die zentralen Themen einer neuen Erkenntnistheorie, des Konstruktivismus, mit denen sich Physiker, Biologen, Psychologen und Sprachwissenschaftler heute beschäftigen.

Die entscheidenden Etappen dieser geistigen Entwicklung ist Heinz von Foerster mitgegangen: die analytische Logik der „Wiener Schule" um den Philosophen Ludwig Wittgenstein; die ersten Schritte einer neuen Wissenschaft, der Kybernetik, in den fünfziger Jahren in den USA, die sich um ein neues Verständnis menschlicher Erkenntnismöglichkeiten bemühten und den Dualismus der traditionellen Wissenschaft von Subjekt und Objekt, innen und außen zu durchbrechen suchten.

Die Kybernetik beschäftigt sich mit der Selbstorganisation von nichtlebenden und lebenden Organismen. Statt Gründe in der Außenwelt – sogenannte Primärargumente – für das Verhalten eines Systems zu bestimmen, gehen sie von der Selbststrukturierung und Selbstbezüglichkeit aus. Lebewesen realisieren sich also als lebendiges System durch das Produkt ihrer eigenen Operationen: Es gibt keine Sprache ohne Sprache. Es gibt keine Beobachtung ohne einen Beobachter. Lebende Systeme bringen sich selbst hervor: Autopoesis, die zum Gegenstand einer Kybernetik der Kybernetik, oder auch die Kybernetik zweiter Ordnung genannt, gemacht werden kann. Diese Ansätze hat Heinz von Foerster durch seine Arbeiten entscheidend beeinflußt. Seine Arbeit über die Unterscheidung von System und Umwelt „Über selbst-organisierende Systeme und ihre Umwelten", in dem er das berühmte Order-from-noise-Prinzip entwickelt, hält bis heute die Selbstorganisationsforschung in Atem.

Die Erkenntnis, daß der Beobachter, das beobachtete Phänomen und der Prozeß des Beobachtens selbst eine Ganzheit bilden, die nur um den Prozeß völlig absurder Verdinglichungen in ihre Einzelelemente zerlegt werden kann, diese Erkenntnis hat weitreichende Folgen für unser Verständnis des Menschen. Vor allem hat sie aber auch Folgen für das Verständnis der Methoden, mit denen der Mensch seine Wirklichkeit konstruiert, dann darauf reagiert, als existiere sie unabhängig von ihm „da draußen", und schließlich vielleicht bestürzt feststellt, daß seine Reaktionen die Wirkung und die Ursache seiner Konstruktion der Wirklichkeit sind,

so formuliert es der bekannte Psychotherapeut und Autor Paul Watzlawick, ein guter Freund Heinz von Foersters.

Dieser „gekrümmte Raum" des menschlichen Erfahrens der Welt und seiner Selbst, dieser „circulus creativus" – so nennt es Heinz von Foerster – findet seinen Ausdruck in dem alten Bild der Schlange, die sich selbst in den Schwanz beißt, dem Ouroboros.

Abb. 1: Heinz von Foerster und Nikola Bock im Gespräch

Dies ist kein Film über, sondern mit Heinz von Foerster. Er ist im eigentlichen Sinn Protagonist des Filmes.

Eingebunden in sein Leben und seinen Alltag wollen wir sein Verständnis des Konstruktivismus begreifen, seine Sichtweise von Wahrnehmung und Sprache, Wissen und Erfahrung, Wissenschaft und Magie nachvollziehen. Mit ihm zusammen wollten wir seine ‚Mitstreiter' auf diesem Weg, Paul Watzlawick, Humberto Maturana und Ernst von Glasersfeld, treffen. Paul Watzlawick als Psychotherapeut, Humberto Maturana als Biologe und Ernst von Glasersfeld als Kognitionspsychologe gelten jeder auf seinem Gebiet als entscheidende Wegbereiter des Konstruktivismus. Mit Hilfe von Trickeffekten und Inszenierungen haben wir das Spiel mit der Wahrnehmung als filmisches Mittel aufgegriffen.

Pescadero, ein Dorf mit dreihundert Einwohnern, an der Küste des Pazifischen Ozeans, ist ein langgezogenes Straßendorf mit flachen Holzbauten. Über allem flattert die amerikanische Flagge. Man fühlt sich wie im „Wilden Westen". Seit zwanzig Jahren leben hier Heinz und Mai von Foerster, er 85jährig, sie ein paar Jahre jünger, auf ihrem Grundstück „Rattlesnake Hill". Sie leben ein einfach-pragmatisches, amerikanisches Farmerleben.

Abb. 2: Heinz und Mai, Downtown Pescadero

Abb. 3: Rattle Snake Hill, Pescadero, Kalifornien

Sobald man ihr Haus betritt, befindet man sich in einer anderen Welt, mitten in europäischer Geschichte: Wohin man geht, Bücher, Bilder, Erinnerungsstücke aus dem Wien der Zwanziger/Dreißiger Jahre, dem Berlin der Vierziger Jahre. Bilder von Egon Schiele, René Magritte, M.C. Escher. Holzschnitte, die die Tänzerin Grete Wiesenthal zeigen. Dazwischen Bilder und Photos aus New York, Illinois, Kunsthandwerk aus Afrika, Skulpturen chinesischer Erdkunst – eine verrückte Sammlung, in der die verschiedenen Stationen ihres wechselvollen Lebensweges sichtbar werden. Die Mischung aus amerikanisch und europäisch ist erstaunlich.

Ein frei gewähltes Emigrantenleben, dessen Kernpunkt bis heute darin zu bestehen scheint, die Begegnung mit anderen Menschen zu suchen.

Sie haben Gäste aus aller Welt. Ob Informatiker oder Anthropologen, Mathematiker oder Psychologen – aus Europa oder den Vereinigten Staaten, aus Südamerika, für alle ist ihr Haus eine Art Anlaufpunkt. Hier kann man neue Fragen stellen, neue Wege suchen. Heinz von Foerster ist ein Gesprächspartner, der trotz seines großen Wissens nie dominiert. In der Begegnung mit ihm öffnet sich der eigene Horizont: seine große geistige Offenheit steckt an.

Sein eigener Weg hat ihn durch viele Fachdisziplinen geführt: Physik, Mathematik, Informatik, Anthropologie, Psychologie und viele mehr. Dennoch interessiert er sich mehr für die Menschen als für die Wissenschaft. Er gehört zu den Wissenschaftlern, die man Anfang dieses Jahrhunderts noch Gelehrte nannte, da sie sich von ihren eigenen Fragen und nicht den jeweiligen Grenzen ihres Faches bestimmen ließen. Heinz von Foerster ist eine Art Renaissancemensch, der einem ebensogut die Sternbilder wie die Funktionsweise des ersten Computers, die Nutzbarmachung der Glasfaser als Datenträger für Kommunikation – seine Erfindung – und die Anwendung konstruktivistischer Theorien in der Familientherapie, den Unterschied zwischen trivialen und nicht-trivialen Maschinen oder die Bedeutung der Magie für die Entstehung der Wissenschaften erklären kann. Sein Bestreben ist, die Dinge zusammenzudenken.

Wir sitzen noch länger auf der Terrasse. Heinz beschreibt sein Verhältnis zum Wirklichkeitsbild der traditionellen Wissenschaft.

Die orthodoxe Wissenschaft basiert auf der Idee, die Welt könnte objektiv beobachtet werden. Die Idee ist absurd in mehrfacher Hinsicht: Erstens gibt es keine Beobachtung ohne einen Beobachter und zweitens können wir nur durch unsere Beobachtung, unsere Sinne die Welt wahrnehmen. Wir können also gar nicht wissen, wie die Realität ist. Wir sind es, die unsere Realität, unsere Gegenwart ständig neu erfinden, konstruieren. Die Sache mit der Wahrheit, die würde ich gerne verschwinden machen.

„Die Idee, unser Wissen sei Abbildung einer realen Welt, ist schon lange widerlegt. Wir müssen anerkennen, daß unser Wissen nur auf unserer eigenen Erfahrung beruht." Wir werden dies anhand des Phänomens des Blinden Flecks deutlich machen. Heinz erklärt: „Wir sehen ja nicht, daß wir nicht sehen. Wir glauben nur einfach, alles ist da."

Und, direkt an den Zuschauer gewendet: „Kommen Sie näher an den Bildschirm. Schließen Sie das linke Auge, fixieren Sie den Stern."

Abbildung 1: Halten Sie das Buch mit der rechten Hand, schließen Sie das linke Auge und fixieren Sie den Stern. Bewegen Sie sodann das Buch langsam entlang der Sehachse vor und zurück und beobachten Sie, wie der schwarze Punkt verschwindet, wenn der Abstand zwischen Auge und Buch um die 30 bis 35 cm beträgt. Fixieren Sie weiterhin den Stern und bewegen Sie das Buch langsam parallel zu sich selbst nach oben, nach unten, nach links oder rechts, oder auch nur in Kreisen: der schwarze Punkt bleibt unsichtbar.

Daraus ergibt sich, daß das Problem hier nicht darin besteht, daß wir nicht sehen, daß wir nicht sehen. Dies ist ein Problem zweiter Ordnung und wird in den orthodoxen Erklärungen, wie sie oben zitiert wurden, großzügig übersehen. Die Unfähigkeit, das Problem zu sehen, ist also ein erneuter Fall des Blinden-Fleck-Phänomens, nunmehr aber auf der Ebene des Erkennens. Meine Strategie, Begriffe zweiter Ordnung einzuführen, die Negationen enthalten, sollte auf einen Blick ihre ungewöhnliche logische Struktur offenlegen, denn in diesem Fall ergibt die doppelte Negation keine Bejahung: die Verneinung des Nichtsehens ergibt nicht Sehen.

Beim Kaffeekochen ebenso wie beim Strandspaziergang, bei der Arbeit auf seinem Gelände oder im Whirlpool sitzend: wo er geht und steht, spricht Heinz über Sprache und Ethik, Wahrnehmung und Erfahrung, Kybernetik und Chaostheorie. Leben und Arbeit, Philosophie und Alltag gehen ineinander über. Er ist ein begnadeter Erzähler, der es versteht, komplizierte Zusammenhänge in einfachen Worten auszudrücken. Wenn man mit ihm unterwegs ist, spürt man seine große Lust in Begegnungen mit anderen Menschen, ob im Gespräch oder auf Vorträgen, ob zu Hause oder auf Reisen, Menschen „staunen machen" zu wollen. So hält er auf Kongressen oft nicht den angekündigten Vortrag, sondern kopiert und verteilt diesen, um dann einen anderen zu halten. Gesprächen gibt er oft ungeahnte Wendungen, indem er völlig andere Fragen stellt, Geschichten aus einem ganz anderen Zusammenhang erzählt. Der Bezug zum Thema geht einem oft erst viel später auf. Besonders bemerkenswert an ihm ist die Tatsache, daß er ohne festgelegte Erklärungen auskommt. Das Staunen über die Welt ist sein eigentliches Grundmotiv. Er zaubert mit Worten.

Beim Kaffeekochen in der Küche beschreibt er sein Verständnis von Sprache.

Sprache ist ein System, das sich selbst erzeugt, das Beispiel schlechthin für ein kybernetisches System. Dabei geht es nicht um die Luftströme und Zischlaute, die wir ausstoßen, wenn wir den Mund aufmachen. Das ist nichts, das ist nur Erscheinung, Monolog. Die Bedeutung fängt erst im Dialog an. Deswegen sage ich immer: der Hörer bestimmt die Bedeutung einer Aussage – nicht der Sprecher.

Sprache ist wie ein Tanz, in dem zwei Menschen sich gegenseitig erfinden und dann zu einer Einheit werden.

Seine Frau Mai ist zurückhaltender und stiller als Heinz. Zugleich ist sie sehr aufmerksam und herzlich. Die Liebe zur Sprache teilen sie miteinander. Sie war Schauspielerin in den Dreißiger Jahren in Wien unter der Leitung von Max Reinhardt. Mai sitzt an ihrem Lieblingsplatz direkt am Bücherregal im Wohnzimmer und erzählt gerne davon.

Das wichtigste war dieser lebendige Austausch mit dem Publikum. Dieser ständige Dialog mit den Zuschauern, den man ununterbrochen spürte. Ich habe ein sehr enges Verhältnis zur Sprache. Seit ich fünf Jahre alt war, habe ich jeden Tag ein Buch gelesen. Ich beurteile Menschen nach ihrer Sprache, weißt du. Was für andere Leute Gesichter sind, ist für mich, wie sie sprechen.

Mai von Foerster sitzt meist im Rollstuhl. Jeden Nachmittag macht sie dennoch gestützt auf ihren Mann und ihren Stock den gemeinsamen Spaziergang über ihr Gelände. Dies ist so weitläufig, wie es für kalifornische Verhältnisse üblich ist.

Wer hätte je gedacht, daß wir hier einmal landen würden. Wir hatten mal diese schöne Wohnung in Berlin, direkt neben der Gedächtniskirche. Da haben uns die Bomben vertrieben. Dann kam alles Schlag auf Schlag. In Pescadero zu sein, ist für uns immer noch wie ein Traum, aus dem man jeder Zeit erwachen könnte,

sagt Mai. „Heinz ist hier in seinem Element. Sät und pflanzt, rodet und baut", fügt sie lächelnd hinzu.

Heinz von Foerster ist buchstäblich ständig in Bewegung. Oft mitten im Gespräch springt er auf, weil ihm etwas neues einfällt, holt ein Buch, ein Bild, legt neues Holz in den Ofen, geht in sein Archiv im Keller und holt Dokumente aus nahezu sechzig Jahren Wissenschaftsgeschichte hervor.

Nebenbei erfährt man, an welchen berühmten wissenschaftlichen Zusammenhängen und philosophischen Denkprozessen er beteiligt war: Vom „Wiener Kreis" in den Dreißiger Jahren zu den für die amerikanische Kybernetik so bedeutsamen Konferenzen der Macy Foundation in den Fünfziger Jahren in New York. Oder die Anfänge der systemischen Familientherapie mit dem amerikanischen Anthropologen Gregory Bateson und dem Psychotherapeuten Paul Watzlawick, mit dem er bis heute befreundet ist.

In einem Gespräch zwischen Heinz von Foerster und Paul Watzlawick, der zusammen mit seiner Frau Heinz und Mai besucht, werden Kontraste sichtbar: Der hinreißende Erzähler und der etwas preußisch anmutende Analytiker. Im Inhalt kommen sie sich nahe: es geht um die Anwendung konstruktivistischer Sichtweise in sozialen und therapeutischen Zusammenhängen, um den Umgang mit Paradoxien.

Wenn wir vom Konstruieren unserer Wirklichkeit ausgehen, ergibt sich daraus auch ein anderes Zeitverständnis. Dann liegen nämlich die Ursachen für unser Handeln in der Zukunft und nicht in der Vergangenheit. Das kam in der Psychologie nach Freud einer Revolution gleich, wie man sich vorstellen kann,

sagt Heinz lachend. Paul Watzlawick arbeitet unweit von Pescadero in Palo Alto am „Mental Research Institute", der Wiege der systemischen Familientherapie. Auch Heinz wird hier immer wieder zu Vorträgen eingeladen.

Mir ist so wichtig, daß man zwischen Moral und Ethik unterscheidet. Die Moralisten sagen einem immer, was man tun soll. Sie gehen von der absoluten Wahrheit aus. Der Ethiker entscheidet selbst, was er tun kann. Die Leute sagen ja gerne, ich hatte keine andere Möglichkeit, ich konnte ja nicht anders handeln. Wie damals bei den Nürnberger Prozessen. Ich nenne das gerne den Pontius-Pilatus-Effekt. Es gibt nicht die eine Realität. Es gibt immer tausend Möglichkeiten.

Seine eigene ethische Prämisse bringt Heinz in einen kurzen Satz: „Handle stets so, daß immer mehr Möglichkeiten entstehen."
Der Strand von Pescadero ist weitläufig. Eine hohe Steilküste auf der einen Seite, weißer, unberührter Sandstrand zur anderen Seite. Wir gehen am Wasser entlang und reden weiter.
Heinz hält einen von uns vorbereiteten Rahmen – in den wir mittels Blue-Screen Verfahren das gleiche Bild projizieren werden – in der Hand und wendet sich wieder an den Zuschauer.

Schauen Sie hier hinein. Dank der technologischen Möglichkeiten können wir Ihnen das direkt vorführen. Hier sehen Sie einmal den Heinz in der Welt und einmal den Heinz außerhalb der Welt. Jetzt kann ich das ganze auch kreisen lassen. So wird aus Wirklichkeit Illusion und aus Illusion Wirklichkeit. Es macht eben einen Riesenunterschied, ob ich wie durch ein Guckloch die Welt betrachte, oder ob ich Teil der Welt bin, weil ich diese ständig neu erfinde. Es verändert meine Einstellung zu allem.

Abb. 4: Heinz von Foerster zeigt das Beobachterproblem

Heinz von Foerster unterscheidet zwischen aktivem und passivem Sehen. In seinem Verständnis erzeugt der Glaube an die Realität Passivität.

Dieses uralte Mißverständnis, daß wir allein durch unser Auge sehen. Mein Freund Humberto Maturana sagt immer, wir sehen mit den Beinen. Es ist einfach so: Wenn du sehen willst, mußt du lernen zu handeln.

Er beschreibt, daß die Idee des passiven Sehens, daß eine bloße Abbildung auf unser Auge fällt, erst im frühen Mittelalter entstanden ist. Vorher war man von der Aktivität des Sehens überzeugt. „Auch in der Literatur steht der Blick ja nie für sich allein: es ist immer ein selbst gestalteter, aktiver Vorgang des liebevollen, bösen oder unanständigen Blicks."

Für mich ist unser Film wie eine Verschwörung gegen die Wahrheit. Dafür suchen wir mehr und mehr Komplizen. Deswegen fand ich auch unser Gespräch mit Paul Watzlawick so schön. Er hat so deutlich gemacht, wieviel Unfreiheit in menschlichen Beziehungen durch die Illusion einer objektiven Realität entsteht,

resümiert Heinz bei unserem morgendlichen Gang ums Haus.

Auch in der Sprache ist ja keine Realität. In ihrer Funktion ist Sprache immer konstruktiv, da keiner die Quellen deiner Geschichte kennt. Keiner weiß und wird es je wissen, wie es war, denn was war, ist für immer verloren.

Er möchte seine eigene Sprache von Bewertungen, Behauptungen, Erklärungen befreien.

Aber das ist oft schwer, denn die Sprache lastet auf uns wie ein Felsen. Wie oft sagt man, die Suppe ist schlecht anstelle von ich finde die Suppe schlecht. Mein größter Wunsch ist eigentlich, die Sprache auf einem unterirdischen Strom der Ethik schwimmen zu lassen. Eine Sprache zu finden, in der die Ethik immanent ist und nie explizit wird, weil das schon Wertung und Moral ist.

Heinz ist von Foerster kein vergeistigter Mensch, er ist Handwerker und Praktiker. Sein Archiv, seine „geistige Werkstatt" im Keller, ist nur durch einen Vorhang von der handwerklichen Werkstatt getrennt. Dieser leichte Übergang ist geradezu sinnbildlich für ihn. Das ganze Haus ist lichtdurchflutet. T-förmig gebaut blickt man von fast allen Ecken durchs ganze Haus. Er hat es selbst zusammen mit seiner Frau Mai und einem seiner drei Söhne aufgebaut, in wenigen Monaten, wie er stolz erzählt. Das Gelände hat er selbst urbar gemacht, die Wege freigeschlagen. Mit Hilfe eines Wünschelrutengängers hat er die geeignete Stelle für die Wasserpumpe gefunden. Daneben hat er sich eine Sonnendusche gebaut. Man hat weite Blicke ins Tal, auf den angrenzenden National Park, in dem riesige Red Wood Bäume stehen. Unterhalb der Terrasse grasen Rehe. Es ist tatsächlich paradiesisch.

Mai und Heinz schauen sich Photos von früher an. Sie haben sich Ende der Dreißiger Jahre in Wien kennengelernt. Sie spielte am Josefstädter Theater. Heinz war, wie er heute lächelnd sagt, „nur ein Physiker". Er ist bei ihrer ersten Begegnung auf Händen in ihre Wohnung gelaufen, um dieses scheinbare Manko eines so nüchternen Berufes auszugleichen. „Ich bin nicht beeindruckt", lautete damals ihre knappe Antwort auf dieses Manöver. „Und so ist es bis heute geblieben", beteuert Heinz.

Das ist vielleicht auch gut so, eine stabile Grundlage für die Beziehung zu einem Mann, der durch seine wissenschaftliche Arbeit, aber auch durch seine Lebensfreude und Menschlichkeit sehr viele Menschen beeindruckt hat und immer noch beeindruckt. „Na, ein bißchen bin ich jetzt schon beeindruckt", streut Mai nebenbei ein.

Heinz zeigt mir Aquarelle seiner Mutter, Lilith Lang, die diese als 14jähriges Mädchen gemalt hat. Sie hat später auf der Kunstschule Oskar Kokoschka kennengelernt und hat ihm oft Modell gestanden. In den ersten Jahren hat sie ihren Sohn alleine großgezogen, denn sein Vater war bis 1917 in Kriegsgefangenschaft. Sie arbeitete als Kostümiere für ihre Schwägerin, die berühmte Tänzerin Grete Wiesenthal, Heinz von Foersters Tante. So verbrachte Heinz seine ersten Lebensjahre im Theater „mit den wunderschönsten Frauen", wie er sich gern erinnert. Sein Vater Emil von Foerster war Ingenieur. An der Wand neben dem Treppenaufgang zur oberen Etage des Hauses hängt ein Holzschnitt, der ihn in der Gestalt eines schwarzen Ritters zeigt. „Aber er war kein finsterer, sondern ein sehr offener, liebevoller Mensch." Ihn hat Heinz erst mit sechs Jahren richtig kennengelernt. „Ich weiß noch, wie der Zug mit den ganzen Heimkehrern im Wiener Hauptbahnhof einlief. Er hing schon halb draußen auf dem Trittbrett. Da war ich sehr stolz."

Seine Großmutter Marie Lang gab die erste europäische Frauenzeitschrift heraus. Einer seiner Onkel war Hugo von Hofmannsthal, ein Nenn-Onkel Ludwig Wittgenstein, dem er oft in der Verwandschaft begegnete. Heinz von Foersters gesamte Familie bestand aus Anti-Traditionalisten.

Zwischen seinen Büchern im Arbeitszimmer stehen überall kleine Figuren, Apparaturen, Bilder in den Regalen – und eine Frauenfigur schwebt über dem Schreibtisch: seine Muse.

Die Lust am Staunen hat Heinz von Foerster zu seinem ersten Beruf geführt: Zusammen mit seinem Cousin Martin bestand er als 16jähriger die internationale Artistenprüfung als Zauberer. Zusammen zogen sie durch die Wiener Salons der Bekanntschaft und Verwandtschaft und zauberten.

„Die Verblüffung der Zuschauer ist", wie er heute sagt, „nur möglich, weil der Zuschauer dem Zauberer beim Konstruieren einer neuen Wirklichkeit so gerne folgt."

Während einer dieser Zaubervorstellungen lernten sie den amerikanischen Gesandten William Bullitt kennen, der von den beiden Jungen begeistert war. Es lenkte ihn wohl auch von seiner eigentlichen Arbeit ab, nämlich Präsident Wilson während der Versailler Verhandlungen davon zu überzeugen, daß die Grenzen Europas besser nicht mit dem Lineal zu ziehen seien.

Später half eben dieser Bullitt Heinz bei seiner Einwanderung 1949 in die USA. „Das war damals so schwer, ohne ihn hätte ich es nicht geschafft, eine Arbeitserlaubnis zu bekommen. Da sieht man eben, das Wichtigste sind Freundschaften."

Zusammen mit seinem Cousin und lebenslangen Freund Martin entdeckte Heinz in einem kleinen Dorfbuchladen außerhalb Wiens auch die Bücher, die bis heute auf seinem Schreibtisch stehen: Die Natürliche Magie von Christian Wiegleb ... in zwanzig Bänden! Bis heute benutzt er dieses Werk, das zur Zeit der Französischen Revolution entstanden ist, als sein Hauptnachschlagewerk: „Damals war die Wissenschaft, die Physik noch eine Kunst. Sie war noch mit der Magie verbunden, das ist das Schöne."

Darin ist auch die Geschichte der trügerischen Schachmaschine enthalten, die alle Menschen besiegte, bis sich herausstellte, daß in ihr ein Zwerg versteckt war.

Hier, schau dir diese Abbildungen an. Es ist ganz fein gezeichnet. Einmal mit, einmal ohne Zwerg. Edgar Allan Poe hat darüber eine schöne Geschichte geschrieben, er hat eine dieser Vorstellungen, die mit dieser Maschine gemacht wurden, selber besucht. Eigentlich ist Edgar Allan Poe der Erfinder dessen, was man heute Informationstheorie nennt. Denn er hat damals schon behauptet, daß diese Maschine nicht komplexer sein kann als das menschliche Gehirn. Hat also Grade der Komplexität unterschieden. Er hat sich nicht täuschen lassen.

Heinz von Foerster studierte in Wien Physik und besuchte die philosophischen Vorlesungen des berühmten „Wiener Kreises", deren geistiger Vater Ludwig Wittgenstein war. Die Philosophen des Wiener Kreises versuchten der aristotelischen Logik, wonach eine Sache nur entweder wahr oder falsch sein kann, zu entkommen und wandten sich dem Paradoxon zu.

Das Paradoxe hat es Heinz bis heute angetan. Wir sitzen auf der Terrasse, er erzählt mir davon.

Es ist ein logisches Spiel, das mehr als 2500 Jahre alt ist. Aber es ist mehr als das. Du kennst doch diesen berühmten Satz von Epimenides: „ICH BIN EIN LÜGNER". Damit hat er alle geärgert. Der Satz ist richtig, wenn er falsch ist und falsch, wenn er richtig ist. Wahr, falsch, falsch, wahr, aus a wird b, aus b wird a. Und in diesem Zug und Gegenzug, Satz und Gegensatz erzeugt ein Paradox Zeit. Jeder von uns übrigens, trägt in seiner Armbanduhr ein eingebautes Paradox mit sich herum. Ein bistabiler Zustand. Tick, Tack, Tick, Tack. – Das ist schon Kybernetik.

Seine Begegnung mit dem Tractatus logico philosophicus von Ludwig Wittgenstein bedeutete für ihn den ersten Schritt weg vom traditionellen Wissenschaftsverständnis und der orthodoxen Philosophie.

Ich werde dir den Satz nennen, der für unser Gespräch am wichtigsten ist: „Es ist klar, daß sich Ethik nicht aussprechen läßt." Alles, was ausgesprochen wird, ist Moral. Über diesen Satz muß man nachdenken, dann wird klar, daß die Wahrheit verschwinden muß.

Bis heute ist Ludwig Wittgenstein eines seiner großen geistigen Vorbilder.

Der Folgesatz ist typisch wienerisch: Wenn ich einen Befehl bekomme, ist mein erster Gedanke: Was ist, wenn ich das nicht tue? Daraus entwickelt er diese schöne Idee, daß Ethik nichts mit Lohn und Strafe zu tun hat.

In Wien liegt der Ursprung seiner Weltoffenheit, hier der Ursprung seines humanistisch geprägten Weltbildes. Hier begann die geistige Rebellion, der er folgte und die er im Laufe seines Lebens mitgestaltet hat. Dieser Atmosphäre haben wir in Wien nachgespürt und die Plätze seiner Kindheit und Jugend aufsucht: das Wittgenstein-Haus in der Parkgasse, das Schloß der Tante an der Donau, wo er zusammen mit seinem Cousin die Sommer verbrachte, das Josefstädter Theater, in dem er Mai kennenlernte, den Wiener Bahnhof.

Mai und Heinz sitzen in ihrem Lieblingsrestaurant in Pescadero, eine Art Saloon mit langer Theke und Bildern aus der Gründerzeit. Sie erzählen von der Invasion der Nazis in Österreich und warum sie 1939 – frischverheiratet – ausgerechnet nach Berlin gingen. Tatsächlich fand Heinz sogar sofort Arbeit und das ohne den so nötigen Ariernachweis.

Wie er es schaffte, bis zum Ende des Krieges ausgerechnet in der Hauptstadt des Dritten Reiches zu überleben und auch noch für ein Jahr in einem militärischen Forschungslaboratorium der deutschen Wehrmacht zu arbeiten, das grenzt tatsächlich an ein Wunder. „Ich habe eben immer wieder gesagt, daß ich den Ariernachweis noch bringen würde, daß ich ihn einfach vergessen hätte." Und Mai fügt hinzu:

Aber wir hatten immer Angst. Nur in Berlin war es leichter, dort kannte man uns nicht, in Wien wäre das nicht gegangen, dort war einfach bekannt, daß Heinz aus einer jüdischen Familie stammt. Wir hatten es ohnehin schwer genug, weil wir nicht konform dachten. Meine Mutter saß im Gefängnis und mein Bruder auch. Wir sind erst 1945 nach Wien zurückgekehrt.

Heinz von Foerster arbeitete in Wien zunächst als Journalist bei einem amerikanischen Sender und als Techniker einer Telefonfirma. Wie nebenbei schrieb er 1948 eine wissenschaftliche Arbeit Das Gedächtnis – Eine quantenmechanische Untersuchung und nahm so seine Frage aus der Vorkriegszeit nach der Subjektabhängigkeit der Realitätswahrnehmung wieder auf. Bei der Veröffentlichung dieser Arbeit half ihm ein ihm bis heute nahestehender Freund, Viktor Frankl, der berühmte Psychiater und Begründer der Logotherapie, und verhalf ihm so zum entscheidenden Sprung. Ein glücklicher Zufall wollte es, daß amerikanische Versuche innerhalb der Gedächtnisforschung zu denselben Resultaten führten, aber theoretisch bislang nicht erklärt werden konnten. So wurde er 1949 nach New York eingeladen und machte sich per Schiff auf den Weg.

Heinz spricht mit Bewunderung immer wieder von seinem Freund, der in der Wiener Nachkriegszeit vielen Menschen half, ihre schreck-lichen Erfahrungen in den Konzentrationslagern in ihr Leben zu integrieren. Viktor Frankl wohnt noch heute in Wien.

Das Restaurant hat sich gefüllt. Heinz und Mai haben bestellt. Suppe und Wein stehen auf dem Tisch.

Du kannst dir nicht vorstellen, was für ein Gefühl es war, aus dem hungerleidenden Wien herauszukommen, per Schiff in New York anzukommen und dann auf dem Times Square zu stehen, diese Lichter, diese Menschen überall,

beschreibt Heinz seine ersten Schritte auf amerikanischem Boden. Und Mai erzählt:

Es war diese Weite, das Freie, was mich so beeindruckt hat. Wer dieses Würgen im Hals, diese Enge und Starre des Faschismus erlebt hat, der versteht, was ich meine. Ich wollte nur weg von dort. Und ich wollte, daß meine Kinder in einem freien, weiten Raum aufwachsen.

Was für sie der Abschied von Europa, der Sprung ins amerikanische Leben bedeutet hat, und wie sich Abschied und Neuanfang für sie gestaltete – darüber möchten wir noch mehr erfahren.

In die Vereinigten Staaten zu kommen war auch eine wissenschaftliche Herausforderung für Heinz von Foerster. Er wurde zum Sekretär und Herausgeber der für die amerikanische Kybernetik so bedeutsamen Konferenzen der Macy Foundation. „Diese Konferenzen waren im Grunde der Geburtsvorgang einer neuen Wissenschaft", erzählt Heinz. Er sitzt im Wohnzimmer und breitet Photos und Dokumente überall um sich herum aus.

Der Kern war, daß hier endlich mit dem Ursache-Wirkungsmodell Schluß gemacht wurde. Die Kybernetik hat im Grunde das zirkuläre Denken explizit gemacht und auf alle wissenschaftlichen Diziplinen angewendet.

Dies hat bis heute in vielen sehr verschiedenen Bereichen Anwendung gefunden: Sehr praxisorientiert in Erziehungsmodellen und in der Entwicklung der Familientherapie sowie in der Ökologie und in der Informatik. Aus der Informatik stammende Begriffe wie double-bind, feedback, Selbstbezüglichkeit und Eigenwert fanden durch die Kybernetik Eingang in die Human- und Sozialwissenschaften. Die Arbeit bei den Konferenzen der Macy Foundation war eine besondere Zeit für Heinz, die sein Denken geprägt hat.

Für Heinz von Foerster bedeutete die Arbeit in der Macy Foundation zudem die Begegnung mit dem Anthropologen Gregory Bateson, neben Wittgenstein sein zweites großes geistiges Vorbild, mit dem er bis zu dessen Tod eng befreundet war.

Er ist im Grunde einer der großen Magier der Gegenwart. Wie kaum einer hat er es geschafft, immer in Kontexten zu denken, zwischen allen Disziplinen, Systemen, allen Lebewesen nach den gemeinsamen Mustern zu suchen: the pattern which connects. Geschlossen zu denken und eben nicht dual, nicht in Ursache und Wirkung aufzuspalten.

Heinz zeigt mir eine Farbtafel, die er zusammen mit seinem Freund Humberto Maturana entwickelt hat, an der die Illusion, daß Farben außerhalb unseres Gehirns existieren, sichtbar wird. Mit Humberto Maturana verbindet Heinz ein gemeinsamer „Spieltrieb". Sie haben zusammen Skulpturen gestaltet, die überall auf Heinz' Gelände rund ums Haus zu finden sind.

Humberto Maturana, ein chilenischer Biologe und Neurophysiologe, so erzählt er, prägte in der Humanbiologie den Begriff der „Autopoiesis", der Selbstgestaltung. Danach reagieren Lebewesen, Menschen eingeschlossen, sehr wohl auf das, was ihnen begegnet, aber ausnahmslos so, wie sie selber strukturiert sind. Wir schauen uns das Bild mit den sich selbst zeichnenden Händen von M.C. Escher an.

Heinz von Foerster und Humberto Maturana kennen sich seit ihrer Zusammenarbeit am legendär gewordenen „Biological Computer Laboratory (BCL)", das Heinz von Foerster Ende der Fünfziger Jahre an der Universität von Illinois aufgebaut hat und zwanzig Jahre leitete. Er zeigt mir Photos aus dieser Zeit.

Hier führte er die Forschungen zur Kybernetik des Gedächtnisses – Gedächtnis als geschlossenes System – weiter und kam zu einem folgenreichen Resultat, das ihn unter Mathematikern, Physikern und Biologen weithin bekannt machte: Durch Experimente wies er nach, daß unsere Nervenzellen auf die äußeren Reize nicht qualitativ, sondern rein quantitativ reagieren. In der Physik heißt dieses von Foerstersche Prinzip „Das Prinzip der undifferenzierten Kodierung". An dieses Institut lud Heinz Forscher aus aller Welt und aus allen Disziplinen. Hier entstand in interdisziplinärer Arbeit eine neue Erkenntnistheorie: der Konstruktivismus.

Der Prozeß des Entstehens von Wissen ist Heinz von Foerster auch im schulischen Zusammenhang wichtig. Er betrachtet die Welt in Relationen. Er fragt nicht, was ist dies oder das, sondern wie kommt es zustande. Daher liegt ihm auch die Arbeit mit Kindern am Herzen. Oft wird er in eine zweisprachige Schule nach Bozen eingeladen, in der neue Erziehungsmodelle entwickelt und praktiziert werden.

Diese Schule ist für mich interessant, weil sie nicht darauf Wert legt, wie Lehrer lehren, sondern wie Kinder lernen. Ich meine ja immer, daß man den Lehrer zum Forscher machen muß. Ein Forscher sucht nach Fragen und nach Antworten und stellt nicht Fragen, auf die er die Antwort schon weiß. Das sind für mich nämlich illegitime Fragen.

Er macht gerne den Unterschied zwischen entscheidbaren und unentscheidbaren Fragen. Die entscheidbaren Fragen sind dabei diejenigen, deren Antworten schon vorgegeben sind, durch das Denksystem, in das die Fragen gehören: 2 mal 2 = 4.

Daher sind die unentscheidbaren Fragen die eigentlich interessanten, denn wir können sie nicht wirklich entscheiden, bekunden in unseren Antwortversuchen aber unsere Haltung zur Welt: „Nur die entscheidbaren Fragen können wir entscheiden", ist Heinz von Foersters Konsequenz.

‚Was ist ein Stein?' ist eine ebenso unentscheidbare Frage wie ‚Wie ist die Welt entstanden?'

„Jede Antwort auf diese Frage wird uns immer Aufschluß über den Sprecher geben – ob er ein Buddhist ist oder ein Geologe, wir erfahren, wie er sich entschieden hat, das ist das Interessante an unentscheidbaren Fragen!"

Die Suche nach einem Wissensbegriff, der nicht auf der Idee einer objektiven Realität aufbaut, sondern anstelle von Wahrheit Brauchbarkeit des Wissens anstrebt, verbindet ihn mit einem seiner ältesten Freunde, Ernst von Glasersfeld. Ernst von Glasersfeld ist Kognitionspsychologe und forscht und lehrt über kognitive Prozesse bei Kindern.

In den Sechziger Jahren gehörte er zu den ersten, die versuchten, Schimpansen die Zeichensprache beizubringen. Damals lernten die beiden sich kennen und tauschen seitdem ihre Gedanken aus, reisen gemeinsam zu Kongressen und Vorträgen. Wie beide gerne sagen, kannten sie sich schon, lange bevor sie sich kannten. Obwohl Ernst von Glasersfelds Zugang ein ganz anderer, nämlich ein sprachwissenschaftlicher ist, sind ihre Vorstellungen über eine konstruktivistische Weltsicht sehr ähnlich.

Glasersfeld drückt diese gerne über eine Analogie aus:

Stellen Sie sich vor, Sie wachen in einem stockdunklen Zimmer auf, das Sie nicht kennen, und Sie wollen einen Ausgang finden. Sie halten die Hände vor sich, damit Sie nicht an Hindernisse stoßen, weichen jedem Widerstand aus und tasten sich so langsam vorwärts. Dieses Suchen nach Zwischenräumen ist aus konstruktivistischer Sicht genau das, wie wir unsere Erlebniswelt, unser Wissen erfinden. Die Realität als solche werden wir nie erfassen, wir können nur unsere Spielräume erkunden.

Wir haben die beiden Freunde zusammen bei gemeinsamer Arbeit erlebt auf einem Kongress in Heidelberg „Die Schule neu erfinden", zu dem sie als Referenten geladen waren.
Immer wieder wurde Heinz von Foerster im Laufe seines Lebens mit dem konfrontiert, was er selbst den Tikuschina-Effekt nennt: Daß Menschen immer nicht glauben wollen, was möglich ist, weil sie sich zu gern an das klammern, was sie für wirklich halten. Mai und Heinz erzählen die Geschichte seines Vorgängers an der Universität von Illinois, Josef Tikuschinski Tikuschina. Der Mann, der u.a. die drahtlose Telegraphie erfunden hat und der zugleich der eigentlich erste Erfinder des Tonfilms war, dessen Erfindung aber zum damaligen Zeitpunkt keiner anerkannte.
Der Film seines Freundes Tikuschina, so erzählt Heinz, nein – spielt er vor, bestand aus nur einer kurzen Sequenz: Eine Frau, Frau Tikuschina, ist zu sehen, die eine Glocke in der Hand hält. Sie sagt: „Do you see the bell". Dann bewegt sie die Glocke und sagt: „Do you hear the bell".
Psychologen, Physiker, Filmgesellschaften, alle erklärten Tikuschinski Tikuschina aus den unterschiedlichsten Gründen für verrückt, sodaß der erste Tonfilm dieser Welt, 1920 entstanden, nirgendwo anders zu finden ist als im Nachlaß dieses Mannes.
Wir gehen durch den nah am Haus gelegenen Nationalpark, an den uralten, hohen Red Wood Bäumen entlang. „Jetzt schau dir an, wie diese Bäume wachsen. Diese Zirkel, die sie bilden – magische Kreise sind das."
Für Heinz ist Magie Einheit, das Zusammenhängen aller Dinge, die Geschlossenheit.

Die Magie erklärt nicht, sie handelt. Wir sind doch Elemente einer Konfiguration, in der alles miteinander im Zusammenhang steht. Es gibt keine Ursache und keine Wirkung, weil du in den Zusammenhängen bist. Deswegen meine ich ja auch, die Konstruktivisten sind eigentlich Magier, ohne daß sie es wissen.

Er ist ganz sicher ein Magier. Wir sind wieder am Haus angelangt, setzen uns auf die Terrasse.

Weißt du, wegen der Sache mit der Wahrheit, das wollte ich noch sagen: Für mich ist Wahrheit eigentlich eine Sache des Vertrauens und nicht von Recht und Unrecht. Wenn wir die Erzengel im Faust hören: „Die Sonne tönt nach alter Weise...", dann fragen wir ja auch nicht: War das wirklich so? Ist das korrekt? Wir sollten Wahrheit mehr mit Vertrauen in Verbindung bringen.

Am Abend sitzen Heinz und Mai im Wohnzimmer und trinken Sekt. Mai trägt eins ihrer Lieblingsgedichte von Rainer Maria Rilke vor. Wir hören den Kaiserwalzer.

Anmerkung

Ein Film mit Heinz von Foerster
Buch und Regie: Nikola Bock
Co-Autorin und Aufnahmeleitung: Jutta Schubert
Kamera: Hanno Hart
Ein essayistischer Dokumentarfilm
Beta – 75 min. – Farbe
Ein Porträt
Ein Bilderpuzzle
von Leben
und Arbeit
von 1911
bis 1996
von Wien
nach Pescadero (Kalifornien)

Rück- und Vorschauen

Heinz Von Foerster im Gespräch mit Albert Müller und Karl H. Müller[1]

KHM: Wenn man Publikationen von Dir und Mitarbeitern des *Biological Computer Laboratory* (BCL) im Jahr 1965 oder 1970 anschaut, dann würde man meinen, daß 30 Jahre später das BCL und Deine Arbeiten im Zentrum oder als Pionierarbeiten im Bereich der Kognitionswissenschaften, von *Artificial Life*, von *Artificial Intelligence, Nonlinear Dynamics, Parallel Computing*, Neuronalen Netzwerken und dergleichen stehen würden, und daß vielleicht zufällig einige dieser Ideen auch in andere Bereiche wie Management, Sozialwissenschaften, Therapie diffundiert wären, daß dies aber jedenfalls ein Randbereich wäre. Jetzt zur Gelegenheit Deines 85. Geburtstags ist man mit der Situation konfrontiert, daß es sich genau umgekehrt verhält.

Ein weiterer Punkt, über den wir sprechen sollten, ist eine rezeptionsgeschichtlich ausmachbare Kluft zwischen Amerika und Europa. In Europa, speziell im deutschsprachigen Raum, bist Du nun eine ganz zentrale Figur. Aber in in den Vereinigten Staaten erschienenen Handbüchern wirst Du nur selten erwähnt. Das ist ja sehr merkwürdig.

HVF: Das hat mich auch schon einmal gewundert, und es läßt sich auch kaum erklären. Aber mein Gefühl ist das folgende: Mein europäischer Hintergrund, meine europäische Erziehung, die Art, wie ich spreche, die Art, wie ich hinschaue, wie ich ein Problem ansehe etc. etc., das alles ist auf einem so europäischen Boden gewachsen, daß die Resonanz mit amerikanischem Pragmatismus, wie er auch miß- oder aber auch richtig verstanden werden könnte, nicht immer gegeben ist.

In früheren Zeiten wurde ich in Amerika von allen Richtungen unterstützt, zu der Zeit, als wir am *Biological Computer Lab* sehr aktiv waren. Die Sponsoren und die Agenturen, die gefunden haben, das müssen wir weitermachen, das müssen wir unterstützen, haben damals schon gesehen, da ist unglaublich viel Neues da, da sind sehr viel interessante Sachen da. Dieser Elan hier in Amerika ist abgeklungen, als meine obligatorische Pensionierung mit 65 Jahren bevorstand.

Die letzten Jahre meines Daseins an der Universität haben wir auch dazu benutzt, so vielen Doktorarbeiten als möglich zum Abschluß zu verhelfen. In der Tat, in meinen letzten Jahren an der Universität haben fünfzehn Doktoranden absolviert. Und die haben – weltweit – sehr großen Erfolg in ihren Tätigkeiten, manche sind Direktoren von Forschungslaboratorien, die sehr gut funktionieren. Soweit ich mich also umschaue, alle Leute sind sehr gut untergekommen. Ich habe mich dann aus dieser ganzen Sache zurückgezogen. Seit 1975 wurde mehr oder weniger das ganze Labor aufgelöst, weil ich pensioniert wurde.

Ich bin nach Kalifornien gegangen und habe mich mit diesem komischen Platz hier in Pescadero beschäftigt, in den meine Frau Mai und ich uns verliebt haben. Hier haben wir ein Grundstück gekauft, und unser Sohn Andreas, ein Architekt, hat uns ein Haus entworfen, das wir bauen konnten und in dem wir die restlichen Jahre verbringen wollten.

Hier in Kalifornien habe ich bei einem gemeinsamen Freund Gregory Bateson wiedergetroffen. Gregory Bateson ist dieser wunderbare Anthropologe, *Steps to an Ecology of Mind*[2] war seine wichtige Publikation, ein wunderbarer, tiefsehender und tiefblickender Mensch. Ich kannte ihn seit den frühen Tagen der Macy-Konferenzen von 1949 bis 1954, ich habe ja damals seine Vorträge editiert und herausgegeben. Also, wir haben uns sehr gut verstanden.

Nach dem Zusammentreffen mit Bateson in Kalifornien ruft mich ein Mensch an und sagt: „Mein Name ist Watzlawick". Und da habe ich sofort gewußt, das kann kein Amerikaner sein, es hat sich natürlich herausgestellt, er ist auch ein Österreicher. „Ich habe von Gregory Bateson gehört, daß sie sich mit Problemen der Logik beschäftigen", meinte er. „Jawohl, richtig, ich komme ja *brainwashed* vom *Wiener Kreis,* also habe ich mich natürlich schon ganz früh für Logik interessiert." „Das ist ja wunderbar, ich möchte gerne mit ihnen über Probleme sprechen, die etwas mit Paradoxien, Kontradiktionen und solchen Sachen zu tun haben." Und da kam der Paul Watzlawick, wir hatten einen sehr amüsanten Kaffeeklatsch-Nachmittag und er erzählte, daß er Familientherapeut sei. Und ich fragte: „Was ist das?" „Na ja, wissen sie, Familien haben oft Schwierigkeiten miteinander." „Ach so, was haben sie?" „Da kommt der Mann nach Hause und prügelt die Frau grün und blau." „Das ist aber scheußlich, was macht ihr denn da!" „Ja, da sind eben wir da und beschäftigen uns mit den Problemen in der Familie und helfen ihnen, aus dieser Situation herauszukommen. Wir haben verschiedene psychologische, besonders sprachliche Strategien, um diesen Menschen zu helfen. Und das ist auch der Grund, warum wir uns mit dem Problem der Paradoxie aueinandersetzen wollen." „Wieso, Warum?" „Na ja, es sind ja paradoxe Situationen in solch einer Familie vorhanden. Da hat schon Gregory Bateson ein paar solcher Sachen aufgedeckt, zum Beispiel die Sache mit dem *double bind*." Und er hat mir die Sache mit dem *double bind* erklärt. Ich habe das dann so verstanden, wie diesen so schönen alten jüdischen Witz: Die Mama schenkt dem Sohn zwei Krawatten zu Weihnachten und der Sohn, um seine Mutter zu erfreuen und seine Freude über die Krawatten zu zeigen, trägt beim nächsten Besuch eine dieser Krawatten. Die Mutter macht die Türe auf, schaut den Buben an und sagt: „Die andere Krawatte hast du gar nicht gerne gehabt, nicht." Aha, das ist also das Problem des double bind, was immer du tust, es ist schlecht. *You didn't like the other tie.* Da gibt es diese Kontradiktionen. Watzlawick lud mich zu einem Vortrag über die Logik solcher Sachverhalte ein und ich sprach über Paradoxien, Kontradiktionen, *circuli vitiosi* und andere kreative Kunstgriffe. Also kam ich nach Palo Alto, den ersten Vortrag hat Gregory Bateson gehalten. Gregory hat einen brillanten, wunderbaren Vortrag gehalten, sehr, sehr gut! Ich habe mich sehr gefreut. Aber es war offensichtlich, daß viele Leute Bateson nicht verstanden.

Ich begann dann meinen Vortrag so: „Also, meine Damen und Herren, ich habe gesehen, daß die Zuhörer Schwierigkeiten damit gehabt haben, zu verstehen, was Gregory Bateson sagt. Und ich habe eine Hypothese, warum. Er hat das alles so klar gesagt, daß es durchsichtig ist, aber was durchsichtig ist, kann man nicht sehen. Also, ich möchte versuchen, diese Ideen so undurchsichtig zu machen, daß sie jeder sieht." Alles hat gelacht, Bateson hat sich schief gelacht. Watzlawick rief mich nachher an und sagte: „Das war unerhört, das war für uns so wichtig, komm, halte noch einen Vortrag."

Noch hatte ich keine Ahnung, was die von mir wollten. Ich konnte natürlich über Kontradiktionen und Paradoxien sprechen, doch wozu wollten sie das? Ich wurde darauf einmal zu einer familientherapeutischen Sitzung eingeladen und in den sogenannten Beobachtungsraum mitgenommen. Das ist ein Raum neben dem Raum, in dem die Therapeuten mit der Familie sitzen und von dem aus die Sitzung durch einen speziellen Spiegel beobachtet werden kann, ohne daß man selbst gesehen wird. Dann ist dort noch eine kleine Telefonleitung, die akustisch überträgt, was gesprochen wird. Auf der anderen Seite des Spiegels saß eine hübsche Familie: der Papa, die Mama, der Sohn und die Tochter und der Therapeut, und die haben zu reden angefangen. Das Reden kam mir eigentlich trivial vor. Wie geht es Ihnen. Wie fühlen Sie sich. Fühlen Sie sich wohl zuhause, was ist mit Ihrer Tochter, usw. Also keine wirklich besonders tiefen Dialoge. Schließlich war ich dann allein im Beobachtungsraum. Da habe ich mir gesagt, ich muß einmal sehen, was passiert, wenn ich die Sprache, den akustischen Kanal, abdrehe. Ich sah jetzt nur diese Leute mit dem Kopf nicken, mit den Augen wackeln, mit den Händen gestikulieren, und habe mir gedacht, Donnerwetter, also das ist wie Zauberei. Da ist eine Pantomime abgelaufen, es war also unglaublich. Und auf einmal hört diese Pantomime auf, alle stehen auf, schütteln dem Therapeuten die Hand und gehen. Danach traf ich den Therapeuten und ich frage: „Sagen Sie, was war da jetzt los?" Er sagt: „Es ist ja wunderbar gegangen, alle waren ganz glücklich." „Aber, wieso, was war da wirklich?" „Ja, da sind alle befriedigt weggegangen." Da habe ich verstanden, was diese Paradoxien und *circuli vitiosi* vielleicht tun. Also, das nächste Mal habe ich schon ein bißchen geahnt, um was es sich hier handelt, und bin mehr und mehr in diese Kreise der Familientherapeuten hineingerutscht und habe begonnen, mehr und mehr zu verstehen, was sie tun.

Am meisten hat mich ein Treffen beeindruckt, wo eine Methode angewendet wurde, die unter den Therapeuten *Circular Questioning* heißt, Zirkuläres Fragen. Der Therapeut fragt dabei – sagen wir – die Mama: Liebe Frau, was glauben Sie, denkt Ihre Tochter über das Verhältnis von Ihnen zu Ihrem Mann. Natürlich hat sie noch nie darüber nachgedacht. Jetzt steht sie da, das habe ich also gesehen, wie sie diese Frage hört und die ganzen Fragezeichen auf ihrem Gesicht wiedergespiegelt werden. Was soll ich jetzt dazu sagen? Aber sie sitzt ja in der Therapie, sie kommt ja, um eine Diskussion zu haben. Jetzt erfindet sie, was die Tochter denkt über ihr Verhältnis der Eltern zueinander. In diesem Moment muß man jetzt die anderen Partner anschauen. Die Tochter, die zum erstenmal hört, was die Mutter glaubt, daß sie denkt über das Verhältnis von ihr und ihrem Mann. Der Mann, der ganz verblüfft schaut: Was, das glaubt meine Frau, daß meine Tochter über unser Verhältnis denkt, etc. Für alle entsteht plötzlich ein neues Universum durch diese Regeln. Sie konstruieren eine neue Welt. Die ganze Idee von diesen Familientherapeuten ist, daß sie die Teilnehmer einladen, zusammenzuarbeiten, um eine neue Relationswelt unter sich zu erfinden. Und das geht nur, indem man Fragen fragt, für die es keine Antwort gibt, aber die durch das Milieu der Sitzung eine Antwort heischen, verlangen. Die wollen nicht sagen, ich weiß nicht; keiner von denen sagt, keine Ahnung, sondern sie alle wollen reagieren, und lösen damit eine Erfindung einer Welt aus, die für alle überraschend ist. Und da habe ich gedacht: Aha, das sind alles Leute, die ihre Realität konstruieren. Über diese Beobachtung, die ich dann wieder und wieder machen konnte, habe ich mit therapeutischen Kollegen gesprochen. Sie haben alle gefunden, ja, ja, so kann man das formulieren, das ist es, warum dieses zirkuläre Fragen therapeutisch werden soll.

Ich erzähle diese Geschichte, weil sie zeigt, daß die Gedanken, die wir damals schon am BCL diskutiert haben und die so rein akademisch aussehen, keineswegs rein akademisch sind, sondern daß sie in allen möglichen Bereichen des menschlichen Zusammenlebens ihre Funktion erfüllen können. Wenn man von ihnen strukturell weiß, kann man sie verwenden, um ein Gespräch, eine Diskussion zu führen, kann man sie in der Politik, in persönliche Relationen, in psychotherapeutischen Bereichen einflechten lassen.

KHM: Wenn man diese Geschichte hört, ist es umso erstaunlicher, daß es solche Verbindungen, Weiterführungen in deinem Kernbereich anscheinend in viel geringerem Ausmaß gegeben hat. Im Bereich Kognitions-, Netzwerk-, Gehirn-, Gedächtnisforschung und dergleichen hätte es ja in den 70er Jahren sehr, sehr viele Ansprechpartner über Artificial Intelligence geben müssen. Aber du bist nicht übergesprungen.

AM: Obwohl diese Bereiche von deiner früheren Arbeit hätten profitieren können. Deine Geschichte über die Schließung des Labors an der Universität von Illinois ist gewissermaßen die äußere, die materialistische Seite dieses Endes einer einzelnen Universitätskarriere plus eines wichtigen Netzwerkknotens, der seit den späten 50er Jahren ja enorm interessante

Dinge zusammengebracht und produziert hat. Dazu braucht man sich ja nur die Microfiche-Edition anzusehen, die die BCL-Arbeit dokumentiert.[3] In den diversen, von Karl angesprochenen Forschungsrichtungen wurden ja – in den späten 70er Jahren und Mitte der 80er Jahre –, ganz ähnliche Probleme behandelt, wie von Gruppen, an denen du teilgenommen hast und die bloß ein anderes *Label* hatten, zum Beispiel *Bionics*. Schlägt man das Inhaltsverzeichnis eines *Bionics*-Sammelbandes auf[4], bemerkt man ganz ähnliche Themen wie 15, 20 Jahre später in jeweils aktuellen Forschungsrichtungen. Die Problemlagen haben sich nicht verändert, die Verbindung der neueren Forschungsgruppen zu den älteren mit deren für sie hochinteressanten Einsichten ist aber in rätselhafter Weise – wie ich glaube – vielfach abgerissen. Die materialistische Erklärung befriedigt mich also nicht ganz.

HVF: Das glaube ich. Wenn du das rätselhaft findest, finde ich es auch völlig rätselhaft. Die Antwort, die ich geben könnte, ist – wie ich schon damals gefühlt habe –, wir waren zu früh. Man hat es einfach nicht verstanden. Man hat nicht verstanden, daß Parallelismus in der Computerarchitektur eine unglaubliche Idee ist, daß das voll und ganz funktionieren würde. Auch viele andere dieser Gedanken lagen einfach nicht auf der Hauptlinie des Denkens.

Ich erinnere mich beispielsweise an die chilenische Katastrophe 1973, als Pinochet an die Macht kam und Allende umgebracht wurde und eine ungeheure Gefährdung aller dieser Wissenschaftler da war. Von denen wußten wir, daß sie keine Pinochetisten sind. Ein Mensch wie der Maturana – er war Jahre zuvor schon am BCL –, ein Mensch wie der Varela waren höchst gefährdet. Der Varela hat das auch sofort erkannt und hat sich zurückgezogen, kam aus Chile heraus und ging nach Puerto Rico. Der Maturana war hochgefährdet.

Als dies passierte, lief ich zur zuständigen Fakultät an der Universität von Illinois, ich war ja Professor für Biophysik und Physiologie, und habe gesagt: „Paßt einmal auf, wir haben die unerhörte Gelegenheit, wir könnten jetzt den Maturana einladen, er könnte Gastprofessor sein. Dann würden wir ihn retten aus einer sehr gefährlichen Situation, wir würden ihm die Möglichkeit des Überlebens geben." Die haben gesagt: „Der Maturana, macht er *membrane physiology?"* Die Membrane, die eine Zelle einwickeln, waren damals im Zentrum des Interesses. Da habe ich gesagt: „Nein, der Maturana ist kein *membrane-physiologist*, der möchte das System als ein Ganzes behandeln. Der möchte die Funktionen von lebenden Wesen studieren, der möchte gerne die Theorie der Kognition, der Neurophysiologie usw. erforschen."

Meiner Überredungskunst ist es damals nicht gelungen, meine Kollegen davon zu überzeugen, daß Membranen nicht das einzige Problem der Biologie sind. Aber es ist mir auch sonst manches nicht gelungen. Zum Beispiel die Parallelrechnung-Idee: John von Neumann hat sofort verstanden, was da los ist, aber die Menschen, die die Stiftungen, von denen ich gerne Unterstützung für diesen Parallelrechner haben wollte, die haben gesagt: Aber wieso, die anderen funktionieren doch schon sehr gut. Ich sagte: „Jawohl, die funktionieren sehr gut, aber in einer anderen Weise. Wir können andere Sachen machen mit den Parallelrechnungen." „Aber wir sind ja schon ganz zufrieden mit dem, wir wollen die einfach nur etwas schneller machen." „Ja, wenn Sie sie schneller machen wollen, müssen Sie sie parallel machen. Dann machen Sie sie eine Million mal schneller, denn wenn wir eine Million paralleler Operatoren haben, wird jede Rechnung einfach, jede größere Operation wird auf ein Millionstel in der Zeit produziert." „Ja, ja, schon, aber in der Richtung wollen wir genau gehen, nur wollen wir einfach ein schnelleres Element machen."

So ging das und ging das und ging das. Das war zum Beispiel auch ein Grund, warum ich die Pensionierung sogar begrüßt habe. Denn ich bin mitunter gegen Stahlwände oder besser vielleicht Gummiwände angerannt. Ich habe Forschungsprojekte formuliert, die in die Richtungen gingen, über die wir ca. zwanzig Jahre geschrieben haben. Akzeptanz zu finden wurde immer schwieriger und schwieriger. Da war ein Loch – genau wie Albert das beschreibt – ein Loch von Aktivität und plötzlich sind an vielen anderen Stellen die Ideen aufgetaucht, die vielleicht eben latent schon da gesessen sind. Da war schon die Sprache da, da war schon die Sprache des Parallelismus, das hieß dann Konnektionismus, weil sie ja von den connections und Relationen gesprochen haben, die ganze Idee der Relationstheorie, des Relationismus – wenn man so will –, dazu hatten wir bereits sehr viel geschrieben.

Eine Idee, mit der wir uns beschäftigt haben, kommt jetzt langsam wirklich heraus. Wie rechnet man innerhalb einer semantischen Struktur? Wir haben das so gesehen, daß jedes Wort, jeder Begriff so ausschaut wie ein vielfüßiges Element, das nach allen Richtungen seine Konnektivitäten ausstreckt und mit anderen solchen vielfüßigen Elementen in Verbindung bringt. Und die Operationen bestehen darin, neue Verbindungen zu finden, die grammatisch kontrolliert werden und als Sprache herauskommen, aber konzeptuell konnektiert, so daß sie verbunden sind durch eine semantische interne Struktur. Das heißt, jeder Begriff ist für uns ein vielfältiger Rechner, der sich mit anderen Rechnern in Verbindung setzt. Damals hat das niemand verstanden, vielleicht habe ich es auch nicht gut dargestellt. Aber heute taucht das überall auf, semantic computation, mit lauter parallelen Maschinen, die alle gleichzeitig arbeiten und ihre Verbindungen herstellen. Unser Problem war damals schon: könnte man irgendetwas machen, um in natürlichen Sprachen mit einer Maschine sprechen zu können.

Noch einige Schritte weiter zurück. Oft haben mich Bibliothekare angesprochen, wie sollte man eine Bibliothek aufbauen? Wir schauen, sagten sie, in eine Bibliothek so hinein, als wäre sie wie ein Gedächtnis. „Das ist schön, aber wissen Sie, wie das Gedächtnis funktioniert?" „Nein, aber viele Leute sagen, das Gedächtnis arbeitet wie eine große Bibliothek. Man muß nur hineingreifen und das richtige Buch finden." „Das ist alles wunderschön und sehr lieb, aber wissen Sie, die Leute, die ein Buch suchen, suchen es ja nur, weil sie ein Problem haben und hoffen, in dem Buch die Antwort für das Problem zu finden. Das Buch ist nur ein Zwischenträger von einer Frage und einer vielleicht in dem Buch zu findenden Antwort. Aber das Buch ist nicht die Antwort." „Aha, wie stellen Sie sich das vor?" Wir sollten das Problem so sehen, daß die Inhalte der Bücher, die semantische Struktur – wenn man jetzt diesen Ausdruck wieder verwenden möchte – dieser Bücher in einem System sitzt, sodaß ich in diese semantische Struktur mit meiner Frage einsteigen kann, und mir die semantische Struktur dieses Systems sagt, dann mußt du Karl Müllers Arbeiten über Symbole lesen, dann wirst du wissen, was du suchst. Ich wüßte aber von vornherein überhaupt nicht, wer der Karl Müller ist, daß er über Symbole geschrieben hat, etc., aber das System kann mir das liefern. Da braucht also der Mensch, der sich dafür interessiert, solche Antworten zu finden, nicht erst indirekt über den Karl Müller, den er auf irgendeiner Karteikarte findet, dort hineinzugehen, sondern durch direktes Ansprechen der semantischen Struktur seines Problems, sich mit der

Foerster, Rück- und Vorschauen

semantischen Struktur des Systems in Verbindung setzen, das mir dann weiterhilft in diejenigen Bereiche zu gehen, in denen ich dann vielleicht Antworten für meine Probleme finde. Also mit solchen und ähnlichen Gedanken haben wir uns beschäftigt, und Paul Weston hat hervorragende Arbeiten dazu geschrieben, der hat durch diese Sache durchgeschaut. Der Projektvorschlag, den ich heute noch habe, für dieses unerhörte Riesenprojekt, das waren mehrere Millionen Dollar, wurde überhaupt nicht verstanden. Das brauchen wir nicht, wir haben ja die Bücher, wir haben ja die Karteikarten.

Da waren eben Schwierigkeiten, wo mir meine Freunde richtig vorwerfen, Heinz, du hast unseren Fall nicht richtig vorgetragen, sodaß die Leute, die imstande gewesen wären, uns finanziell zu unterstützen, nicht verstanden haben, wovon du redest. Trotz meiner intensiven Bemühungen ist es in vielen Fällen nicht gelungen, eine Überzeugung, ein Verständnis zu erreichen. Mein Gefühl damals war, daß das Verständnis einfach blockiert war, weil schon bestimmte Verständnisdirektionen so festgefroren waren. Um etwas zu erreichen, hätte man viel mehr Zeit gebraucht und vielmehr miteinander sprechen sollen, um ein Verständnis durchzusetzen.

KHM: Zu früh, das ist ein ganz wichtiger Hinweis. Du warst ja stark in den amerikanischen Kontext involviert, zuerst in der Macy-Konferenz, dann in dem Bereich *Bionics* in den 60er Jahren, der sehr virulent war, in den *Cybernetics,* und du hast Konferenzen zur Selbstorganisation organisiert. Ein Bereich, wo das BCL noch wenig vertreten war, war der aufstrebende Bereich *Artificial Intelligence.* Ist das richtig?

HVF: Ja, diesen Bereich *Artificial Intelligence* haben wir nicht gerne gehabt. Wir haben aber dann deutlich gesehen, daß ‚Artificial Intelligence' als ein *buzzword* – also ein Wort, das zieht und Geld bringt – ganz entscheidend war. Die Leute, die dieses Wort *Artificial Intelligence* erfunden haben, waren wirklich genial. Sie haben verstanden, was ein gutes *public relation word* ist, wie zum Beispiels auch Chaos oder Chaostheorie. Da kaufen alle Chaostheorie. Wenn du Theorie rekursiver Funktionen sagst, dann schläft man sofort ein, das ist was Lustiges für die Mathematiker zum Spielen. Oder René Thom mit seiner berühmten *catastrophy theory,* die Tageszeitungen stürzten sich auf *catastrophy theory* – na ja, das möcht' man ja wirklich verstehen. Daß das schon 1850 mathematisch da war, versteht man nicht. So ähnlich, habe ich das Gefühl, ist *Artifici-*

al Intelligence aufgekommen und wurde das wichtige Wort. Jede bessere Firma stürzt sich geradezu auf sowas. Jeder braucht doch Intelligenz, und wenn wir künstliche Intelligenz haben, sind wir sehr gut dran. Dazu kommt noch die Doppeldeutigkeit im Englischen und besonders im Amerikanischen: *intelligence* ist ja auch die Nachricht über den Feind. Wenn ich gerne wissen will, wieviele Atombomben der hat, dann ist die *intelligence* zuständig. Daher: *Artificial Intelligence* hat eine Doppelattraktion für militärische Sponsoren und Stiftungen, weil damit werden wir herausfinden, wieviele Atombomben die Russen haben, auf artifizielle Weise braucht man nicht Leute hinzuschicken, die ihr Leben riskieren. Das ist die Doppelattraktion von *Artificial Intelligence,* sie wird dem Militär liefern, was die Russen und Chinesen machen, und außerdem mir helfen zu multiplizieren und Liebesbriefe zu schreiben.

AM: Du hast jetzt die Bedeutung dieser *buzzwords* oder *catchwords* – wie man auch dazu sagen könnte – herausgestrichen und festgehalten, daß es bei deinem BCL kein geeignetes *Label*, kein Etikett gab, das man daraufkleben konnte, keines, das erfolgreich genug war, um Ergebnisse, die von großer Relevanz waren, auch zu vermarkten. Heute ist die Situation doch ein bißchen anders. Heute gibt es eine Reihe dieser vermarktungsfähigen Worte, unter denen auch deine Arbeiten verkauft werden und das sind vor allem die beiden Worte Konstruktivismus oder in einer Erweiterung oder Spezifizierung Radikaler Konstruktivismus.

In deiner langen Publikationsliste findet sich dieser ganz berühmte und für die Vorstellung des Konstruktivismus ganz zentrale Artikel *On Constructing a Reality*[5]. Noch früher erschien – 1960 glaube ich – der Artikel über *Selbstorganisierende Systeme und ihre Umwelten*[6] und hier ist ein ganz zentrales Problem des Konstruktivismus, nämlich das Beobachterproblem, in den Kern gesetzt. So könnte man sagen, du bist ein Konstruktivist *avant la lettre*. Wie würdest du diesen Bereich Konstruktivismus und Radikalkonstruktivismus und deine Stellung in ihm oder deine Relationen zu ihm beschreiben wollen?

HVF: Also, meine Überlegung in diese Richtung sind durch zwei Gelegenheiten stimuliert worden. Zuerst war da ein Architekt, der mich bei irgend einer Gelegenheit kennengelernt hatte oder einen Vortrag von mir hörte. Er organisierte eine größere Konferenz über *environmental research* und lud mich zu einem Auftakt-Vortrag, einer *keynote address* ein.

Environment? Was sind da die kognitiven Probleme, wie sieht man das, etc.? In diesem Rahmen ist dann das Papier entstanden, das heißt *On Constructing a Reality.* Wenn man dieses Papier anschaut, sieht man, daß der erste Absatz eine witzige Erzählung ist von dem Monsieur Jourdain in Molieres Der Bürger als Edelmann, der eben daraufkommt, daß er sein ganzes Leben lang Prosa gesprochen hat. „Was, ich spreche Prosa, Prosa spreche ich mein ganzes Leben, das ist ja unglaublich!" Und so habe ich angefangen und habe gesagt: „Paßt einmal auf, auf einmal kommen Leute zu mir ins Laboratorium gelaufen und sagen: Wir leben in einem Environment, was sagt ihr, in einem Environment! Und dann: Fantastisch, wunderbar, großartig, daß ihr das gesehen habt." Also, Environment ist sozusagen erfunden worden zu der Zeit und die Leute sind darauf aufmerksam geworden, daß sie in etwas leben – so wie Monsieur Jourdain Prosa spricht.

Dann habe ich gesagt: „Na ja, das ist ja alles wunderschön, das haben die Leute wohl alle gesehen, aber eine Sache habt ihr noch nicht gesehen, nämlich, daß diese Leute es sind, die das Environment, die Umwelt erfinden." Dann habe ich verschiedene Beispiele gegeben, wieso keine Abbildung stattfindet, und mich um eine Verschärfung des Kampfes gegen die Ansicht von einer Abbildung – denn von der Abbildung ist nichts da – bemüht. Dazu konnte ich mehrere Beispiele geben, unter anderem eben diese lustige Sache von John Lilly, der ja zuvor bei uns war, wo „*alternates*", Wortvarianten, gehört werden, wenn eine Maschine immer nur das eine Wort wiederholt. Dann natürlich das (Johannes) Müllersche Prinzip von der unspezifischen Nervenenergie, etc. Ich habe da eine ganze Reihe von Problemen angeführt: Abbildung ist nicht vorhanden. Dann habe ich die Sache weiterentwickelt, um zu zeigen, wie wir da funktionieren innerhalb eines solchen Environments und was wir durch unsere Aktivitäten und Tätigkeiten erfinden.

Das war Schrift Nr. 1: *On Constructing a reality.* Da hatte ich Jean Piaget aber noch gar nicht gekannt, da habe ich noch nicht das wunderbare Piaget-Büchlein über die Konstruktion der Realität bei Kindern gekannt, aber ich wurde darauf aufmerksam gemacht. Dadurch, daß ich das Wort Konstruktion verwendete – ich hatte keine Ahnung gehabt, daß es Konstruktivisten gibt – ich glaube, damals hat es auch keine gegeben –

AM: Du warst vielleicht schon einer ...

HVF: ... ja ja, genau ...

AM: ... aber Du hast davon noch nichts gewußt ...

HVF: ... keine Ahnung gehabt ... – macht man mich auf den Piaget aufmerksam. Ich lese ihn mit Begeisterung, und zufällig laden mich die Leute in Genf ein. Ich soll den 80. Geburtstag von Piaget feiern. Na, da bin ich mit großem Vergnügen dorthin gefahren, es war aber auch eine sehr lustige Gelegenheit, ihn kennenzulernen. Ich komme also in Genf an, durch den Flug etwas übermüdet. Eine Hitzewelle hat damals Genf beherrscht. Die ganzen Schweizer haben nicht gewußt, wie man überhaupt eine solche Hitze überleben soll. Nur der Piaget war davon vollkommen unbeeindruckt.

Dann habe ich also meinen Vortrag vor einem ziemlich großen Auditorium gehalten. Da ist eine Gruppe von Mathematikern gesessen und ich habe in diesem Zusammenhang zum erstenmal meine Eigenwert-Überlegungen dargestellt[7]. Die waren wütend, „Das ist der größte Unsinn, den wir je gehört haben!" Und ich war irgendwie in einer so lustigen Stimmung, ich habe das alles so komisch gefunden und habe denen also das entsprechend Komische gesagt. Das ganze Auditorium hat sich schief gelacht.

Also es war alles eine ganz köstliche Sache. Mit der ganzen Piaget-Runde, da war auch Bärbel Inhelder, habe ich mich gut verstanden. Wir haben uns alle ineinander verliebt, die haben mich wieder eingeladen. Da habe ich wunderbare Menschen kennengelernt, Edith Ackermann etwa, die ich immer noch sehr liebe, war ja zu meinem Geburtstag in Wien. Manche Leute, Francisco Varela zum Beispiel, halten dieses Geburtstagsgeschenk für Piaget für eines meiner besten Papiere. Und ich finde es auch ganz gut, dieses Papier, sehr komprimiert und sehr kompakt.

Ich habe immer noch vom Konstruktivismus nichts gewußt, muß ich gestehen. Aber dann habe ich später den Glasersfeld wiedergesehen, der ja der eigentliche Radikale Konstruktivist ist. Er hat über Konstruktivismus geschrieben, er hat Konstruktivismus verteidigt, er ist in die Philosophiegeschichte zurückgegangen, auf die Präsokratiker, auf Vico. Er hat gezeigt, Vico ist einer der fundamentalen Konstruktivisten. Nichts von diesen Sache habe ich gewußt, aber ich bin sehr froh gewesen, daß Ernst von Glasersfeld die philosophisch-historischen Grundlagen für diese Idee des Konstruktivismus liefert. Ich bin ja kein „-Ist", also ich versuche mich immer zu entziehen. Wenn jemand fragt: „Sind Sie ein Platonist?" „Sind Sie ein sowieso?", sage ich immer, „Nein, nein, nein, ich bin der Heinz von Foerster!", „Nein, nein, nein, ich spiele gern Fußball!" „Nein, nein, nein, ich habe nichts mit diesen Leuten zu tun!" Ich glaube nicht an Ismen.

KHM: Du bist ein Anti-Ist.

HVF: Ich bin Anti-Ist. Ja, das ist mein Ismus. Wann immer jemand sagt, Heinz, wie hältst du es mit dem Konstruktivismus, da sage ich, ich möchte mit dem nichts zu tun haben. Ich habe keine Ahnung, was Konstruktivismus ist.

AM: Nur deine Artikel stehen in den Textbüchern des Konstruktivismus.

HVF: Ja, ja, genau. Ich habe versucht, meine Ideen vorzutragen, aber nicht unbedingt als Konstruktivist. Man kann über Objekte sprechen, man kann über Meinungen sprechen, über Beobachtungen, über dieses und jenes sprechen, aber den Ismus, den möchte ich vermeiden. Und diese Haltung, solche *buzzwords* oder *catchwords* zu vermeiden, liegt in folgender Vorsicht. Sobald ein solches Schlagwort auftaucht, weiß jeder, wovon geredet wird. Man braucht also nicht mehr zuzuhören, weil jeder schon weiß, das ist ein Konstruktivist. Wenn ich vermeide, ein Konstruktivist genannt zu werden, dann müssen die Leute fragen, ja, was sind sie dann? Dann können wir einmal darüber reden, jetzt hört vielleicht einer zu! Aber wenn ich sage, das ist ein Konstruktivist, können wir uns ja alle schlafen legen und sagen, das weiß ich ja sowieso schon, was der redet: Die Welt ist erfunden, es ist alles nicht vorhanden, es gibt keine Realität und diesen Blödsinn, den brauchen wir ja nicht mehr anzuhören, denn das haben wir ja schon fünfhundertmal von anderen Idioten gehört.

In dem Moment, wo man so etwas ist, braucht man ja nicht mehr reden, weil jeder meint, er weiß schon, was es ist. Deshalb möchte ich mich so gut als möglich von jedem Ismus entziehen, in der Hoffnung, wenn ich das tue, andere Leute noch neugierig sind, was ich von mir gebe und man ein Gespräch führen kann, ohne zu wissen, was ich eigentlich bin. Man sollte möglichst geheimhalten, was man ist. Das ist der Grund, warum ich versuche, mich aus dem Konstruktivismus herauszustehlen. Und ich fühle heute zum Beispiel, daß der Konstruktivismus mit so vielen negativen und dummen Interpretationen in die Literatur eingeht, daß es sehr günstig ist, wenn man sich aus dieser Konstruktivismus-Einschachtelung – in dieses

konstruktivistische Eck, in das man hineingedrängt wird von den anderen
– herauszieht, so daß man ein neues Gespräch anfangen kann.

Ich habe es genossen, als ich aus Wien fort war, denn die Wiener Tradition liebte es, dem einzelnen Menschen einen Zettel umzuhängen, was er ist. Also, der Heinz war in Wien ein Physiker, ihr wißt ja, was ein Physiker ist: Das ist einer, der ein Brett vor den Kopf genagelt hat, der kann nichts sehen, der weiß nicht, was malen ist, der weiß nicht, was dichten ist, der ist eben ein Physiker. Also was macht man mit dem! Alles verloren! Wenn es einem gelingt, den Physiker-Zettel, der einem umgehängt wird, loszuwerden, dann kann man vielleicht doch noch ein Gespräch über Kunst oder über ein Bild führen, oder tanzen gehen, irgend etwas, aber man ist die Physik los. Das habe ich als unerhört befreiend empfunden, als ich nach Amerika gekommen bin. Kein Mensch hat mich gefragt, was bin ich, und kein Mensch hat mir damals einen Zettel umgehängt. Ich wollte mit diesem langen, etwas ausgedehnten Vortrag nur darauf deuten, daß ich möglichst das *Label,* den Zettel Konstruktivist vermeiden möchte, denn sonst hört ja niemand mehr zu.

Anmerkungen

1. Dieser Text beruht auf einer Tonbandaufzeichnung, die für dieses Buch – am Rande einer längeren Interviewserie – am 10.4.1997 in Pescadero, Kalifornien, angefertigt wurde. Für die schriftliche Version wurde leicht gekürzt und vorsichtig redigiert, der Charakter der gesprochenen Sprache blieb erhalten.
2. Gregory Bateson, Steps to an Ecology of Mind. Collected Essays in Anthropology, Psychiatry, Evolution, and Epistemology. Northvale, New Jersey, London: Jason Aronson Inc. 1972. Dt.: Ökologie des Geistes. Anthropologische, psychologische, biologische und epistemologische Perspektiven, Frankfurt am Main: Suhrkamp 1985, 2. Aufl. 1988.
3. Kenneth L. Wilson, The Collected Works of the Biological Computer Laboratory, Department of Electrical Engineering, University of Illinois, Urbana, Illinois. Peoria, Illinois 1976.
4. R. A. Willaume (Hg.), Bionics, AGARD, Paris 1965.
5. „On Constructing a Reality", in: F. E. Preiser (Hg.), Environmental Design Research, Vol. 2, Dowden, Hutchinson & Ross, Stroudberg 1973, S. 35–46.
6. „On Self-Organizing Systems and Their Environments", in: M. C. Yovits and S. Cameron (Hg.), Self-Organizing Systems, Pergamon Press, London 1960, S. 31–50.
7. „Objects: Token for (Eigen-)Behaviours", in: ASC Cybernetics Forum 8, (3 & 4), 1976, S. 91–96.

Karl H. Müller

Systemforschung, Informationstheorie, Kybernetik, Kognitionswissenschaften 1948–1958

Neue Einheiten in disziplinärer Vielfalt

Was in dieser Übersicht dargestellt werden soll, ist ein faszinierendes und folgenreiches Stück inter-disziplinärer Wissenschaftsgeschichte: in einer Fokussierung auf die Um- und Durchbrüche zwischen den Jahren 1948 und 1958, in denen „die Wege geistigen Forschens heterogenster Gebiete" (Foerster 1948:VII) weniger zu einem gemeinsamen „Ursprung" in der Vergangenheit, als zu einer ebenso neuartigen wie zukunftsfähigen „Plattform" zusammenfanden. Das Jahrzehnt zwischen 1948 und 1958 brachte einen „Take-off" für gleich mehrere kohärente inter- und transdisziplinäre Wissenschaftsprogramme, die sich in den folgenden Jahrzehnten noch verbreitern, verdichten und untereinander verbinden, aber nicht mehr grundsätzlich verändern sollten. In dieser Dekade wurde von verschiedenen benachbarten Punkten innerhalb des vorhandenen Wissenskorpus aus eine neue Verbindungsebene eingezogen, die sich dann zu einer relativ homogenen Arena für transdisziplinäre Wissenschaftssprachen, Methoden, Forschungsdesigns und inter-disziplinäre Schnittstellenbildungen ausgestalten wird. Aber auch die Neuerungen inter-disziplinärer Programme folgen nicht dem Dogma der „unbefleckten Ideenempfängnis", sondern stehen in engen Wechselwirkungen mit den technologischen Potentialen wie auch der Organisation und den Inhalten wissenschaftlicher Forschung. Vier wichtige Faktoren aus diesem Vor- und Umfeld seien hier knapp erwähnt.

Neue Informations- und Kommunikationstechnologien, neue Computer-Technologien, veränderte Wissenschafts-Organisationen, „lebendigere" Wissensbasen

Der erste Umbruch bestand aus einem neuen Cluster von Informations- und Kommunikationstechnologien wie dem Telegrafen, dem Telefon, dem Radio oder dem Fernsehen, die sequentiell den Wellenraum eroberten – die zeitlich späteren Medien bemächtigten sich immer kürzerer Wellenlängen.[1] Darüber hinaus verfügte jede dieser neuen Informations- und Kommunikationstechnologien über ein und dieselbe Grundkonfiguration mit den folgenden „Bausteinen": einen Ausgangspunkt als „Sender" mit einem Reservoir an bestimmten „Informationen" (Texte, Worte, Bilder, etc.), einen „Transmitter", der diese „Informationen„ in eine technologisch passende Form „codierte" – beispielsweise in die binäre Notation von Punkten und Strichen im Morse-Code –, einen „Signalweg", der diese codierten Botschaften über weite Strecken (mit spezifischen Störungen) transportierte, einen „Empfänger", der die enthaltenen Informationen „decodierte", und schließlich einen „End-Benützer", der die decodierte Information gemäß ihrer Sender-Bedeutung „verstehen" sollte.[2]

Wirkte die eine Gruppe neuer Informations- und Kommunikationstechnologien schon gesellschafts- und alltagsverändernd, so sollte sich die zweite technologische „Spezies" noch als ungleich konsequenzenreicher erweisen. Sie wurde seit den vierziger Jahren des 20. Jahrhunderts in ihren ersten funktionsfähigen Prototypen – die ENIAC in Philadelphia, die JONIAC in Princeton u.a. – aufgebaut. Hier wurde parallel an mehreren Orten in den USA und in Europa eine „Elektrifizierung" und vor allem eine Beschleunigung von elementaren Rechenoperationen zu erreichen versucht.[3] Die Grundarchitektur dieser elektronischen Computer wurde schon 1945 durch John von Neumann präzise zusammengefaßt (von Neumann 1958) Diese Rechner mußten über Input/Output-Schnittstellen zu ihrer Umgebung verfügen, einen „Gedächtnis-Speicher" besitzen und eine zentrale Recheneinheit, die *Central Processing Unit* (CPU), als Ort der elementaren Rechen-Operationen einschließen.[4]

Parallel zur Entfaltung neuer Technologiefelder läßt sich in den Wissenschaften selbst ein Wachstums- und Differenzierungsprozeß beobachten, der im Schlagwort vom Übergang von *little science* zu *big science* zusammengefaßt wurde (de Solla Price 1974). Das Wissenschaftssystem bewegt sich entlang einer Exponentialkurve, bei Verdopplungszeiten rund um den Grenzwert von fünfzehn Jahren. Generell läßt sich der „Traum von der immerwährenden Prosperität" des Wissenschaftssystems (Burkart Lutz) nach 1945 mit verschiedenen Indikatoren demonstrieren. Wichtig ist dabei vor allem, daß die Wachstumsrate der Wissens- und Wissensschaftsindikatoren deutlich schneller stiegen als diejenigen des an sich schon ungewöhnlichen Wachstums in der Ökonomie.

Auch die Wissensbasen selbst sollten sich innerhalb dieser Jahrzehnte revolutionieren. Die normativen Wissenschaften – Logik, Mathematik, Ethik u.a. – wurden seit Beginn des 20. Jahrhunderts in neue Ebenen oder „Rahmen" gestellt. Innerhalb der Mathematik gelang zwischen der Jahrhundertwende – dem Traum David Hilberts von einer „vollständig abgeschlossen mathematischen Axiomatik" – und den dreißiger Jahren – den algorithmischen Neufassungen für die Begriffe der „effektiven Berechenbarkeit" durch Church, Kleene, Gödel, Herbrand, Post und Turing – ein Paradigmenwechsel, in dem die Grundarchitektur, die Potentiale aber auch die notwenigen Grenzen, die „blinden Flecken" und die unvermeidlichen Beschränkungen von Rechen- oder Ableitungs-Operationen klar festgelegt werden konnten. Und innerhalb der Logik vollzog sich zwischen 1910 – der Erstveröffentlichung der *Principia Mathematica* durch Bertrand Russell und Alfred N. Whitehead – und den dreißiger, vierziger und fünfziger Jahre eine Vervielfältigung von Logik-Systemen, die zu Beginn der fünfziger Jahre in Gestalt „mehrwertiger" Logiken, „induktiver Logiken" (vgl. nur Carnap 1950), „Modallogiken", „de-ontischen Logiken" u.a.m. vorgenommen wurden. Innerhalb der empirischen Wissenschaften ereignete sich in den Jahren nach 1945 eine langsame Schwerpunktverlagerung, durch die ein halbes Jahrhundert an „physikalischen Hochzeiten" sukzessive abgelöst werden sollte. Ähnlich wie mit der „Öffnung" des Atoms zu Beginn des 20. Jahrhunderts durch Ernest Rutherford war durch Francis Crick und James Watson ein ähnlicher Anfangs- und Öffnungspunkt gesetzt worden, der grosso modo ein halbes „Jahrhundert der Biologie" als neuer Leitwissenschaft einleiten sollte. Die Physik als „Zentral-Disziplin" sollte ihre Rolle als Groß-Forschung und als vornehmlicher *big science*-Komplex nicht einbüßen, sie wird jedoch sowohl technologisch als auch von den grundlegenden Modellen und Mechanis-

men her langsam durch eine umfassend angelegte „Biologie" in ihrer Leit-
funktion „beerbt"; durch „Life-Sciences", die auch weite Teile der Gehirnforschung, der Physiologie und der Medizin einschließen. Und als dritte
Besonderheit in den seinerzeitigen Wissenslandschaften sei auf die neu-
en Verbindungen zwischen „Formal"- und „Realwissenschaften" verwiesen, die gerade innerhalb der Jahre zwischen 1940 und 1960 geschlossen
wurden. In wesentlichen empirischen Disziplinfeldern standen in diesen
Jahren „Formal-Synthesen" am Programm, in deren Gefolge die disziplinären Grundlagen neu gesetzt worden sind. Warren McCulloch und
Walter Pitts entwerfen 1943 unter starker Benützung der Carnapschen
Logik-Kalküle ein Modell des Neurons und der neuronalen Verbindungen.
Die Logik in Gestalt der Booleschen Algebra wird Ende der dreißiger Jahre durch Claude E. Shannon in eine „Schaltkreis-Sprache" transformiert
(Shannon 1940). Die „Turing-Maschine" von 1936 übernimmt klar die Pa-
tenrolle bei der Schaffung der neuen Rechnergeneration rund zehn Jahre
später. Strukturen und Formen der „Bourbaki-Gruppe" werden zentra-
ler Referenzpunkt in der Formulierung der Entwicklungspsychologie vom
Piagetschen Zuschnitt. (Piaget 1973, 1978) Logik und strategische Interaktionen führen zur Formalisierung der „Spieltheorie" durch John von
Neumann und Oscar Morgenstern (von Neumann/Morgenstern 1944).
Logik und Linguistik bringen Noam Chomsky zu neuen Synthesen im
Bereich der „generativen Grammatiken" (Chomsky 1957, 1964, 1965) –
diese Liste ließe sich noch lange fortsetzen.

Schon diese vielen intra-disziplinären Synthesen von familienähnlichen
Formalismen mit disziplinspezifischen Inhalten legen die Vermutung nahe, daß auch die inter-disziplinären Verbindungspotentiale in diesen Jahrzehnten zugenommen haben. Tatsächlich feiern zwischen 1948 und 1958
vier folgenreiche inter-disziplinäre Programme ihre Geburtsstunden.

„Gestalten" an und für sich – die Systemforschung

Das erste und wohl auch abstrakteste interdisziplinäre Programm wird innerhalb der Biologie aufbereitet, in der es nach der Darwinschen Synthese
auch um Abgrenzungen gegenüber allgemeinen physikalischen Ensembles
und den Besonderheiten biologischer Gegenstandsfeldern ging. Die kon-

sequenzenreichste Absetz- und Differenzierungsbewegung vollzieht sich zunächst unerkannt im mitteleuropäischen Raum, als sowohl innerhalb der gestaltpsychologischen Schule in Berlin[5] als auch im Kontext der theoretischen Biologie die Spezifika „biologischer Systeme" in der Art ihres Material- und Energietransports und in ihren Ordnungsleistungen gesehen werden. Unter dem Titel „offene" und „geschlossene" Systeme wird nach der Übersiedlung Ludwig von Bertalanffys in die USA eine Begrifflichkeit und ein „Modellkern" selbstregulierender biologischer Systeme aufgebaut, deren Relevanz sehr schnell und sehr weit über die ursprünglichen Domänen hinausreichen sollte (Vgl. Bertalanffy 1968). Bereits 1954 fand dieser systemische „Mehrwert" seinen sinnfälligen organisatorischen Ausdruck, als in Palo Alto während eines gemeinsamen Forschungsaufenthalts vier Personen – Ludwig von Bertalanffy (Biologie), Kenneth Boulding (Ökonomie), Anatol Rapoport (Mathematik) und Ralph Gerard (Physiologie) – die Gründung einer eigenen Gesellschaft für Systemtheorie, einer *Society for the Advancement of General Systems Theory,* in die Wege leiteten. 1956 gründeten sie zusammen mit dem Psychologen James G. Miller und der Anthropologin Margaret Mead die *International Society for the Systems Sciences* (ISSS). Damit war eine erste inter-disziplinäre Initiative organisatorisch in die Welt getreten, die sich innerhalb eines Vierteljahrhunderts kognitiv wie global in einem wahrscheinlich ebenso ungeahnten wie nicht-intendierten Ausmaß ausbreiten sollte. Folgende Punkte seien an der Erfolgs- und Verwandlungsgeschichte der Systemtheorie hervorgehoben.

Zunächst einen läßt sich eine rasche Ausdifferenzierung der ursprünglich biologisch fundierten „Systemtheorie" in Richtung aller möglichen Disziplinen feststellen. Dieser Gewinn an Applikationsweiten ging aber mit einem deutlichen Verlust an Anwendungstiefen einher. Denn im Zuge ihrer Diffusion verwandelt sich die „System-Theorie" immer stärker in eine universelle Beschreibungs- und Darstellungsform – eine „Systemsprache" – für alle möglichen wissenschaftlichen Gegenstandsfelder. Diese „Sprache in Systemen" stellt eine scheinbar „selbstverständliche" und im wesentlichen auch „selbst-organisierte" Nachfolge für die alten einheitssprachlichen Visionen im Wissenschaftshaushalt dar. Als „Systemsprache" ist sie, wenngleich mit disziplinären Variationen und „eigensinnigen" Metaphoriken, zur „lingua franca" der allermeisten Wissenschaftsfelder avanciert. So finden sich in einem ersten Reader mit klassischen Texten zur „Systemforschung" aus dem Jahre 1969 neben dem Kernbereich von „offenen Systemen" und ihren „Umwelten" lediglich die Organisationsforschung und die Managementliteratur als weiterführende Bereiche integriert (Emery 1969). Aber 1981 erscheint nochmals unter dem bezeichnend theoriearmen Titel *Systems Thinking* ein zweiter Band mit systemischen Basistexten – und mit einer radikalen Erweiterung in Richtung von „Individuen und Gruppen", „Kommunikation", „Ökosysteme", „Regierung und Steuerbarkeit" u.a.m. (Emery 1981) Ganz in diesem Trend läßt sich etwas mehr als zwanzig Jahre nach der Begründung einer primär biologisch orientierten System-Theorie beispielsweise in Versailles eine Konferenz über „Neue Trends in der System-Analyse" abhalten, in dem von den großen Bereichen her die „Kontrolle in distribuierten Systemen", „Industrieroboter und Mikroprozessor-Anwendungen", „Systemanalyse und Energie", „Ökonomie" sowie „Umwelt und Verschmutzung" diskutiert werden (Bensoussan/Lions 1977).[6] Trotz dieser Verankerung als universeller systemischer Beschreibungsform bleibt andererseits ein allerdings schmales Repertoire an Modellen und Versuchen bestehen, allgemeine Gesetzmäßigkeiten und Mechanismen für beliebig viele disziplinäre Gegenstandsfelder – eine allgemeine „Theorie der Systeme" – zu finden. Dieser theoriegeladenere Strang sollte aber in den sechziger und siebziger Jahre an relativer Bedeutung verlieren – und lediglich in Gestalt von Spencer Brown einen „logischen Höhepunkt" erleben. Ein weiteres Merkmal der frühen Systemforschung liegt in der idiosynkratischen Rolle, welche die theoretische Soziologie ihr gegenüber einnimmt, wird doch hier schon sehr früh, nämlich im Jahre 1951, von Talcott Parsons ein Entwurf über „soziale Systeme" vorgelegt, der in den fünfziger Jahren in den USA schulenbildend wirken sollte.[7] Doch dieser Ansatz sollte sich als „evolutionäre Sackgasse" herausstellen und in der Systemforschung selbst nur als Marginalie rezipiert werden.[8]

Die Informations-Theorie

Die zweite Schnittstelle wurde im Bereich der Informations- und Kommunikationstechnologien, der Rechner-Architekturen und der Thermodynamik entwickelt. Nachgerade typisch war der Ort dieser Neuerung, die „Bell-Laboratorien" – einem der damaligen „Braintrusts" für das Feld der Informations- und Kommunikationstechnologien. 1948 erschienen zunächst zwei Artikel im *Bell System Technical Journal*, 1949 dann ein Buch, das neben diesen beiden Aufsätzen auch ein erläuterndes Anfangskapitel durch Warren Weaver enthält. Mit diesen Artikeln und dem schmalen Büchlein werden die Grundlagen der sogenannten „Informationstheorie" gelegt, in der einerseits ein der Thermodynamik entlehnter Rahmen für die entsprechenden Grundbegrifflichkeiten und Meßoperationen sorgte und in dem wichtige Regeln, Restriktionen und Designprinzipien für die neuen Informations- und Kommunikationstechnologien aufgestellt wurden – beispielsweise die beiden Shannonschen „Theoreme" über den Zusammenhang von Codes und Übertragungskapazitäten (vgl. Khinchin 1957:102ff.). Zwischen 1948 und 1958 sollte sich diese „Informationstheorie" zu einem Standard-Instrumentarium von Messungen, Berechnungen oder Designs im Umkreis der zuhandenen Informations- und Kommunikationstechnologien, aber auch im Kontext der neuen Rechnergenerationen ausweiten. Folgende Punkte sollen eigens betont zu werden.

Zunächst ist diese „neue Wissenschaft" an den Schnittstellen von Informations- und Kommunikationstechnologien und Thermodynamik mit der Leitperspektive des Transfers und des Austauschs von „Signalen" jenseits ihrer „Bedeutungen" entstanden. Warren Weaver schreibt einleitend von drei verschiedenen Problemniveaus im Bereich der Kommunikationsforschung und ordnet die Shannonsche Informationstheorie klar der ersten, der technischen Stufe zu – „How accurately can the symbols of communication be transmitted (The technical problem)" (Shannon/Weaver 1998:4). Eine andere Besonderheit der neuen Informations- oder „Signaltheorie" war, daß ihre Grundlagen an mehreren Plätzen auf ähnliche Weise – in den Laboratorien von *Bell-Telephone*, am *Massachusetts Institute of Technology* (Norbert Wiener), an der Universität Moskau (Andrej N. Kolmogoroff) – in expliziter Form entworfen und ausformuliert worden sind. Ein weiterer Punkt bestand in der schnellen Verbindung von Informationstheorie und den neuen Computer-Technologien, da gerade die digitale Binärcodierung dieser Computer ein ideales informationstheoretisches Meß- und Arbeitsgebiet eröffnen sollte. Und schließlich avancierte die Informationstheorie sehr rasch zu einer inter-disziplinären Perspektive, die sich unter Einschluß etablierter natur- wie sozialwissenschaftlicher Disziplinen weiterentwickelte. W. Ross Ashby, einer der großen Pioniere jener Tage und in den sechziger Jahren auch „Mit-Spieler" am Foerster-schen BCL, entwarf eine Überfülle an informationstheoretischen Überlegungen, die tief in das menschliche Alltagsleben hineinreichten – beispielsweise die Frage nach dem „Informationsgehalt" der folgenden Aktivität eines offensichtlich männlichen Akteurs:

He walks across the room to his book shelf (avoiding a chair that is in his path), finds his French Dictionary (among 100 other books), finds the word, reads the English translation, and writes down the corresponding word. (Ashby 1968:191)

Nach einer „Sequenziierung" dieser Handlung in neun unterschiedliche „Bausteine" stößt Ashby zu informationstheoretischen Schätzungen der einzelnen Bausteine vor (wie beispielsweise „walking 10 paces on two legs while maintaining normal velocity" oder „selecting a path to avoid collision with the chair") und gelangt zu einem insgesamt höchst gegenintuitiven Ergebnis.

The most surprising feature of the final result was, to us, the smallness of the number: 169 bits for about a minute's activity, or 3 bits per second. (Ebda.)

Damit war der informationstheoretischen „Vermessung" der neuen Informations- und Kommunikationstechnologien, der expandierenden Rechner-Generationen, der mannigfaltigen Mensch-Maschine Kopplungen und auch des menschlichen Alltags jede Tür geöffnet worden.

Die Kybernetik

Verfügte man mit der Systemtheorie über eine homogene Beschreibungsform für heterogenste Gebiete und lieferte die informationstheoretischen Schnittstelle eine homogene „Meßtheorie" speziell für die neuen Technologiebereiche, so fehlten doch noch die homogenen Modelle, Mechanismen und Muster, die für eine „physikalische Biologie", eine „Psycho-Physik" oder eine „Bio-Medizin" gleichermaßen von Relevanz sein konnten. Interessanterweise schlug im Jahre 1948[9] auch die Geburtsstunde auf der Modell-Seite – Norbert Wieners Buch über die „Kybernetik" wanderte von den überkommenen Druckmaschinen hinaus in eine interessierte inter-disziplinäre Öffentlichkeit. Schon der Untertitel des Buches erweist sich vor dem Hintergrund der bisherigen Ausführungen als hoch charakteristisch – „Regelung und Nachrichtenübertragung in Lebewesen und Maschine". Diese dritte inter-disziplinäre „Schnittstelle" wurde somit an den Verbindungen von bestehenden Informations- und Kommunikationstechnologien, von neuen Turing-Maschinen und der Biologie unter der Leitperspektive der „Kontrolle" und der „Steuerung" verankert. Die organisatorische Einbettung der kybernetischen Initiative erfolgte dabei im wesentlichen über eine Serie an Konferenzen, die im Mai 1942 in New York City ihren Anfang nahmen und die im Abstand von rund einem Jahr über die *Josiah Macy Jr. Foundation* abgewickelt wurden. (Heims 1991) Schon die ersten Macy-Treffen stellten in einer kognitiven „Parallelaktion" neuartige „künstliche„ wie „natürliche" Modelle und Mechanismen aus der Gehirnforschung oder den Informations- und Kommunikationstechnologien in den Vordergrund. Zu einem „großen Sprung nach vorne" setzte die Macy-Konferenz vom 8. und 9. März 1946 an, deren Thema den „Feedback-Mechanismen und den zirkulär-kausalen Systemen in der Biologie und in den Sozialwissenschaften" gewidmet war. Im Geist der Macy-Parallelaktionen setzte John von Neumann die Grund-Architektur der gerade im Bau befindlichen ersten elektronischen Rechner-Generation auseinander und Rafael Lorente de Nó gab eine Übersicht zum „Nervensystem als Rechen-Maschine". Während dieser zwei Tage wurde klar, daß sich neuartige Mechanismen von rückgekoppelten und zielorientierten Systemen mit erstaunlich weiten Anwendungsbreiten für biologische und soziale Systeme im Aufbau befanden. Ab der sechsten Macy-Konferenz, die vom 24. bis 25. März 1949 wiederum im Beekman Hotel in New York abgehalten wurde, erschienen die Beiträge und Diskussionen auch in Buchform. Und der erste veröffentlichte Band aus dem Jahre 1950 mit dem Titel *Cybernetics. Circular Causal, and Feedback Mechanisms in Biological and Social Systems* sah im übrigen Heinz von Foerster als Sekretär und Herausgeber bereits voll integriert. Mit der zehnten Macy-Konferenz fand diese Serie ihr Ende. An besonderen Punkten wären an dieser dritten interdisziplinären Modell-Schnittstelle zu erwähnen.

Eine Besonderheit war, daß sie stark mit den neuen Informations- und Kommunikationstheorien und erst in späterer Zeit und schwächer mit den neuen Computer-Technologien verhaftet war. Sodann verfügte die Kybernetik über einen reichen Fundus an weiterführenden Mechanismen und Modellen, mit dem beliebig allgemeine Regelungs- und Steuermaschinen kybernetisch ausgestattet werden konnten. So finden sich in W. Ross Ashbys Klassiker zur „Kybernetik" aus dem Jahre 1956 mehrere allgemeine Regelungs-Mechanismen: das „Gesetz von der erforderlichen Vielfalt", die „Regelung durch Störung beziehungsweise Abweichung" aber auch die Beschreibungsweise von „komplexen Systemen" insgesamt (Ashby 1956). Und auch die Sozialwissenschaften hatten ihren Anteil an der Kybernetik: Die politikwissenschaftliche Steuerungs- und Regelungstheorie nahm früh die durch die Kybernetik eröffneten Analysepotentiale auf. Aber auch die Management- und Organisationstheorie wurde für eine gewisse Zeit stärker „kybernetisch" durchstrukturiert. Es ist wohl kein Zufall, daß zwei grundlegende Werke in diesen beiden Feldern nahezu mit denselben Titel- und Metapherngebungen operieren – Karl W. Deutschs *The Nerves of Government* und Stafford Beers *Brain of the Firm*. Ergänzend sei im übrigen noch hinzugefügt, daß 1985 die „kybernetische Synthese" auch in die Postmoderne und in die feministische Diskurs unter dem Schlagwort der *Cyborgs* – der *cyb*-ernetic *org*-anisms – ihren kritischen Einzug halten sollte (Haraway 1995).

Die Kognitionswissenschaften

Zwischen 1948 und 1958 startet eine weitere Initiative, die stärker im Bereich der Modelle, Muster und Mechanismen verteilt war. Nochmals stand die neue Generation von Computern Pate – aber diesmal in ihrer Funktion und in ihrem Potential als „Denkmaschinen". An der Schnittstelle von Computer-Technologien, Gehirnforschung, Logik und Psychologie sollte innerhalb dieses inter-disziplinären Kontextes die Trias von „Denken, Intelligenz und Kognition" am Programm stehen. Im September 1948 versammelte sich am *California Institute of Technology* eine Gruppe von Neurologen, Kybernetikern und Informatikern zum Thema *Cerebral Mechanisms in Behavior*[10] Im Rahmen der Hixon-Konferenz, die im übrigen John von Neumann und Warren McCulloch eröffnen, wird durch den Harvard-Psychologen Karl Lashley eine programmatische Rede über die „Sequenzierung von Verhaltenabläufen" gehalten, die gemeinhin als der Startpunkt der Neuro-Psychologie betrachtet wird. Entlang dieser „gegen-behavioristischen„ Schiene wird 1949 von Donald E. Hebb ein Lernmechanismus für neuronale Netzwerke vorgeschlagen, der in der sogenannten „Hebbschen Lernregel" kulminiert.

When an axon of cell A is near enough to excite a cell B and repeatedly or persistently takes part in firing it, some growth process or metabolic change takes place in one or both cells that A's efficiency, as one of the cells firing B, is increased. (Hebb 1949:50)

1950 arbeitet Alan Turing neun mögliche gravierende Einwände gegen die Bedingungen der Möglichkeit maschinellen Denkens in Gestalt von „digitalen Computern" ab und entwertet jedes Argument, das die Konstruktion von „Denk-Maschinen" aufhalten könnte. Zudem schlägt er subtile Testbedingungen – zwei Nachahmungs- oder Täuschungsspiele – zur Überprüfung des Vorhandenseins von „intelligentem Sprachverhalten" vor, die allerdings selbst gegenwärtig noch für Jahrzehnte die Zuschreibung von „Maschinen-Intelligenz" als utopisch oder haltlos erscheinen ließen. (Hodges 1983) 1952 folgt Ross W. Ashby's erste Auflage eines *Design for a Brain*, das die bisherigen neuronalen „Mechanismen" synthetisiert und auf „dynamische Weise" zusammenfaßt. Den irreversiblen „Take off" im weiten kognitionswissenschaftlichen „Environment" wird man dann auf den September 1956 datieren können, wo am *Massachusetts Institute of Technology* eine Konferenz zum Thema „Informationstheorie" abläuft, in der interessanterweise neue Forschungsrichtungen fernab von den informationstheoretischen Instrumentarien und Analyserahmen auf ihre Wege geschickt werden. Denn auf dieser Konferenz werden zwei für die weiteren Entwicklungen bahnbrechende Arbeiten präsentiert: Allen Newells und Herbert Simons Übersicht zur *Logic Theory Machine* sowie Noam Chomsky's *Three Models of Language*. Pars pro toto sei der Psychologe George A. Miller zitiert:

I went away from the Symposium with a strong conviction, more intuitive than rational, that human experimental psychology, theoretical linguistics, and computer simulation of cognitive processes were all pieces of a larger whole, and that the future would see progressive elaboration and coordination of their shared concerns. (Gardner 1985:29)

Damit war eine für die weiteren sechziger oder siebziger Jahre wichtigste inter-disziplinäre Synthese geschaffen, welche unter den Leitworten von *Artificial Intelligence* und *Cognitive Science* segelte. Damit vollzog sich auch eine Homogenisierung zwischen den neuen Computer-Generationen und den dadurch ermöglichten Programmentwicklungen sowie ihren rasch expandierenden Programmier-Sprachen, den „Logiken", einer „algorithmischen" Linguistik, der Gehirnforschung und der kognitiven Psychologie. Vor dem Hintergrund eines in die Jahrhunderte gekommenen Dualismus aus der frühen Moderne zwischen physikalischer Welt und denkender Welt, zwischen „res extensa" und „res cogitans" wurde plötzlich ein Zusammenfall von Gegen-Welten geprobt – „res extensa cogitat", „mind matters" oder „matter minds".

Und anderes Mehr

An den Schnittstellen von Turing-Architekturen, Kybernetik, Kognition, Biologie und natürlich auch der System-Forschung wurde gegen Ende der fünfziger Jahre eine Reihe von weiteren inter-disziplinären Aktivitäten gesetzt, welche die entstehende neue „Quadriga" von System/Informationstheorie und Kybernetik/Kognitionsforschung verstärken sollte. Dazu gehört die „Bionik", die im September 1960 in Dayton, Ohio erstmals einer breiteren Öffentlichkeit vorgestellt wurde:

,Who is the baby?' An innocent onlooker of these festivities may rightly ask, ,Why this fuss?' The answer to these questions is very simple indeed: This symposium sets an offical mark for the end of one era of scientific endeavor and, at the same time, beginning of a new one: Specialization is ,OUT', Universalization is ,IN'. (Foerster 1960:1)

Bionics kann kürzestmöglich so charakterisiert werden, daß darin die Suche nach den „lebenden Prototypen" als Schlüsselfaktor in der Entdeckung und der Erfindung neuer Technologien betrachtet wurde. In ihrem Kontext standen hauptsächlich die Analogien, die gemeinsamen Musterbildungen und die möglichen „Transfers" zwischen „natürlichen Designs" und „artifiziellen Konstrukten" am Programm – und die Jahre um 1960 waren bekanntermaßen voll der Parallelen zwischen „natürlichen" und „künstlichen" Systemen. Diese Liste an Initiativen innerhalb der neugewonnenen inter-disziplinären Plattformen ließe sich noch länger fortsetzen, wenn man an die feineren Verästelungen in Richtung von Biologie, Linguistik oder auch an Bereiche wie *Operations Research* denkt.

Vor dem Hintergrund dieser inter-disziplinären Plattformen kann und sollte die Foerstersche Gründung des *Biological Computer Laboratory* (BCL) betrachtet werden. Damit war 1958 ein inter-disziplinäres Laboratorium organisatorisch verankert worden, das von seinen Zielrichtungen her alle vier inter- und transdisziplinären Stränge aufnehmen wollte. Es war an der „Schnittstelle von Schnittstellen" und am Konvergenzpunkt zwischen den neuen Computertechnologien, der Informationstheorie, der Kybernetik wie auch der Kognitionswissenschaften angesiedelt. Der Begriff „System" findet sich schon in den Programmen der frühen Macy-Konferenzen und ist wie selbstverständlich im Foersterschen Sprachrepertoire zugegen.

So überrascht es kaum, wenn man Heinz von Foerster zwei Jahre nach der Gründung des BCL mit einem ersten substantiellen Beitrag im Strom dieser neuen Synthesen wahrnimmt. Das BCL trat 1960 als Organisator einer Konferenz zum Thema der „Selbst-Organisation" von Systemen in Erscheinung, in der die Grundmuster und Mechanismen der „Ordnungserzeugung" wie auch der „Ordnungserhaltung" behandelt wurden. Unter den Konferenzteilnehmern begegnet man W. Ross Ashby, Stafford Beer, John R. Bowman, Warren McCulloch, Anatol Rapoport, Roger Sperry und vielen anderen. Und hiezu bringt Heinz von Foerster – erstmals in einem Paper aus dem Jahr 1959 – inhaltlich einen neuartigen und für die weitere Zukunft wichtigen Gesichtspunkte in die „Selbst-Organisationsdebatten" ein – nämlich den Ordnungsaufbau durch Störung, „order from noise".

In meinem Gasthaus ernähren sich ... selbstorganisierende Systeme nicht nur von Ordnung, für sie stehen auch Störungen auf der Speisekarte ... Ich möchte daher zwei Mechanismen als wichtige Schlüssel zum Verstehen selbstorganisierende Systeme nennen: den einen können wir nach Schrödingers Vorschlag das

Prinzip ‚Ordnung aus Ordnung' nennen, den anderen das Prinzip ‚Ordnung durch Störung'. (Foerster 1985:125ff.)

In weiterer Folge wird sich die Arbeit am BCL in eine Richtung verschieben, in der erkenntnistheoretische Komponenten eine immer deutlichere Stellung einnehmen. In der Verbindung von Warren McCulloch[11], Humberto Maturana (1985), W. Ross Ashby, Heinz von Foerster und den anderen „BCL-Spielern" vollzieht sich in wenigen Jahren eine konsequenzenreiche Erweiterung der seinerzeitigen inter-disziplinären Plattform vollziehen – der Konstrukteur, der Beobachter steigen zu integralen Bestandteilen des Forschungsdesigns auf. Insgesamt wird man Katherine Hayles zustimmen können, die den hauptsächlichen Stellenwert des BCL darin sah, dem „künstlichen Leben", dem „algorithmischen Denken" und der „artifiziellen Intelligenz" zur „Reflexivität", zur „Selbstreferentialität" oder horribile scriptu: zu „Selbstbewusstsein" verholfen zu haben. (Hayles 1999:131ff.)

Zu stationären Versuchen für Welt-Zusammenhänge

Mit den vier inter- wie transdisziplinären Programmentwürfen zur Sprache der Systeme, zur Theorie und Messung der Information und zu Modellen wie Mustern der Regelung und der Kognition wurde innerhalb nur eines Jahrzehnts eine in sich kohärente und kombinationsfähige Plattform aufgebaut, die für alle wesentlichen Operationen disziplinären Forschens entsprechende „Tools" und Instrumente bereitstellte. Sehr viele disziplinäre Felder lassen sich seither „systemisch" darstellen und beschreiben, über informationstheoretische Dimensionen „messen" und schließlich über kybernetische oder kognitionstheoretische Mechanismen „modellieren". Und so ist es nicht weiter überraschend, wenn in den wichtigen Texten aus der inter- und transdisziplinären Schlüsseldekade zwischen 1948 und 1958 sich jeweils Bausteine aus allen vier Programmen „rekombiniert finden. Rekapituliert man diese großen inter-disziplinären „Synthesen", dann sticht an ihnen neben ihrer Konsistenz, ihrer hohen Rekombinationsfähigkeit und ihrer „Stationarität" – immerhin wird diese inter-disziplinäre Plattform seit rund fünf Jahrzehnten ausgebaut und erweitert – eine Reihe weiterer Besonderheiten hervor.

Besonders auffällig ist zunächst, daß sich diese neuen inter-disziplinären Verankerungen nicht in den bislang etablierten Kern- und Königsdisziplinen – allen voran die Physik – vollzogen. Die inter-disziplinären Versuche in den fünfziger Jahren, das Wissenschaftsgebäude reduktionistisch aus dem Haupte der Elementarteilchen-Physik aufsetzen zu lassen, kamen über den Status von ebenso impraktikablen wie folgenlosen Wissenschaftsarchitekturen nie hinaus.[12] Ein weiteres auch innovationstheoretisch bedeutsames Charakteristikum liegt in der hohen zeitlichen Konzentration – innerhalb nur weniger Jahre waren die wichtigsten Schwerpunkte und weiterführenden inter-disziplinären Forschungspfade gelegt worden. Ein anderes Merkmal dieser vier Programme liegt in ihrer vielfach zu verstehenden Neuheit. Inhaltlich vermochte jede dieser vier inter-disziplinären Neuorientierungen gewichtige Bausteine und Elemente aus den neuartigen Technologie- und Wissensfeldern zu rekombinieren und zu integrieren. Wegen dieser starken Überschneidungen ist es auch nicht weiter verwunderlich, daß jeder einzelne der großen „Inter-Disziplinaristen" gleich an mehreren Programmatiken beteiligt war. John von Neumann entwickelt die Grundarchitektur für die neuen „Turing-Maschinen", ist an der Entstehung und Ausbreitung der Kybernetik aktiv beteiligt, widmet sich expressis verbis den Familienähnlichkeiten wie den Familiendifferenzen zwischen menschlichem Gehirn und Computern – und setzt überdies mit dem Werk zur Spieltheorie ein für die weiteren Jahrzehnte folgenreiches transdisziplinäres Modellinstrumentarium in die Welt. Norbert Wiener war an der Kybernetik ebenso prägend beteiligt wie an der Entwicklung der Informationstheorie und an den Grundsatzdiskussionen der Kognitionswissenschaften, einschließlich ihrer religiös-metaphysischen Grenzfragen (Vgl. Wiener 1964). Warren McCulloch avanciert über seine „logische Synthese" ebenso zum Pionier der Kognitionswissenschaften wie über seine Rolle als „Orchestrator" der Macy-Konferenzen zum Gründungsmitglied der Kybernetik und über seine Einbettung in die Computer-Technologien zum Avantgardisten der „Künstlichen Intelligenz"[13]. In diese Liste an inter-disziplinären „Quer-Praktikern" lassen sich weitere Personen aufnehmen – wie Claude E. Shannon, Ludwig von Bertalanffy, Friedrich A. von Hayek, Margaret Mead, Anatol Rapoport – und eben auch Heinz von Foerster, der sich in seinen Frühzeiten innerhalb dieser neuen Technologiefelder – Elektronik, Radio – bewegt und seit 1948/49 an den verschiedensten Schnittstellen von Kybernetik, Kognitionswissenschaften, Informationstheorie und Systemforschung zu finden ist. Ein anderes Charakteristikum dieser neuen inter-disziplinären Entwürfe liegt in ihren erstaunlichen Applikationsbreiten und Anwendungstiefen. Ungeachtet der speziell im deutschen Sprach- und Denkraum gepflegten „feinen Distinktionen" zwischen Natur- und Kulturwissenschaften konnte jede dieser interdisziplinären „großen Visionen" in weitesten Bereichen des Wissenschaftssystems einsatzfähig sein und sowohl die Naturwissenschaften als auch die Wissenschaften von der Gesellschaft „betreffen Und schließlich sollte noch darauf hingewiesen werden, daß jede der vier inter-disziplinären Programmatiken eine eigenständige „Forschungsorganisation" aufbaute – jeder dieser Entwürfe war seinerseits durch ein Mindestmaß an inter-disziplinären Verankerungen gekennzeichnet. Über das Spektrum an Zeitschriften – beispielsweise das einflussreich gewordene Journal *General Systems* –, an Neugründungen von Instituten quer über den Bereich der Systemtheorie, der Informationstheorie, der Kybernetik und der Kognitionswissenschaften oder über mannigfaltige Tagungen und Kongresse vermochte sich diese neuen inter-disziplinären Initiativen als verbindende Plattform in das Wissenschaftssystem der fünfziger und sechziger Jahre irreversibel „einzubetten". Wegen dieser Charakteristika konnte, so paradox dies klingt, ein Pfad in Richtung eines „Clusters" von gestaltungsfähigen „inter-disziplinären Disziplinen" beschritten werden. Das von Heinz von Foerster begründete BCL sollte sich dabei als wichtiger Netzwerkknoten herausstellen und die neue Synthese von Computer-Technologien, Informationstheorie, Kybernetik und Systemforschung und Kognitionswissenschaften auf spektakuläre Weise in Urbana umsetzen.

Anmerkungen

1. Auf die Ultralangwellen der Telegrafie/Telefonie mit 106 m folgten die Lang- (103m), Mittel- (102m), Kurz- (101m) und Ultrakurzwellen (100m) des Radios und fanden mit den nochmals um einen Faktor zehn verminderten Fernsehwellen (10-1m) ihr mediales Ende. Vgl. Amereller (1994:17)
2. Vgl. die klassisch gewordene grafische Übersicht bei Shannon/Weaver 1998, 7 u. 34.
3. Vgl. u.a. Aspray 1990 und Ceruzzi 1998, zur Systematik vgl. u.a. Herken 1994.
4. Über die gesellschaftstheoretischen Implikationen dieser neuen Rechnergenerationen

oder „Turing-Kreaturen" und die Entstehung von „Turing-Gesellschaften" vgl, Müller 1999, Müller/Purgathofer Vymazal, Müller 2000 und 2001.

5. Vgl. die Darstellung bei Wolfgang Köhler, der als wesentliche Leistung biologischer Systeme ihre Erhaltung möglichst weit vom thermodynamischen Gleichgewicht verortet. So Wolfgang Köhler 1969:62 (orig. 1938).

6. Gegen Ende der siebziger Jahre erschien mit dem zweibändigen Werk von Mario Bunge über Ontologie und Systemsprache eine vorläufige „Summa" der systemischen Begrifflichkeiten und ihrer Anwendbarkeiten in unterschiedlichsten Gegenstandsbereichen, einschließlich der Selbst-Applikationen auf „konzeptionelle Systeme". Und zu Beginn der achtziger Jahre finden sich denn auch in systemischen Sammelwerken so unterschiedliche Gegenstandsfelder wie „Biomedizin", „Engineering", „Offshore-Strukturen", „Nicht-Lineare Programmierung", „Verkehr und Transport", „Mathematische Wirtschaftswissenschaften" und viel anderes mehr (Balakrishnan/Thoma 1984).

7. Es scheint fast zur Tradition zu gehören, daß sich die Soziologie den Umwälzungen innerhalb der systemischen Plattform höchst selektiv bedient. Auch die Theorie „autopoietischer Systeme" wurde seitens der Soziologie – genauer: durch Niklas Luhmann (1984) – auf eigenwillige Weise rezipiert, die – ähnlich wie die Parsonssche Synthese – stark innerhalb der Soziologie, abet nicht innerhalb der Systemforschung wirken sollte.

8. Beispielsweise findet sich in der Übersicht von Stafford Beer über die wichtigen Ansätze der Systemforschung der Name Talcott Parsons nicht. (Beer 1994:570 orig. 1979).

9. 1948 erschienen immerhin die folgenden interdisziplinären „Instant-Klassiker": Claude Shannons Aufsätze zur Informationstheorie, Norbert Wieners Kybernetik sowie – buchbezogen – Heinz von Foersters Darstellung über das Gedächtnis.

10. Vgl. dazu auch die sehr informativen Darstellungen bei Howard Gardner 1985, die einen sehr umfassenden Überblick zu den Entwicklungssträngen seit den fünfziger Jahren vermitteln.

11. Aus dem Jahre 1964 stammt dazu beispielsweise ein wichtiger programmatischer Aufsatz von Warren McCulloch, der unter dem Titel „A Historical Introduction to the Postulational Foundations of Experimental Epistemology" (McCulloch 1988b) im Kontext der Wenner-Gren Foundation veröffentlicht wird.

12. Vgl. dazu nur Nagel 1961 oder Hempel 1966:101ff.

13. Im Werkverzeichnis von Warren McCulloch (1988) finden sich visionäre Arbeiten wie beispielsweise „Machines that Think and Want" oder „Towards Some Circuitry of Ethical Robots ...".

Literatur

Klaus Amereller, Koevolutionäre Informationstheorie. Interdisziplinärer Diskussionsbeitrag zur tatsächlichen Dimension der Kommunikation. Frankfurt: R.G. Fischer Verlag 1994.

W. Ross Ashby, Design for a Brain. The Origin of Adaptive Behavior. London: Chapman and Hall 1952.

W. Ross Ashby, Einführung in die Kybernetik. Frankfurt: Suhrkamp (orig. 1956)

W. Ross Ashby, „Information Processing in Everyday Human Activity", in: BioScience 3 (1968), 190–192.

William Aspray, John von Neumann and the History of Modern Computing. Cambridge: The MIT Press 1990.

A.V. Balakrishnan, M. Thoma (Hg.), System Modeling and Optimization. Berlin: Springer Verlag 1984.

Stafford Beer, Brain of the Firm. The Companion Volume to ‚The Heart of the Enterprise', zweite Auflage. Chichester: John Wiley & Sons 1994a (orig. 1972, 1981)

Stafford Beer, The Heart of the Enterprise. Companion Volume to ‚Brain of the Firm'. Chichester: John Wiley & Sons 1994b (orig. 1979)

Stafford Beer, Decision and Control. The Meaning of Operational Research and Management Cybernetics. Chichester: John Wiley & Sons 1994 (orig. 1966).

A. Bensoussan, J.L. Lions (Hg.), New Trends in Systems Analysis, International Symposium, Versailles, December 13–17, 1976. Berlin: Springer-Verlag 1977.

J. David Bolter, Turing's Man. Harmondsworth: Penguin Books 1984.

Mario Bunge, Treatise on Basic Philosophy. Ontology I: The Furniture of the World. Dordrecht: Reidel 1978.

Mario Bunge, Treatise on Basic Philosophy. Ontology II: A World of Systems. Dordrecht: Reidel 1979.

Rudolf Carnap, The Logical Foundations of Probability. Chicago: University of Chicago Press 1950.

Paul E. Ceruzzi, A History of Modern Computing. Cambridge:The MIT Press 1998.

Noam Chomsky, Syntactic Structures. The Hague: Mouton 1957.

Noam Chomsky, Current Issues in Linguistic Theory. The Hague: Mouton 1964.

Noam Chomsky, Aspects of the Theory of Syntax. Cambridge: The MIT Press.

Roger Conant, Mechanisms of Intelligence: Ashby's Writings on Cybernetics. Seaside: Intersystems Publications 1981.

Daniel C. Dennett, Consciousness Explained. Boston: Little, Brown and Company 1991.

Derek J. de Solla Price, Little Science, Big Science. Von der Studierstube zur Großforschung. Frankfurt: Suhrkamp Verlag 1974.

Karl W. Deutsch, Politische Kybernetik. Modelle und Perspektiven, dritte unveränderte Auflage. Freiburg: Verlag Rombach 1973 (orig. 1963, 1966).

Karl W. Deutsch, Staat, Regierung, Politik. Eine Einführung in die Wissenschaft der vergleichenden Politik. Freiburg: Verlag Rombach 1976 (orig. 1970).

F.E. Emery (Hg.), Systems Thinking. Selected Readings. Harmondsworth: Penguin Books 1969.

E.F. Emery (Hg.), Systems Thinking: 2. Selected Readings. Harmondsworth: Penguin Books 1981.

Howard Gardner, The Mind's New Science. A History of the Cognitive Revolution. New York: Basic Books 1985.

Donna Haraway, Simians, Cyborgs, and Women. The Reinvention of Nature. London: The Free Association Books 1991.

N. Katherine Hayles, How We Became Posthuman. Virtual Bodies in Cybernetics, Literature and Informatics. Chicago: The University of Chicago Press 1999.

Donald O. Hebb, The Organization of Behavior. New York: John Wiley & Sons 1949.

Steve J. Heims, John von Neumann and Norbert Wiener. From Mathematics to the Technologies of Life and Death. New York: McGraw Hill 1985.

Steve J. Heims, The Cybernetics Group. Cambridge: The MIT Press 1991.

Carl G. Hempel, Foundations of Philosophy. Englewood Cliffs: Prentice Hall, Inc. 1966.

Rolf Herken (Hg.), The Universal Turing Machine. A Half-Century Survey, zweite Auflage. Wien New York: Springer 1994.

Michael E. Hobart, Zachary S. Schiffman, Information Ages. Literacy, Numeracy, and the Computer Revolution. Baltimore:The Johns Hopkins University Press 1998.

Andrew Hodges, Alan Turing: The Enigma. New York: Simon&Schuster, Inc. 1983.

A.I. Khinchin, Mathematical Foundations of Information Theory. New York:Dover Publications 1957.

Wofgang Köhler, „Closed and Open Systems", in: F.E. Emery (1969), Systems Thinking a.a.O., 59–69.

Pat Langley, Herbert A. Simon, Gary L. Bradshaw, Jan M. Zytkow, Scientific Discovery. Computational Explorations ofthe Creative Processes. Cambridge: The MIT Press 1987.

Niklas Luhmann, Soziale Systeme. Grundriß einer allgemeinen Theorie. Frankfurt: Suhrkamp 1984.

Burkard Lutz, Der kurze Traum immerwährender Prosperität. Eine Neuinterpretation der industriell-kapitalistischen Entwicklung im Europa des 20.Jahrhunderts. Frankfurt: Campus-Verlag 1984.

Humberto R. Maturana, Erkennen: Die Organisation und Verkörperung von Wirklichkeit. Ausgewählte Arbeiten zur biologischen Epistemologie, zweite durchgesehene Auflage. Braunschweig: Friedr. Vieweg&Sohn 1985.

Warren S. McCulloch, Embodiments of Mind. Cambridge: The MIT Press 1988a.

Warren S. McCulloch, „A Historical Introduction to the Postulational Foundations of Experimental Epistemology", in: ders., Embodiments a.a.O., 359–372 (1988b)

Warren S. McCulloch, Walter H. Pitts, „A Logical Calculuc of the Ideas Immanent in Nervous Activity", in: Warren S. McCulloch, Embodiments a.a.O., 19–39.

Karl H. Müller, „Die brüchigen Zeitarchitekturen der Turing-Gesellschaften", in: Österreichische Zeitschrift für Geschichtswissenschaften 3 (1999), 404–453.

Karl H. Müller, Peter Purgathofer, Rudolf Vymazal, Chaos 2000. Das globale Zeitbeben. Wien: Döcker-Verlag 1999.

Karl H. Müller, „Die große Drift der Turing-Gesellschaften", in: Helmut Konrad, Manfred Lechner (Hg.), Am Ende der Gegenwart. Gedanken über globale Trends und regionale Auswirkungen. Graz: Leykam 2000, 148–202.

Karl H. Müller, Knowledge, Dynamics, Society. The New Alchemy of the Information-Age. Wien NewYork: Springer 2001.

Ernest Nagel, The Structure of Science. New York: Harcourt, Brace&World 1961.

Tor Norretranders, The User Illusion. Harmondsworth: Penguin Books 1998.

Talcott Parsons, The Social System. Glencoe, Ill.: The Free Press 1951.

Jean Piaget, Der Strukturalismus. Olten: Walter-Verlag 1973 (orig. 1968)

Jean Piaget, Biologie und Erkenntnis. Über die Beziehungen zwischen organischen Regulationen und kognitiven Prozessen. Frankfurt: Fischer Taschenbuch Verlag 1983 (orig. 1967)

Claus Pias, Joseph Vogl, Lorenz Engell, Oliver Fahle, Britta Neitzel (Hg.), Kusbuch Medienkultur. Die maßgeblichen Theorien von Brecht bis Baudrillard. Stuttgart: DVA 1999.

Everett M. Rogers, Diffusion of Innovations, vierte Auflage, New York: The Free Press.

Claude E. Shannon, A Symbolic Analysis of Relay and Switching Circuits, M.A. Thesis. Cambridge: Massachusetts Institute of Technology 1940.

Claude E. Shannon, Warren Weaver, The Mathematical Theory of Communication. Foreword by Richard E. Blahut and Bruce Hajek. Urbana: University of Chicago Press 1998 (Orig. 1949).

Herbert A. Simon, Models of Discovery and Other Topics in the Methods of Science. Dordrecht: Reidel Publishing Company 1977.

Herbert A. Simon, The Sciences of the Artificial, zweite Auflage. Cambridge: The MIT Press 1985. George Spencer-Brown, Laws of Form. Gesetze der Form. Lübeck: Bohmeier Verlag 1997.

Alan Turing, „Computing Machinery and Intelligence", wiederabgedruckt u.a. in: Alan Ross Anderson (Hg.), Minds and Machines. Englewood Cliffs: Prentice Hall, 4–30 (orig. 1950).

Ludwig von Bertalanffy, General System Theory. Foundations, Development, Applications. New York: George Braziller, Inc. 1968.

Heinz von Foerster, „Über das Leistungsproblem beim Klystron", in: Berichte der Lilienthal-Gesellschaft für Luftfahrtforschung 155 (1943), 1–5.

Heinz von Foerster, Das Gedächtnis. Eine quantenphysikalische Untersuchung. Wien: Franz Deuticke 1948.

Heinz von Foerster, „Preface", in: ders. Bionics Symposium. Living Prototypes – the Key to New Technology. Technical Report 60-600. Wright Air Development Division 1960.

Heinz von Foerster (Hg.), Principles of Self-Organization. Transactions of the University of Illinois Symposium on Self-Organization, 8 and 9 June 1960. Oxford: Pergamon Press 1962.

Heinz von Foerster, „Computation in Neural Nets", in: Currents in Modern Biology 1 (1967), 47–93.

Heinz von Foerster, Sicht und Einsicht. Versuche zu einer operativen Erkenntnistheorie. Braunschweig-Wiesbaden: Friedr. Vieweg & Sohn 1985.

John von Neumann, Die Rechenmaschine und das Gehirn, vierte Auflage. München: R. Oldenbourg Verlag 1980 (orig. 1958).

John von Neumann, Oskar Morgenstern, Theory of Games and Economic Behavior. Princeton: Princeton University Press 1972 (orig. 1944).

Norbert Wiener, God and Golem, Inc. A Comment on Certain Points where Cybernetics Impinges on Religion. Cambridge: The MIT Press 1964.

Norbert Wiener, Kybernetik. Regelung und Nachrichtenübertragung in Lebewesen und Maschine. Reinbek: Rowohlt Verlag 1968.

Albert Müller

Zur Geschichte des BCL*

BCL (*Biological Computer Laboratory*) ist der Name einer eigenständigen Abteilung innerhalb des *Departments of Electrical Engineering* an der *University of Illinois*, die 1957/58 vom damaligen *Professor for Electrical Engineering* Heinz von Foerster gegründet und im Zuge seiner Emeritierung geschlossen wurde. Die Vermutung einer sehr engen Bindung des „Schicksals" dieser Institution an das „Schicksal" ihres Gründers und Leiters mag damit auf den ersten Blick naheliegend erscheinen.

Heinz von Foerster hatte bald nach seiner Ankunft in den USA 1949 eine Stelle an der *University of Illinois* erhalten. Das war zunächst die Folge einer Kette von Zufällen, sodann die der nachdrücklichen Unterstützung durch Warren McCulloch. Wenn man es genau nimmt, war Foerster im Jahr 1949 kein Wissenschaftler im ‚strengen' Sinn, weder nach den Regeln des mitteleuropäischen Wissenschaftssystems, noch nach denen des Wissenschaftssystems der Vereinigten Staaten. Von Foerster war Techniker und Erfinder. Vor 1945 hatte er im Bereich avancierter physikalischer Grundlagenforschung in der NS-Rüstungsforschung gearbeitet (bei der *Gesellschaft für elektroakustische und mechanische Apparate*). Er verfügte aus verschiedenen Gründen über keinen regulären akademischen Abschluß.[1] Und er hatte bis dahin nur eine geringe Anzahl von Publikationen. Einen Artikel aus dem Bereich der Physik (Foerster 1943) und ein schmales Buch, das nach landläufigen Begriffen dem Gebiet der Psychologie zugeordnet wurde (Foerster 1948).

Nach 1945 verdiente er die Hälfte seines Gehalts als Techniker bei einem Wiener Betrieb der Kommunikationstechnologie. Die andere Hälfte verdiente er mit journalistischer Arbeit, die sowohl gesellschaftspolitische als auch wissenschaftsjounalistische Beiträge umfaßte, im *Sender Rot-Weiß-Rot.* Wissenschaft war damals für Foerster eher so etwas wie ein Hobby, denn selbst seine erste Buchpublikation *Das Gedächtnis* (1948) entstand nebenher. Im Wien der Nachkriegsjahre fand diese Publikation – vor allem auch unter Psychologen – nur geringen Anklang, obwohl die Veröffentlichung etwa bei Erwin Schrödinger auf Interesse stieß.[2]

Diese Arbeit gelangte eher zufällig und über private Netzwerke in die Hände Warren McCullochs, der sich vom quantenmechanischen Ansatz dieser Untersuchung eine Lösung eigener Forschungsprobleme versprach, von denen Foerster zur Zeit der Abfassung von *Das Gedächtnis* keine Kenntnis hatte. McCulloch lud Foerster jedenfalls ein, seine Thesen zur Funktionalität des Gedächtnisses im Hinblick auf Erinnern und Vergessen auf einer Kybernetiktagung, der *Macy-Conference,* vorzutragen. (Foerster 1949a)

Nach seinem ersten Vortrag vor der Macy-Konferenz 1949 wurde Heinz von Foerster zum Herausgeber der Publikation der Konferenzakten bestimmt. (Foerster 1949b, Foerster/Mead/Teuber 1950, 1951, 1953, 1955) In sehr kurzer Zeit war er von der äußersten Peripherie (dem Nachkriegs-Wien) ins Zentrum einer der bedeutendsten Wissenschafts-Bewegungen des 20. Jahrhunderts geraten. Im Gegensatz zum BCL haben die Macy-Konferenzen durchaus einiges wissenschaftshistorisches Interesse gefunden. Einen besonderen Hinweis verdient hier Heims (1991).

Die Teilnehmer der Macy-Tagungen vertraten 1949 die Fachrichtungen Psychiatrie, Elektrotechnik, Physiologie, Computerwissenschaft, Medizin, Zoologie, Psychologie, Soziologie, Ethnologie, Anatomie, Neurologie, Verhaltensforschung, Mathematik, Radiobiologie, Biophysik, Philosophie. Bis 1953 erweitert sich diese Liste noch um Ökonomie und andere Disziplinen.[3] Unter den Teilnehmern waren neben dem Vorsitzenden Warren McCulloch unter anderem Norbert Wiener, John von Neumann, Gregory Bateson, Margareth Mead, Julian H. Bigelow, Paul Lazarsfeld, Walter Pitts und der Leiter des Tagungsprogramms der Macy Foundation, Frank Fremont Smith.

Die Diskussionen dieser Gruppe kennzeichnete Heinz von Foerster als „kooperativ, und nicht kompetitiv"[4]. Die von ihm betreuten Publikationen versuchten diese Diskussionsstruktur auch in der gedruckten Form nachzuzeichnen. Die Vorträge werden durch Fragen, der Bitte nach Erläuterungen, Einwänden etc. unterbrochen, die Multiperspektivität auf ein Thema stand dabei im Vordergrund. Dennoch ließ auch dieser kooperative Diskussionsmodus heftige Einwände zu. Als ein Beispiel kann die Auseinandersetzung zwischen Ross Ashby, der seinen Homöostaten präsentierte, und Julian Bigelow, der die Nützlichkeit dieser Konstruktion vehement bestritt, dienen.[5]

Für den nunmehrigen Professor für *Electrical Engineering* in Urbana, Illinois, bedeutete die Mitwirkung an den regelmäßigen jährlichen Tagungen so etwas wie ein intellektuelles Zentrum. Und nach dem Ende der *Macy-Group* (1953) versuchte er gewissermaßen ihr „Erbe" weiterzuführen. Als Physiker in Urbana konnte Heinz von Foerster jedoch zunächst an seine früheren Arbeiten anschließen: er leitete das *Electron Tube Lab.*

Die Gründung des BCL

Eine der vielversprechenden Optionen der Kybernetik schien für Foerster offenkundig in der Auslotung ihrer Anwendungsgebiete und -möglichkeiten zu liegen. Diese Anwendungsmöglichkeiten ergaben sich allerdings zunächst nicht aus den bisherigen Forschungen Foersters als Physiker und Elektrotechniker. Er nutzte die Möglichkeit eines *Sabbaticals* und die Unterstützung der *Guggenheim Foundation,* um sich in zusätzlichen Bereichen weiterzubilden. Zum einen Teil beschäftigte er sich am MIT bei Warren McCulloch mit Problemen der Neurophysiologie, zum andern Teil ging er nach Mexiko, um bei Arturo Rosenblueth, einem bedeutenden Mitglied der Macy-Group, zu Problemen der Physiologie und Biologie zu arbeiten. Während dieses Aufenthalts verfaßte er unter anderem ein – dann unveröffentlicht gebliebenes – Manuskript, dessen Inhalt die Kybernetik der Muskelaktivität betraf.[6]

Mit dieser „Schulung" bei Rosenblueth und McCulloch erschien Foerster ausreichend legitimiert, um von seiner Universität die Möglichkeit zu erhalten, das BCL, soweit ich sehe: ganz nach seinen eigenen Vorstellungen, zu eröffnen und zu betreiben. Das Labor wurde mit 1. Jänner 1958 eröffnet. Ein völlig neuer Forschungszweig wurde damit innerhalb der Universität und innerhalb des *Departments of Electrical Engineering* konstituiert. Die Leitung des *Electron Tube Lab*, das vor allem auch aufgrund der zunehmenden Bedeutung des Transistors an Relevanz verlor, hatte Foerster aufgegeben.

Das BCL war in seinem ersten Jahrzehnt vor allem ein Forschungslabor. Mit der Arbeit dort war (fast) keine Lehrtätigkeit verbunden. Studenten, die am BCL arbeiteten, wurden aus Forschungsprojekten bezahlt und nicht formell – im Sinne eines Studienganges oder Curriculums – dort ausgebildet.

Die Finanzierung des BCL erfolgte vor allem über Drittmittel. Von medizinischen und anderen Programmen abgesehen waren US-Airforce und US-Navy die Hauptfinanciers des Labors. (Vgl. Tabelle im Anhang.) Beide militärischen Organisationen verfügten in den 50er und 60er Jahren über erstaunliche Etats für (nicht-militärische) Grundlagenforschung. Erst seit Beginn der 1970er Jahre sollte sich dies ändern.

Anfangsjahre

Versucht man die Anfangsjahre des BCL zu rekonstruieren, so gelangt man zu folgenden bemerkenswerten Ergebnissen: Offensichtlich gelang es Foerster sehr rasch, interessante Forscher an das BCL zu bringen. Einige dieser Personen entstammten dem kybernetischen „Establishment" – Ross Ashby wurde ja schon erwähnt (vgl. Ashby 1956) –, sodann wurden aber auch Vertreter „ferner" Disziplinen, der Philosoph Gotthart Günther ist dafür ein Beispiel, gewonnen. Dazu kamen immer wieder junge Wissenschaftler aus allen möglichen Bereichen. Und schließlich lud das BCL Gäste ein: solche Einladungen waren wohl nur zum Teil „strategisch", zum Teil eher zufällig oder über die bereits bestehenden Netzwerke – nicht zuletzt der *Macy-Group* – vermittelt. So gelangte etwa Gotthart Günther durch die Vermittlung Warren McCullochs an das BCL.[7] In den ersten Jahren des Labors, bis 1965, waren insgesamt folgende Personen als *Visiting Research* Professors eingeladen: Gordon Pask (England), Lars Löfgren (Schweden), W. Ross Ashby (England), Gotthard Günther (USA, Deutschland), William Ainsworth (England), Alex Andrew (England), Dan Cohen (Israel). Ashby (seit 1961) und Günther (seit 1967) erhielten dauernde Professuren, Pask, mit dem Foerster auch gemeinsam publizierte (Pask/Foerster 1960, 1961; vgl. Foerster 1993b), und Löfgren blieben in permanentem Kontakt mit dem BCL.

Selbstorganisierende Systeme und Bionik

Auf der Grundlage dieser Struktur gelang es, am BCL nach nur sehr kurzer Anlaufzeit eines der damals konjunkturträchtigsten Themen zu bearbeiten und auch organisatorisch gewissermaßen zu besetzen. Mehrere wichtige Konferenzen kamen im unmittelbaren Umfeld des BCL zustande. Thematisch kreisten sie um Probleme der Systemtheorie und speziell um den Bereich selbstorganisierender Systeme. (Vgl. allg. Paslack 1991) Noch heute sind die Konferenzbände wie *Self-Organizing Systems* (Yovits/Cameron 1960) oder *Principles of Self-Organization* (Foerster/Zopf 1962) grundlegend für diesen Forschungsbereich. Diese und anschließende Konferenzen, an denen Mitglieder des BCL beteiligt waren, erregten rasch internationales Aufsehen und zogen klar nachvollziehbare Diffundierungseffekte in europäischen Ländern bis hin zur UdSSR nach sich. Die Theorie selbstorganisierender Systeme kontrastierte und erweiterte die Tradition der Systemtheorie Bertalanffyschen Zuschnitts (vgl. Bertalanffy 1969), die in die 1920er Jahre zurückreicht, und dehnte vor allem ihre Anwendungsbereiche ganz massiv aus. Heinz von Foersters Beiträge dazu bestehen vor allem im Konzept des *order from noise* sowie in der Analyse der selbstorgansierenden Systeme im Rahmen der Thermodynamik. (Foerster 1960)

Neben Systemtheorie und Selbstorganisation war es auch das Schlagwort der Bionik, (vgl. Foerster 1960b, 1962, 1963) das der Forschergruppe am BCL Aufsehen verschaffte. Bionik diente als weitgespanntes *catchword*, unter dem die Versuche zusammengefaßt wurden, biologische Prozesse zu analysieren, zu formalisieren und auf Rechnern zu implementieren. (Foerster 1960) Damit schloß das BCL sowohl an die Ideen von McCulloch und Pitts (1943) als auch an die Tradition der Macy-Tagungen an. Auch zum Bereich der Bionik wurden Kongresse und Tagungen durchgeführt, die international weithin diffundierten. Mit der Bionik wurde übrigens auch eine Alternative zur 1956 formulierten *Artificial Intelligence* geschaffen, auch wenn heute klar erscheint, daß sich die *Artificial*

Intelligence auf Dauer gesehen auf dem Markt der wissenschaftlichen Forschungsfinanzierungen als erfolgreicher erwies.

Die raschen Erfolge des BCL trugen dazu bei, daß dem Labor militärische Förderungsmittel erschlossen wurden, obwohl das BCL zu keinem Zeitpunkt militärisch „verwendbare" bzw. „verwertbare" Produkte lieferte. Neben Grundlagenforschung wurde am BCL aber auch anwendungsorientierte Forschung betrieben. Dazu zählt etwa ein interdisziplinäres Projekt zur Leukozytenforschung (Brecher/Foerster/Cronkite 1959, 1962) oder eine Serie von demographischen Arbeiten, die sich mit der Prognose des Umfangs der Weltbevölkerung beschäftigten. Das sogenannte *Doomsday*-Projekt (Foerster/Mora/Amiot 1961) erzeugte nicht zuletzt deshalb große Publizität über die Fachgrenzen hinaus, weil es bis in die 1980er Jahre „bessere" Vorhersagen als die traditionelle Demographie lieferte. (Vgl. Umpleby 1990)

Über beide Projekte – und weitere – könnte man sagen (und es wurde gesagt), ihnen lägen die unorthodoxen, „schrägen" Ideen Heinz von Foersters zugrunde. Diese etwas saloppe Formulierung, die lediglich die strategische Anwendung von Forschungsstrategien auf ,unerwartete', ,überraschende' Bereiche etikettieren soll, in die Terminologie der Innovationsforschung (Müller 1996) gebracht, läßt vielfältige Operationen der Re-Kombination als zentrales Element wissenschaftlicher Kreativität am BCL erscheinen. Nicht zufällig tauchte die Idee der ,Foerster-Operatoren' in diesem Zusammenhang auf. (Foerster 1997:213 ff.)

Abweichung als Innovation

„Abweichende" Hypothesen und Forschungsprogramme wurden für den BCL-Stil, beziehungsweise für den Forschungsstil seiner Protagonisten zunehmend kennzeichnend. Der Abschied vom Mainstream der Forschung war zwar offensichtlich nicht das intendierte Ziel, aber doch wenigstens das offensichtliche Ergebnis der nun anschließenden Phase der Geschichte des Labors, deren Beginn wir in die Mitte der 1960er Jahre datieren können. Damals besuchte Heinz von Foerster den chilenischen Wissenschaftler Humberto Maturana, den er auf einer Konferenz in Europa kennengelernt hatte, in seinem Labor in Santiago und lud ihn in der Folge an das BCL ein. Maturana hatte bereits USA-Erfahrung, einige Zeit hatte er am MIT gearbeitet und dort aufgrund seiner „eigensinnigen" Ansichten zunächst keine große Akzeptanz gefunden. Zum Labor von Marvin Minsky, dem späteren „Mastermind" der Artificial Intelligence-Forschung hatte er damals – 1959 – schon ein schwieriges Verhältnis gehabt.[8] Humberto Maturana kam also an das BCL und erarbeitete dort unter anderem einen wichtigen Artikel auf dem Weg zu seiner – heute weltweit bekannten – Theorie der Autopoiesis. (Vgl. Maturana 1991) Aber auch die erste Ausformulierung der nun auf den Begriff gebrachten Theorie der Autopoiesis erschien zuerst als interne Publikation des BCL. (Maturana 1970, Maturana/Varela 1975) Schüler und Mitarbeiter Maturanas entwickelten ebenfalls Beziehungen zum BCL, und zentrale erste Publikationen – zum Beipiel jene von Francisco Varela wurden als BCL-Reports herausgegeben. Jene Kontakte, die zu englischsprachigen Publikationen führten, wurden im BCL hergestellt.

Wahrscheinlich war es die Herausforderung durch den Impuls der chilenischen Gruppe, die es Heinz von Foerster ermöglichte, die Entwicklung seiner radikalen Version einer Kybernetik zweiter Ordnung (*second order cybernetics*) voranzutreiben. (Vgl. Foerster 1995) Dies soll nicht heißen, daß sich Foersters Konzepte aus denen Maturanas ableiten ließen, oder umgekehrt. Die Parallelen und die wechselseitige Stimulierung wurde auf einer Konferenz zu *Cognitive Studies and Artificial Intelligence Research* 1969 sichtbar. Foersters Beitrag kann als direkte Antwort auf jenen von Maturana gelesen werden – und vice versa. (vgl. Maturana 1970, Foerster 1970) Die hauptsächliche Parallele zwischen Forster und Maturana scheint in der selbst-thematisierenden Wende zu bestehen, die in den 60er und frühen 1970er Jahren gegen den wissenschaftlichen Mainstream gerichtet war. Dazu zählen vor allem zwei ‚Leitmotive', das der „Schließung" und das des „Beobachters".

Gegen Ende der 60er Jahre läßt sich auch eine dezidierte Hinwendung zum Problem Sprache, wenngleich nicht zu einem linguistic turn im gewohnten Wortsinn, feststellen. Sowohl ‚Linguistics' als auch ‚Speech' wurden zu wichtigen Forschungsbereichen unter insgesamt fünf thematischen Schwerpunkten. Eine Tabelle aus dem Jahr 1969 stellt die Struktur der BCL-Forschung dar (vgl. Müller 2000). Die generellen Themen gliedern sich in die Bereiche Logik, Linguistik, Struktur und Funktion von Systemen, Sprechen (bzw. gesprochene Sprache) und Physiologie.

Abweichung und Innovation, die Wende zum Sozialen

In der Spätphase des BCL wurde versucht, für bereits erzielte Einsichten sowie für geplante Weiterentwicklungen Anwendungsbereiche im Sozialen zu finden. Besonders bemerkenswert erscheint mir eine Kette von Projekten, in denen der gesellschaftliche Nutzen in den Vordergrund gestellt wurde. Vorhandene Elemente wie erkenntnis- und informationstheoretische Arbeiten, die Modellierung des Sensoriums, Arbeiten zur Datenstruktur und allgemeine Fragen der Probleme der damaligen Gesellschaft sollten gewissermaßen ‚in eins' gesetzt werden, um allgemeinen – und vor allem: zivilen – Nutzen zu erzeugen.

„Die Anwendung im sozialen Bereich war mir schon sehr früh als ein schmackhaftes Problem erschienen. Das Sozial-Problem haben ich, oder meine Freunde immer gesehen als die Möglichkeit einer sprachlichen Verbindung. Wir haben die Sprache aufgefaßt als den Klebstoff, der eine Gesellschaft formt. (...) Sprache erlaubt eine Kommunikation zweiter Ordnung (...) Einer der besten in unserer Gruppe, der über Sprache reflektieren konnte, war Paul Weston."[9]

Unter dem Titel „Direct Access Intelligence Systems" (Foerster 1970, 1971) sollte eine Art „intelligenter" Datenbank entstehen, deren Hauptkennzeichen nicht-numerischer Inhalt, natural language interface, vernetzte, dezentrale Wissensbasen hätten sein sollen. „Wir dachten, man muß das Interface so bauen, daß ich bleiben kann, wie ich eben bin, und das System so bleiben kann, wie es eben läuft."

Im Kontext der Entwicklung dieser Projekte wurde die interdisziplinäre Basis noch einmal verbreitert und unter Einbeziehung zum Beispiel von Pädagogen eine Arbeitsgruppe für Cognitive Studies gegründet.

Neben den beiden Projektanträgen Foersters von 1970 und 1971 formulierte auch der BCL-Mitarbeiter Paul Weston einen Antrag, der sich vor allem mit Datenstrukturen – Information Designs würde man heute sagen – beschäftigte. (Weston 1972) Liest man diese zukunftsweisenden

Anträge heute rund 30 Jahre später, fühlt man sich an avancierte – nicht-kommerzielle – Perspektiven des „Internet" erinnert.

Die Annahme dieser Projekte bestand darin, es gäbe ein Defizit einzelner Gesellschaftsmitglieder an den Wissensbeständen des Kollektivs. Die Projekte sahen Terminals in den Lebensbereichen der Benutzer vor. Das System SOLON sollte mit natürlicher Sprache kontaktiert werden. Der Benutzer erhielte entweder die nötige Antwort oder eine Rückfrage, die zum Auffinden einer Lösung beitragen sollte. Die Frage würde selbst zum Teil der Datenbasis.

Im Anschluß an ein solches Projekt stellt sich nicht nur für die damals ablehnend reagierenden Gutachter, sondern auch heute noch die Frage nach den Möglichkeiten einer Realisierung eines solchen Systems: „Dieses Problem ist ja immer noch nicht gelöst. Wie siehst Du Deine Chancen, retrospektiv, dieses Problem gelöst zu haben?" „Absolut gut. Wenn wir weiter daran hätten arbeiten können, hätten wir faszinierende Sachen auf den Tisch legen können."[10]

Die ablehnenden anonymen Gutachten, die die Forschergruppe erhielt, werfen zugleich ein interessantes Licht auf das Prekäre multidisziplinärer Forschung, das im Kern in der Ablehnung – oder wenigstens der Reserviertheit – von seiten der Einzeldisziplinen besteht.

So meinte etwa ein Gutachter, der sich als „deeply involved in the physiological basis of perception and the mechanisms of attention and decision making," zu erkennen gab: „I cannot escape the conclusion that cognition laboratories equipped with the machines proposed Dr. von Foerster cannot cope effectively with even the known range of states and transitions in human perception and corgnition." Ein (offenkundiger) Computerexperte machte dagegen den Vorschlag der Verwendung einer anderen Programmiersprache. Ein (vermutlicher) Sozialwissenschaftler bezweifelte den gesellschaftlichen Nutzen eines Projektes, das sich vor allem auch mit Kognition beschäftigen wollte. Und ein Gutachter, der in mehreren Details Vertrautheit mit den Projekten Terry Winograds und Seymour Paperts und damit – im Jahr 1972 – eine gewisse Nähe zum MIT erkennen läßt, weist das Projekt ganz fundamental zurück: „I find the proposal incredible, so incredible that I hardly know how to describe my reaction."[11]

Publikationen

Die Liste wissenschaftlicher Einzelleistungen muß hier aber jedenfalls unvollständig und kursorisch bleiben. Für das Labor als ganzes können einige Publikations-Indikatoren herangezogen werden. Die Publikationen des BCL sind ja gut dokumentiert und über eine Mikrofiche-Edition auch in Europa nachlesbar. (Wilson 1976)

Machen wir also zwischendurch ein wenig Statistik. Die offizielle Liste der Publikationen aus dem BCL bezieht sich auf knapp über hundert Autorinnen und Autoren. In die Liste aufgenommen wurden offenbar alle dem BCL zuzurechnenden Arbeiten: Bücher, Artikel und ungedruckte Forschungsberichte der Professoren, Mitarbeiter/innen, Student/inn/en und Gäste. Die Zahl der Arbeiten pro Autor/in variierte stark. Der geringste Wert liegt bei eins. Dabei handelt es sich meist um die Abschlußarbeit eines Studenten oder einer Studentin. An der Spitze liegt – nicht ganz überraschend – Heinz von Foerster selbst mit knapp über hundert Publikationen aus dem Zeitraum 1957–1976. Der Durchschnittswert der Zahl der Publikationen pro Autor/in liegt bei sechs. (Für diese Berechnung wurden übrigens Publikationen mit mehreren Autoren jedem Autor zugerechnet).

Die thematische Bandbreite dieser Publikationen ist erstaunlich, sie umfaßt naturwissenschaftliche Disziplinen wie Mathematik, Physik, Medizin, Biologie, Bio-Chemie, technische Disziplinen wie die Computerwissenschaften, aber auch Philosophie, Logik, Sprachwissenschaften, Kommunikationswissenschaften, Politikwissenschaften, Pädagogik und Sozialwissenschaften. Dazu kamen beispielsweise noch Anthropologie – Heinz von Foerster war zeitweilig auch Präsident der *Wenner-Gren Foundation* – oder Musikwissenschaften, Kompositionslehre (Foerster/Beauchamp 1969) und Tanz. Aber ich zähle gewiß nicht alles auf.

Die Publikationen spiegeln also eine faszinierende Praxis transdisziplinärer Arbeit, die tatsächlich sehr stark an die der Macy-Konferenzen erinnert. Betrachtet man die Laborentwicklung im Zeitverlauf, so läßt sich feststellen, daß die Transdisziplinarität ansteigt, oder anders formuliert: daß der - so kann man es nennen – disziplinäre Disparitätskoeffizient ansteigt. Hinter dieser Entwicklung stand offensichtlich mehrerlei:

– ein tiefes Mißtrauen gegenüber den Möglichkeiten und Problemlösungskompetenzen von Einzeldisziplinen,

– das Bedürfnis, Einsichten der Kybernetik (speziell dann auch der Kybernetik zweiter Ordnung) in die Einzeldisziplinen hineinzutragen,

– die Möglichkeiten der Einzeldisziplinen zu nutzen, um die Kybernetik selbst weiterzuentwickeln.

Derart radikal auf Transdisziplinarität – wie dies am BCL geschah – zu setzen, eröffnet nicht nur Innovationschancen, sondern birgt auch Risiken, wenigstens unter den Bedingungen des modernen Wissenschaftssystems. Erst seit den 1990er Jahren setzte eine wirklich massive Diskussion über Disziplingrenzen wieder ein. (z.B. Galison/Stump 1996) Zu diesen Risiken gehört unter anderem, die eigene Identität preiszugeben und damit die Zuschreibung von Kernkompetenzen zu verringern.

Der geschätzte Anteil von Publikationen, die sich auf „brauchbare" oder unmittelbar „verwertbare" Forschungsergebnisse bezogen, lag in den ersten Jahren des Labors höher als in den letzten. So wurden Arbeiten über Zellvermehrung in der Medizin „gebraucht", der praktische Nutzen stärker allgemein an Erkenntnistheorie interessierter Artikel war dagegen weniger einsichtig. Und genau dieses Interesse an allgemeiner Erkenntnistheorie trat im Werk Heinz von Foersters – wohl nicht zuletzt aufgrund der „atypischen" Situation am BCL – zugleich mit dem Interesse an der Lösung sozialer Probleme stärker in den Vordergrund. Wenn man wollte, könnte man diese Entwicklung auch gleichsam aus der Logik des Werks zu begründen versuchen. Einer Umwelt allerdings, die Ingenieursgeist, praktische und vor allem kommerzialisierbare wissenschaftliche Arbeit höher bewertete als vieles andere, fehlte für diese Entwicklung offenkundig dafür das nötige Verständnis. Zwar wurden am BCL hochinteressante Arbeiten über Rechnen im semantischen Bereich erarbeitet,54 eine technisch-industrielle Realisierung in Hard- und Software blieb – von Prototypen abgesehen – aber aus.

Prototypen

Solche Prototypen, die im Laufe der Zeit am BCL entstanden, waren zum Beispiel *Artificial Neurons, Numarete,* das *social interaction ex-*

periment, der *Dynamic Signal Analyzer,* die 1965 beschrieben wurden. 1966 wurde der *Visual Image Processor,* dargestellt, 1967 werden dann ein *Speech Decoder* und ein *Real Time Speech Processor* erwähnt. Was am BCL der 1960er Jahre also gebaut wurde, könnte man mit dem Begriff ‚Perzeptions-Maschinen' oder ‚Wahrnehmungs-Maschinen' grob umreißen.

Am interessantesten erscheint dabei die *Numarete.* Eine erste Publikation dazu erschien im Jahr 1962, nachdem 1960 auf einer Konferenz darüber berichtet worden war. (Foerster 1962) Die Numarete, die in verschiedenen Versionen dokumentierbar ist, konnte die Zahl von Gegenständen, die ihr „gezeigt" wurden, erkennen und basierte auf einer Simulation eines Netzwerks von Pitts-McCulloch-Zellen, die durch eine spezielle Anordnung und Verschaltung von Photozellen mit ipops, elektronischen Elementen, die zwei Zustände (ein oder aus oder 0 und 1) annehmen konnten. Mit der Numarete wurde ein Rechner gebaut, der nicht der (reduktionistischen) Von-Neumann-Architektur entsprach, sondern gewissermaßen ‚quer' zu dieser lag: er beruhte auf den parallelen Operationen seiner Bausteine.

Konflikte

Seit dem Ende der 1960er Jahre kam es zu Konﬂikten zwischen dem BCL und der Universitätsverwaltung. Mitarbeiter des BCL waren wie Heinz von Foerster selbst in den allgemeinen Lehrbetrieb eingebunden worden und arbeiteten an für die gegebenen Verhältnisse reichlich unorthodoxen partizipatorischen Lehr-Projekten, die allerdings ganz dem Klima der Studentenrevolte entsprachen. Auf Wunsch der Studierenden wurde ein Kurs in *Heuristics* angeboten. (Foerster/Brun 1970) Eines der Ziele dieses Kurses war, die Studierenden nicht nur Anteil nehmen zu lassen, sondern sie auch ihrer Eigenverantwortung bewußt zu machen und den Kurs mit einem „Produkt", an dem sich alle beteiligen konnten, abzuschließen. Dieses Produkt war eine gemeinsame Publikation, die den Titel *Whole University Catalogue* trug. Gegen diese Publikation wurde der Vorwurf erhoben, sie enthielte auch Obszönitäten und behandele Drogenkonsum.[12] Proteste von Elternvertretern führten letztlich dazu, daß Foerster sich bei einer Anhörung rechtfertigen mußte. Trotz dieser Widerstände wurde die im *Heuristics*-Kurs entwickelten Prinzipien in der Lehre beibehalten.

Nach einem ähnlichen partizipatorischen Modell verlief auch der Kurs *Cybernetics of Cybernetics* (1973/74), dessen Publikation als ein immer noch gültiges Kompendium des Feldes angesehen werden kann, vor allem auch weil es neben dem Reprint maßgeblicher Artikel dauerhafte Definitionsarbeit enthielt. Das verstärkte Engagement in der Lehre führte somit im Verbund mit innovativen pädagogischen Ansätzen aber auch dazu, die Arbeit des BCL zu resümieren und gewissermaßen auf den Begriff zu bringen.

Eine exzellente Gruppenkultur – und eine prekäre Kommunikationsstruktur?

Mehrfach wurde die Gruppenkultur am BCL als – nicht nur – für die Zeit ungewöhnlich liberal, ungewöhnlich offen, ungewöhnlich ,heterarchisch' dargestellt – in Verbindung mit der schon angesprochenen inter-/transdisziplinären ,Weite'. Mehrfach wurde gerade auch der Leiter des Labs als Initiator dieser Struktur dargestellt. Zugleich scheint es so gewesen zu sein, daß nicht alle Mitglieder des BCL die durch diese Struktur gegebenen Möglichkeiten genutzt haben. „Heinz was the crossing point of all these studies going on in the BCL", meint Humberto Maturana, der sich als Gast und Lehrender am BCL aufhielt, „I don't remember, that there has been something that one would call a ,BCL-meeting' (...) Heinz met these groups working under his inspiration and protection, he would speak to all of them (...) He had the ability to understand (them all). But it was not the case that everybody there was able to understand everybody there. So he was the center of the BCL."[13] Diese gewissermaßen ,unausgewogene' Kommunikationsstruktur wird auch durch andere Quellen belegt und läßt sich durch eine Analyse der Zitationen bestätigen.

Das Ende der finanziellen Basis

Das BCL konnte sich aber seine Abweichungen und Extravaganzen lei-

sten, da es seine Mittel fast zur Gänze von außen bezog, vor allem auch
– wie schon erwähnt – von militärischen Organisationen. Genau diese
relative Unabhängigkeit von lokalen universitären Strukturen und die
Abhängigkeit von einer überregionalen Forschungsförderungsstruktur, die
über ein Jahrzehnt, Grundlagenforschung am BCL großzügig gefördert
hatte, sollten aber zum Untergang, zur Schließung des BCL führen. Denn
seit 1969/1970 wurden die Forschungsförderungsmodalitäten durch das
sogenannte Mansfield-Amendment nachhaltig verändert.[14] Eine neue Bestimmung verlangte nun, daß militärische Forschungsgelder auf Projekte beschränkt werden sollten, die tatsächlich ‚kriegstaugliche‘ Ergebnisse
produzierten. Derartige Projekte wurden am BCL nicht betrieben.

Verschiedene Versuche Foersters, die nun ausbleibenden Mittel zu sub-
stituieren und weiterhin Geld für die Grundlagenforschung des BCL zu erhalten, scheiterten mehr oder minder dramatisch. Auch Projekte, die an-
wendungszentrierte Forschung vorschlugen, wurden abgelehnt. Das letzte Projekt des BCL, Cybernetics of Cybernetics, unterstützt von der
POINT-Foundation, bildete zugleich einen gelungenen Versuch der ‚Ko-
difizierung‘ der am Lab erarbeiteten Epistemologie und schrieb eine konzeptuelle Wende fest: die *first order cybernetics,* die sich mit „beobachteten Systemen" beschäftigten, sollten um die *second order cybernetics,* die
sich mit „beobachtenden Systemen" beschäftigten, ergänzt und erweitert
werden. Damit wurde der Basis-Idee der Macy-Tagungen, der zirkulären
Kausalität, eine neue Dimension hinzugewonnen.

Mitte Juni 1974 ersuchte Heinz von Foerster in Anbetracht der hoff-
nungslos erscheinenden finanziellen Situation des BCL um seine Emeritierung an. Bevor das BCL geschlossen wurde, wurden seine Materialien archiviert, die vorhandenen Instrumente anderen Laboratorien zur
Verfügung gestellt. Nach zwei weiteren Jahren war das Laboratorium,
auch was die noch zu promovierenden Dissertanten anlangte, sozusagen
„abgewickelt". Das Ehepaar Foerster übersiedelte von Illinois nach Kalifornien. Heute ist das Institutsgebäude abgerissen.

In den letzten Jahren vor der Schließung des BCL gelang es Heinz von
Foerster abermals in mehreren bedeutsamen Schritten, für seine und die
Arbeit des BCL neue Kontexte sowie neue Teil-Resümees zu entwickeln.
Besonders hervorzuheben ist dabei zum Beispiel der „Anschluß" an die
Arbeit Jean Piagets, (Foerster 1976, 1977) ein großes Resümee kyberne-

tischer Erkenntnistheorie (Foerster 1974) oder eine zeitgemäße Reformulierung des bionischen Forschungsprogramms. (Foerster 1972, 1974) Auf meine Frage nach den ungelösten Problemen der BCL-Arbeit gab mir Heinz von Foerster eine für ihn sehr bezeichnende Antwort: die ungelösten Probleme bestünden vor allem darin, keine Theorie der Unlösbarkeit von Problemen abschließend formuliert zu haben.

Ein neuer Anfang und die Transponierung der BCL-Forschung

Mit seiner Emeritierung begann Heinz von Foerster eine neue Karriere, die es ermöglichte, die Rezeption seiner Ideen – und damit der des BCL – in gänzlich neue Wege zu leiten. Durch die Vermittlung von Gregory Bateson, der mit seiner Veröffentlichung von 1972 *Steps to an Ecology of Mind* ein breites Publikum gewonnen hatte, geriet er in den Umkreis des *Mental Research Institute* in Palo Alto, an dem er nun regelmäßig Vorträge zu halten begann. Ideen, die im Kontext des BCL entwickelt worden waren und die von den unmittelbaren Peers nicht akzeptiert worden waren, zirkulierten nun unter Familientherapeuten, später unter Management- und Organsiationsberatern. Handelte es sich dabei gewissermaßen um ‚Anwendungsfälle‘ der Epistemologie des BCL, so gewann seit Mitte der 1980er Jahre die sich weiter entwickelnde Foerstersche Epistemologie als solche zunehmend Bedeutung. Der Bielefelder Soziologe Niklas Luhmann (1984) rückte eine Reihe von Foersterschen Konzepten ins Zentrum seiner Theorie sozialer Systeme, darunter Foersters Theorien des Beobachters, der Selbstreferentialität und der Selbstorganisation. Damit wurde im deutschsprachigen Raum eine breite neue Rezeption eingeleitet, die allerdings weit über die fachlichen Grenzen sozialwissenschaftlicher Systemtheorie hinaus führte. Dazu wurde ein älterer Text Heinz von Foersters von sich entwickelnden Gruppen des Konstruktivismus als „Basistext“ angesehen. (Foerster 1973)

Das Ende des *Biological Computer Laboratory* war zweifellos prekär und für seinen Gründer sowie seine Mitarbeiter eine Enttäuschung. Neben den für sein Ende angeführten Gründen wird auch zu überlegen sein, ob nicht Gerschenkrons Theorie der komparativen Vorteile relativer Rückständigkeit eine komplementäre Theorie der komparativen Nachteile relativer Fortschrittlichkeit gegenübergestellt werden sollte, für die die Geschichte des BCL einen herausragenden Anwendungsfall bilden könnte.

Tabelle: Sponsoren des BCL (1958–1974)

Quelle: Publications by members of the Biological Computer Laboratory. B.C.L. Report No. 74.1, Champaign-Urbana 1975, 3–6.

1. Toward the Realization of Biological Computers. Contract NONR 1834(21), ONR Project No. NR 049-123; Sponsored by Information Systems Branch, Mathematical Science Division, Office of Naval Research. Period: 1 January 1958 to 31 July 1961. Principal Investigator: H. Von Foerster.

2. Mechanisms of White Cell Production and Turnover. United States Public Health Grant CA-04044; Sponsored by Department of Health, Education and Welfare, Public Health Service, National Institutes of Health. Period: 1 July 1958 to 21 October 1963. Principal Investigator: H. Von Foerster.

3. Analysis Principles in the Mammalian Auditory System. Contract No. AF 33 (616)-6428, Project No. 60(8-7232), Task No. 71782; Sponsored by Aeronautical Systems Division, Wright-Patterson Air Force Base, Ohio. Period: 1 May 1959 to 30 September 1961. Principal Investigator: H. Von Foerster.

4. Theory and Circuitry of Property Detector Nets and Fields. NSF Grant 17414; Sponsored by the National Science Foundation, Washington, D.C. Period: 27 March 1961 to 30 June 1962. Principal Investigator: H. Von Foerster.

5. Theory and Circuitry of Property Detector Nets and Fields. NSF Grant 25148; Sponsored by the National Science Foundation, Washington, D.C. Period: 1 July 1962 to 31 December 1963. Principal Investigator: H. Von Foerster.

6. Theory and Circuitry of Systems with Mind-Like Behavior. AF-OSR Grant 7-63; Sponsored by Air Force Office of Scientific Research, United States Air Force, Washington, D.C. Period: 1 October 1962 to 31 October 1964. Principal Investigator: H. Von Foerster.

7. Semantic and Syntactic Properties of Many Valued Systems of Logic. AF-OSR Grant 8-63; Sponsored by Air Force Office of Scientific Research, United States Air Force, Washington, D.C. Period: 2 October 1962 to 31 March 1964. Principal Investigator: Gotthard Günther.

8. Principles of Information Transfer in Living Systems. United States Public Health Grant GM-10718; Sponsored by Department of Health, Education and Welfare, Public Health Service, National Institutes of Health. Period: 1 May 1963 to 30 April 1966, Principal Investigator: H. Von Foerster; Co-investigator: W. R. Ashby.

9. Information Processing Capabilities of the University of Illinois Dynamic Signal Analyzer. Contract No. AF 33(657)-10659; sponsored by Aerospace Medical Research Laboratory, Air Force Systems Command, United States Air Force, Wright-Patterson Air Force Base, Ohio. Period: 1 February 1963 to 31 January 1964. Principal Investigator: M. L. Babcock.

10. Theory and Circuitry of Systems with Mind-Like Behavior. AF-OSR Grant 7-64; Sponsored by Air Force Office of Scientific Research, United States Air Force, Washington, D.C. Period: 1 November 1964 to 31 October 1965. Principal Investigator: H. Von Foerster.

11. Semantic and Syntactic Properties of Many-Valued and Morphogrammatic Systems of Logic. AF-OSR Grant 480-64; Sponsored by Air Force Office of Scientific Research, United States Air Force, Washington, D.C, Period: 1. October 1963 to 30 September 1967, Principal Investigator: G. Günther.

12. Information Processing Capabilities of the University of Illinois Dynamic Signal Analyzer. Contract No. AF 33 (615)-2573; Sponsored by Aerospace Medical Research Laboratory, Air Force Systems Command, United States Ait Force, Wright-Patterson Air Force Base, Ohio. Period: 1 February 1965 to 31 January 1966. Principal Investigator: M. L. Babcock.

13. Cybernetics in Anthropology. Grant No. 1720; Sponsored by the Wenner-Gren Foundation for Anthropological Research, New York, New York. Period: 1 February 1965 to 30 September 1966. Principal Investigator: H. Von Foerster.

14. Integration of Theory and Experiment Into a Unified Concept of Visual Perception, AF 49(638)-1680: Sponsored by The Air Force Office of Scientific Research, United States Air Force, Washington, D.C. Period: 1 March 1966 to 30 April 1969. Principal Investigator: H. Von Foerster.

15. Theory and Application of Computational Principles in Intelligent, Complex Systems. AF-OSR Grants 7-66 and 7-67; Sponsored by the Air Force Oftice of Scientific Research, United States Air Force, Washington, D.C. Period: 1 November 1965 to 31 October 1967. Principal Investigator: H. Von Foerster.

16. Cybernetics Research. Contract AF 33(615)-j890; Sponsored by Air Force Systems Engineering Group, Air Force Systems Command, United States Air Force, Wright-Patterson Air Force Base, Ohio, Period: 1 April 1966 to 31 March 1969. Principal Investigator: H. Von Foerster.

17. Information, Communication, Multi-Valued Logic and Meaning, AF-OSR 68-1391; Sponsored by Air Force Office of Scientific Research, United States Air Force, Washington, D.C. Period: 1 October 1967 to 30 September 1969. Principal Investigator: H. Von Foerster.

18. Study Toward the Mechanization of Cognitive Processes, NASA NGR 14-005-111; Sponsored by the National Aeronautics and Space Administration, Electronics Research Center, Boston, Massachusetts. Period: 1 October 1967 to 30 September 1968. Principal Investigator: M. L. Babcock and H. Von Foerster.

19. Theory and Application of Computational Principles in Complex, Intelligent Systems. AF-OSR Grant 7-67; Sponsored by the Air Force Office for Scientific Research, United States Air Force, Washington, D.C. Period: 1 September 1967 to 31 August 1969. Principal Investigator: H. Von Foerster.

20. Application of Cognitive Systems Theory to Man-Machine Systems. AF-OSR 70-1865. Sponsored by the Air Force Office of Scientific Research, United States Air Force, Washington, D.C. Period: 1 October 1969 to 31 September 1970. Principal Investigator: H. Von Foerster,

21. Notation of Movement. Grant DA-ARO-D-31-124-G998; Sponsored by the United

States Army Research Office, Durham, North Carolina, Period: 1 March 1968 to 31 August 1969. Principal Investigator: H. Von Foerster.

22. Cognitive Memory, A Computer Oriented Epistemological Aproach to Information Storage and Retrieval. Grant OEC-1-7-071213-4557; Sponsored by the office of Education, Bureau of Research, Washington, D.C. Period: 1 September 1967 to 31 August 1970. Principal Investigators: R. T. Chien and H. Von Foerster.

23. A Mathematical System for Decision Making Machines. AF-OSR 68-1391; Sponsored by the Air Force Office of Scientific Research, United States Air Force, Washington, D.C. Period: 1 October 1969 to 30 September 1970. Principal Investigator: G. Günther.

24. Toward Direct Access Intelligence Systems. AF-OSR Grant 70-1865; Sponsored by The Air Force Office of Scientific Research, United States Air Force, Washington, D.C. Period: 1 October 1970 to 30 September 1972. Principal Investigator: H. Von Foerster.

25. Cybernetics of cybernetics. Grant „Cybernetics of Cybernetics"; Sponsored by POINT, San Francisco, California. Period: 1 September 1973 to 31 August 1974. Principal Investigator: H. Von Foerster.

Anmerkungen

* Dieser Artikel gründet auf einer Arbeit, die in der Österreichischen Zeitschrift für Geschichtswissenschaften erschienen ist (Müller 2000). Heinz von Foerster schulde ich großen Dank für seine Geduld, mit der er Interviews gewährte, sowie für die Gelegenheit, in sein Privatarchiv und seine Sammlungen (hier zitiert als HvF-Archiv) Einsicht zu gewähren. Große Teile dieses Archivs wurden im Jahr 2000 dem Institut für Zeitgeschichte der Universität Wien übergeben.

1 Heinz von Foerster studierte an der Technischen Hochschule Wien Technische Physik. Vor dem Studienabschluß trat er eine Stelle in einer Firma für physikalisch-technische Instrumente an. 1944 reichte er an der Universität Breslau eine Dissertation ein und machte entsprechende Prüfungen. Den für die formelle Promotion notwendigen ‚Ariernachweis‘ konnte er aber nicht erbringen, sodaß seine Promovierung unterblieb.

2 Ein Schreiben Erwin Schrödingers Erwin Schrödinger (an Hans Deuticke vom 16. Dezember 1948) findet sich in der Verlagskorrespondenz des Deuticke-Verlags. Kopie im HvF-Archiv.

3 Vgl. die Teilnehmerverzeichnisse in Foerster 1949b, Foerster/Mead/Teuber 1950, 1951, 1953, 1955.

4 Interview mit Heinz von Foerster.

5 Vgl. Ashby 1953:95. „Bigelow: It (Ashby's Homöostat) may be a beautiful replica of something, but heaven only knows what."

6 Manuskript im HvF-Archiv mit dem Titel „Phenomenology of External and Internal Work in the Active Whole Muscle", datiert Mai 1957.

7 Zu McCulloch vgl. McCulloch (1965, 1989); zu seiner Rolle für das BCL Foerster (1995).

8 Maturana hat auf sehr interessante Weise auf die Unterschiede zwischen der A.I.-Forschung und seinem eigenen Ansatz bzw. auch dem des BCL aufmerksam gemacht: „Die Artificial-Intelligence-Forscher ahmten biologische Phänomene nach. Wenn man biologische Phänomene nachahmt und dabei nicht zwischen dem Phänomen und seiner Beschreibung unterscheidet, dann ahmt man am Ende die Beschreibung des Phänomens nach." (Maturana 1990:45)

9 Interview Heinz von Foerster, 26.11.1999.

10 Interview Heinz von Foerster.

11 Diese Auszüge aus anonymisierten Gutachten befinden sich im HvF-Archiv.

12 Die Publikation von 1969 enthielt das Ergebnis einer Umfrage unter den Teilnehmer/inne/n, die sich auf ihre Kompetenzen, ihre wissenschaftlichen und auch privaten Interessen bezog. Unter den 114 Befragten fanden sich auch vereinzelt Angaben wie dope, LSD, sex aber auch politics, beat the system und Vietnam oder finding Nirvana. Dies alles kann gewiß als typischer Ausdruck der damaligen Jugendkultur angesehen werden.

13 Interview Humberto Maturana, 8.5.1998.

14 Den Hinweis auf das Mansfield-Amendment verdanke ich Stuart A. Umplebie, der am BCL studierte (Interview, 9.7.1998).

Literatur

W. Ross Ashby, Homeostasis, in: Heinz von Foerster, Margaret Mead u. Hans Lukas Teuber, Hg., Cybernetics: Transactions of the Ninth Conference, New York 1953, 73–108.

W. Ross Ashby, An Introduction to Cybernetics, New York 1956.

Gregory Bateson, Steps to an Ecology of Mind. Collected Essays in Anthropology, Psychiatry, Evolution, and Epistemology, San Francisco 1972.

George Brecher, Heinz von Foerster u. Eugene P. Cronkite, Produktion, Ausreifung und Lebensdauer der Leukozyten, in: Herbert Braunsteiner, Hg., Physiologie und Physiopathologie der weißen Blutzellen, Stuttgart 1959, 188–214.

George Brecher, Heinz von Foerster u. Eugene P. Cronkite, Production, Differentiation and Lifespan of Leucocytes, in: Herbert Braunsteiner, Hg., The Physiology and Pathology of Leucocytes, New York 1962, 170–195.

Peter Galison u. David J. Stump, Hg., The Disunity of Science. Boundaries, Contexts, and Power, Stanford 1996.

N. Katherine Hayles, Boundary Disputes. Homeostasis, Re exivity, and the Foundations of Cybernetics, in: Configurations 2 (1994), 441-467.

Steve Joshua Heims, Constructing a social science for postwar America. The cybernetics Group 1946-1953, Cambridge MA u. London 1991.

Pierre Lévy, Analyse de contenu des travaux du Biological Computer Laboratory (B.C.L.), in: Ecole Polytechnique – CREA – Centre de Recherche epistemologie et autonomie, Hg., Genealogies de l'auto-organisation, Paris 1985, 155–192;

Pierre Lévy, Le théatre des opérations. Au sujet des travaux du B.C.L., in: ebd., 193–224.

Niklas Luhmann, Soziale Systeme. Grundriß einer allgemeinen Theorie, Frankfurt am Main 1984.

Humberto Maturana, Biology of Cognition, Biological Computer Laboratory, Urbana Illinois 1970, (BCL Report 9.0).

Humberto Maturana, Neurophysiology of Cognition, in: Paul L. Garvin, Hg., Cognition: A multiple view, New York u. Washington 1970, 3–23.

Humberto Maturana, u. Francisco Varela, Autopoietic Systems: A Characterization of the Living Organization. With an Introduction of Stafford Beer, Urbana Illinois 1975, (BCL Report 9.4).

Gespräch mit Humberto Maturana, in: Volker Riegas u. Christian Vetter, Hg., Zur Biologie der Kognition, Frankfurt am Main 1990.

Humberto Maturana, The Origin of the Theory of Autopoietic Systems, in: Hans Rudi Fischer, Hg., Autopoiesis. Eine Theorie im Brennpunkt der Kritik, Heidelberg 1991, 121–124.

Warren S. McCulloch, Embodiments of Mind, Cambridge MA 1965.

Warren S. McCulloch, Collected Works of Warren S. McCulloch, hg. v. Rook McCulloch, Salinas CA 1989, 4 Bde.

Warren S. McCulloch u. Walter H. Pitts, A Logical Calculus of the Ideas Immanent in Nervous Activity, in: Bulletin of Mathematical Biophysics 5 (1943), 115–133.

Marvin Minsky, Mentopolis, Stuttgart 1990.

Albert Müller, Eine kurze Geschichte des BCL. Heinz von Foerster und das Biological Computer Laboratory, in: Österreichische Zeitschrift für Geschichtswissenschaften 11 (2000), 9–30.

Karl H. Müller, Sozialwissenschaftliche Kreativität in der Ersten und in der Zweiten Republik, in: Österreichische Zeitschrift für Geschichtswissenschaften 7 (1996), 9–43.

Gordon Pask u. Heinz von Foerster, A Predictive Model for Self-Organizing Systems, in: Cybernetica 3 (1960), 258–300;

dies., A Predictive Model for Self-Organizing Systems, in: Cybernetica 4 (1961), 20–55.

Rainer Paslack, Urgeschichte der Selbstorganisation. Zur Archäologie eines wissenschaftlichen Paradigmas, Braunschweig 1991.

Stuart A. Umpleby, The Scientific Revolution in Demography, in: Population and Environment. A Journal of Interdisciplinary Studies 11 (1990), 159–174.

Francisco Varela, Heinz von Foerster, the scientist, the man, in: Stanford Humanities Review 4 (1995), H. 2., 285–288.

Ludwig von Bertalanffy, General System Theory. Foundations, Development, Applications, revised edition, New York 1969.

Heinz von Foerster, Über das Leistungsproblem beim Klystron, in: Berichte der Lilienthal Gesellschaft für Luftfahrtforschung 155 (1943), 1–5.

Heinz von Foerster, Das Gedächtnis: Eine quantenmechanische Untersuchung, Wien 1948.

Heinz von Foerster, Quantum Mechanical Theory of Memory, in: Ders., Hg., Cybernetics. Circular Causal, and Feedback Mechanisms in biological and social Systems. Transactions of the Sixth Conference, New York 1949, 112–145.

Heinz von Foerster, Hg., Cybernetics. Circular Causal, and Feedback Mechanisms in biological and social Systems. Transactions of the Sixth Conference, New York 1949.

Heinz von Foerster, Margaret Mead u. Hans Lukas Teuber, Hg., Cybernetics: Transactions of the Seventh Conference, New York 1950;

Heinz von Foerster, Margaret Mead u. Hans Lukas Teuber, Hg., Cybernetics: Transactions of the Eighth Conference, New York 1951;

Heinz von Foerster, Margaret Mead u. Hans Lukas Teuber, Hg., Cybernetics: Transactions of the Ninth Conference, New York 1953.

Heinz von Foerster, Margaret Mead u. Hans Lukas Teuber, Hg., Cybernetics: Transactions of the Tenth Conference, New York 1955.

Heinz von Foerster, On Self-Organizing Systems and Their Environments, in: Marshall C. Yovits u. Scott Cameron, Hg., Self-Organizing Systems, New York 1960, 31–50.

Heinz von Foerster, Bionics, in: Bionics Symposium. Living Prototypes – the Key to new Technology, Technical Report 60-600, Wright Air Development Division Ohio 1960b, 1–4.

Heinz von Foerster, Some Aspects in the Design of Biological Computers, in: Second International Congress on Cybernetics, Namur 1960c, 241–255.

Heinz von Foerster, Bio-Logic, in: Eugene E. Bernard u. Morley A. Kare, Hg., Biological Prototypes and Synthetic Systems, Bd. 1, New York 1962, 1–12.

Heinz von Foerster, Circuitry of Clues of Platonic Ideation, in: C. A. Muses, Hg., Aspects of the Theory of Artificial Intelligence. The Proceedings of the First International Symposium on Biosimulation Locarno 1960, New York 1962, 43–82.

Heinz von Foerster, Bionics, in: McGraw-Hill Yearbook Science and Technology (1963), 148–151.

Heinz von Foerster, Proposal for a study entitled Theory and Application of Computational Principles in Biological Systems, Urbana 1965.

Heinz von Foerster, Proposal for a study entitled Theory and Application of Computational Principles in Complex, Intelligent Systems, Urbana 1966.

Heinz von Foerster, Proposal for a study entitled Toward the mechanization of cognitive Processes, Urbana 1967.

Heinz von Foerster, Thoughts and Notes on Cognition, in: Paul L. Garvin, Hg., Cognition: A multiple view, New York u. Washington 1970, 25–48.

Heinz von Foerster, Proposal for a basic research program entitled: Toward direct access intelligence systems, Urbana, 1 August 1970.

Heinz von Foerster, Proposal for a basic research program entitled: Toward direct access intelligence systems, Urbana, 1 June 1971.

Heinz von Foerster, Notes on an Epistemology for Living Things, BCL Report. No. 9.3, Urbana 1972.

Heinz von Foerster, On Constructing a Reality, in: Wolfgang F. E. Preiser, Hg., Environmental Design Research, Vol. 2, Stroudberg 1973, 35–46.

Heinz von Foerster, Notes pour une épistémologie des objets vivants, in: Edgar Morin u. Massimo Piateli-Palmerini, Hg., L'unité de l'homme, Paris 1974, 401–417.

Heinz von Foerster, Principles of Self-Organization in a Socio-Managerial Context, in: Hans Ulrich u. Gilbert Probst, Hg., Self-Organization and Management of Social Systems, Berlin 1984, 2–24.

Heinz von Foerster, Sicht und Einsicht. Versuche zu einer operativen Erkenntnistheorie, Braunschweig, 1985.

; ders., Wissen und Gewissen. Versuch einer Brücke, Frankfurt am Main 1992.

ders., KybernEthik, Berlin 1993.

Heinz von Foerster, On Gordon Pask, in: Systems Research 10 (1993b), Nr. 3, 35–42.

ders., Observing Systems, Salinas 1981.

Heinz von Foerster, Metaphysics of an experimental Epistemologist, in: Roberto Moreno-Díaz u. José Mira-Mira, Hg., Brain Process, Theories, and Models. An International Conference in Honor of W. S. McCulloch 25 Years after his Death, Cambridge u. London 1995, 3–10.

Heinz von Foerster, Hg., Cybernetics of Cybernetics or the Control of Control and the Communication of Communication, 2. Aufl., Minneapolis 1995.

Heinz von Foerster, Der Anfang von Himmel und Erde hat keinen Namen. Eine Selbsterschaffung in 7 Tagen, hg. v. Albert Müller u. Karl H. Müller, Wien 1997

Heinz von Foerster u. James W. Beauchamp, Hg., Music by Computers, New York u.a. 1969.

Heinz von Foerster u. Herbert Brun, Heuristics. A Report on a Course in Knowledge Acquisition, Urbana 3 October 1970.

Heinz von Foerster, Patricia M. Mora u. Lawrence W. Amiot, Doomsday, in: Science 133 (1961), 936-946;

Heinz von Foerster, Patricia M. Mora u. Lawrence W. Amiot, Population Density and Growth, in: Science 133 (1961), 1931-1937.

Heinz von Foerster u. George W. Zopf Jr., Hg., Principles of Self-Organization: The Illinois Symposium on Theory and Technology of Self-Organizing Systems, New York 1962.

Paul Weston, Proposal. Beyond numerical Computers: Technology for Information Processing in higher order Representations, Urbana 1 June 1972. (Als nicht genannter Koautor fungierte Heinz von Foerster.)

Norbert Wiener, Kybernetik. Regelung und Nachrichtenübertragung im Lebewesen und in der Maschine, Düsseldorf u. a. 1992. (urspr. 1948).

Kenneth L. Wilson, The Collected Works of the Biological Computer Laboratory. Department of Electrical Engineering, University of Illinois, Peoria 1976.

Marshall C. Yovits u. Scott Cameron, Hg., Self-Organizing Systems, New York 1960.

Heinz von Foerster – Bibliographie

1943

1. Über das Leistungsproblem beim Klystron, Berichte der Lilienthal Gesellschaft für Luftfahrtforschung 155, S. 1–5, 1943.

1948

2. Das Gedächtnis: Eine quantenmechanische Untersuchung, Franz Deuticke, Wien, 40 S., 1948.

1949

3. Cybernetics: Transactions of the Sixth Conference (Hg.), Josiah Macy Jr. Foundation, New York, 202 S., 1949.

4. Quantum Mechanical Theory of Memory, in: Cybernetics: Transactions of the Sixth Conference (Hg.), Josiah Macy Jr. Foundation, New York, S. 112–145, 1949.

1950

5. mit Margaret Mead und Hans Lukas Teuber, Cybernetics: Transactions of the Seventh Conference (Hg.), Josiah Macy Jr. Foundation, New York, 251 S., 1950.

1951

6. mit Margaret Mead und Hans Lukas Teuber, Cybernetics: Transactions of the Eighth Conference (Hg.), Josiah Macy Jr. Foundation, New York, 240 S., 1951.

1953

7. mit M. L. Babcock und D. F. Holshouser, Diode Characteristic of a Hollow Cathode, in: Phys. Rev. 91, 755, 1953.

8. mit Margaret Mead und Hans Lukas Teuber, Cybernetics: Transactions of the Ninth Conference (Hg.), Josiah Macy Jr. Foundation, New York, 184 S., 1953.

1954

9. mit E. W. Ernst, Electron Bunches of Short Time Duration, in: Journal of Applied Physics 25, 674, 1954.

10. mit L. R. Bloom, Ultra-High Frequency Beam Analyzer, in: Review of Scientific Instruments 25, S. 640–653, 1954.

11. Experiment in Popularization, in: Nature 174, 4424, London, 1954.

1955

12. mit Margaret Mead und Hans Lukas Teuber, Cybernetics: Transactions of the Tenth Conference (Hg.), Josiah Macy Jr. Foundation, New York, 100 S., 1955.

13. mit O. T. Purl, Velocity Spectrography of Electron Dynamics in the Traveling Field, in: Journal of Applied Physics 26, S. 351–353, 1955.

14. mit W. E. Ernst, Time Dispersion of Secondary Electron Emission, in: Journal of Applied Physics 26, S. 781–782, 1955.

1956

15. mit M. Weinstein, Space Charge Effects in Dense, Velocity Modulated Electron Beams, in: Journal of Applied Physics 27, S. 344–346, 1956.

1957

16. mit W. E. Ernst, O. T. Purl, M. Weinstein, Oscillographie analyse d'un faisceau hyperfrequences, in: LE VIDE 70, S. 341–351, 1957.

1958

17. Basic Concepts of Homeostasis, in: Homeostatic Mechanisms, Upton, New York, S. 216–242, 1958

1959

18. mit G. Brecher und E. Cronkite, Produktion, Ausreifung und Lebensdauer der Leukozyten, in: Physiologie und Physiopathologie der weißen Blutzellen, H. Braunsteiner (Hg.), Georg Thieme Verlag, Stuttgart, S. 188–214, 1959.

19. Some Remarks on Changing Populations, in: The Kinetics of Cellular Proliferation, F. Stohlman Jr. (Hg.), Grune and Stratton, New York, S. 382–407, 1959.

1960

20. On Self-Organizing Systems and Their Environments, in: Self-Organizing Systems, M. C. Yovits und S. Cameron (Hg.), Pergamon Press, London, S. 31–50, 1960.

21. mit P. M. Mora und L. W. Amiot, Doomsday: Friday, November 13, AD 2026, in: Science 132, S. 1291–1295, 1960.

22. Bionics, in: Bionics Symposium, Wright Air Development Division, Technical Report 60-600, J. Steele (Hg.), S. 1–4, 1960.

23. Some Aspects in the Design of Biological Computers, in: Second International Congress on Cybernetics, Namur, S. 241–255, 1960.

1961

24. mit G. Pask, A Predictive Model for Self-Organizing Systems, Part I, in: Cybernetica 3, S. 258-300; Part II: Cybernetica 4, S. 20–55, 1961.

25. mit P. M. Mora und L. W. Amiot, Doomsday, in: Science 133, S. 936–946, 1961.

26. mit D. F. Holshouser und G. L. Clark, Microwave Modulation of Light

Using the Kerr Effect, in: Journal of the Optical Society of America 51, S. 1360–1365, 1961.

27. mit P. M. Mora und L. W. Amiot, Population Density and Growth, in: Science 133, S. 1931–1937, 1961.

1962

28. mit G. Brecher und E. P. Cronkite, Production, Differentiation and Lifespan of Leucocytes, in: The Physiology and Pathology of Leucocytes, H. Braunsteiner (Hg.), Grune & Stratton, New York, S. 170–195, 1962.

29. mit G. W. Zopf, Jr., Principles of Self-Organization: The Illinois Symposium on Theory and Technology of Self-Organizing Systems (Hg.), Pergamon Press, London, 526 S. 1962.

30. Communication Amongst Automata, in: American Journal of Psychiatry 118, S. 865–871, 1962.

31. mit P. M. Mora und L. W. Amiot, Projections versus Forecasts, in Human Population Studies, in: Science 136, S. 173–174, 1962.

32. Biological Ideas for The Engineer, in: The New Scientist 15, S. 173–174, 1962.

33. Bio-Logic, in: Biological Prototypes and Synthetic Systems, E. E. Bernard und M. A. Kare (Hg.), Plenum Press, New York, S. 1–12, 1962.

34. Circuitry of Clues of Platonic Ideation, in: Aspects of the Theory of Artificial Intelligence, C. A. Muses (Hg.), Plenum Press, New York, S. 43–82, 1962.

35. Perception of Form in Biological and Man-Made Systems, in: Transactions of the I.D.E.A. Symposion, E. J. Zagorski (Hg.), University of Illionois, Urbana, S. 10–37, 1962.

36. mit W. R. Ashby und C. C. Walker, Instability of Pulse Activity in an Net with Threshold, in: Nature 196, S. 561–562, 1962.

1963

37. Bionics, in: McGraw-Hill Yearbook Science and Technology, McGraw-Hill, New York, S. 148–151, 1963.

38. Logical Structure of Invironment and Its Internal Representation, in: Transactions of the International Design Conference, Aspen, R. E. Eckerstrom (Hg.), H. Miller, Inc., Zeeland, Mich., S. 27–38, 1963.

39. mit W. R. Ashby und C. C. Walker, The Essential Instability of Systems with Treshold, and Some Possible Applications to Psychiatry, in: Nerve, Brain and Memory Models, N. Wiener und I. P. Schade (Hg.), Elsevier, Amsterdam, S. 236–243, 1963.

1964

40. Molecular Bionics, in: Information Processing by Living Organisms and Machines, H. L. Oestreicher (Hg.), Aerospace Medical Division, Dayton, S. 161–190, 1964.

41. mit W. R. Ashby, Biological Computers, in: Bioastronautics, K. E. Schaefer (Hg.), The Macmillan Co., New York, S. 333–360, 1964.

42. Form: Perception, Reprentation and Symbolization, in: Form and Meaning, N. Perman (Hg.), Society of Typographic Arts, Chicago, S. 21–54, 1964.

43. Structural Models of Functional Interactions, in: Information Processing in the Nervous System, R. W. Gerard und J. W. Duyff (Hg.), Excerpta Medica Foundation, Amsterdam, The Netherlands, S. 370–383, 1964.

44. Physics and Anthropology, in: Current Anthropology 5, S. 330–331, 1964.

20.1 O Samoorganizuyushchiesja Sistemach i ich Okrooshenii, in: Samoorganizuyushchiesju Sistemi, S. 113–139, M.I.R. Moscow, 1964.

122.1 Anacruse, in: La thérapie familiale en changement, Mony Elkaim (Hg.), SYNTHELABU, Le Plessis-Robinson, S. 125–129, 1964.

1965

45. Memory without Record, in: The Anatomy of Memory, D. P. Kimble (Hg.), Science and Behaviour Books, Palo Alto, S. 388–433, 1965.

46. Bionics Principles, in: Bionics, R. A. Willaume (Hg.), AGARD, Paris, S. 1–12, 1965.

33.1 Bio-Logika, in: Problemi Bioniki, S. 9–23, M. I. R., Moscow, 1965.

1966

47. From Stimulus to Symbol, in: Sign, Image, Symbol, G. Kepes (Hg.), George Braziller, New York, S. 42–61, 1966.

1967

48. Computation in Neural Nets, in: Currents in Modern Biology 1, S. 47–93, 1967.

49. Time and Memory, in: Interdisciplinary Perspectives of Time, R. Fischer (Hg.), New York Academy of Sciences, New York, S. 866–873, 1967.

50. mit G. Günther, The Logical Structure of Evolution and Emanation, in: Interdisciplinary Perspectives of Time, R. Fischer (Hg.), New York Academy of Sciences, New York, S. 874–891, 1967.

51. Biological Principles of Information Storage and Retrieval, in: Electronic Handling of Information: Testing and Evaluation, Allen Kent et al (Hg.), Academic Press., London, S. 123–147, 1967.

1968

52. mit A. Inselberg und P. Weston, Memory and Inductive Inference, in: Cybernetic Problems in Bionics, Proceeding of Bionics 1966, H. Oestreicher und D. Moore (Hg.), Gordon & Breach, New York, S. 31–68, 1968.

53. mit L. White, L. Peterson und J. Russell, Purposive Systems, Proceedings of the 1st Annual Symposium of the American Society for Cybernetics (Hg.), Spartan Books, New York, 179 S., 1968.

1969

54. mit J. W. Beauchamp, Music by Computers (Hg.), John Wiley & Sons, New York, 139 S., 1969.

55. Sounds and Music, in: Music by Computers, H. von Foerster und J. W. Beauchamp (Hg.), John Wiley & Sons, New York, S. 3–10, 1969.

56. What is Memory that It May Have Hindsight and Foresight as well?, in: The Future of the Brain Sciences, Proceedings of a Conference held at the New York Academy of Medicine, S. Bogoch (Hg.), Plenum Press, New York, S. 19–64, 1969.

57. Laws of Form, Rezension von Laws of Form, G. Spencer Brown, in: Whole Earth Catalog, Portola Institute; Palo Alto, California, S. 14, Spring 1969.

1970

58. Molecular Ethology, an Immodest Proposal for Semantic Clarification, in: Molecular Mechanisms in Memory and Learning, Georges Ungar (Hg.), Plenum Press, New York, S. 213–248, 1970.

59. mit A. Inselberg, A Mathematical Model of the Basilar Membrane, in: Mathematical Biosciences 7, S. 341–363, 1970.

60. Thoughts and Notes on Cognition, in: Cognition: A Multiple View, P. Garvin (Hg.), Spartan Books, New York, S. 25–48, 1970.

61. Bionics, Critique and Outlook, in: Principles and Practice of Bionics, H. E. von Gierke, W. D. Keidel and H. L. Oestreicher (Hg.), Technivision Service, Slough, S. 467–473, 1970.

62. Embodiments of Mind, Rezension von Embodiments of Mind, Warren S. McCulloch, in: Computer Studies in the Humanties and Verbal Behaviour III (2), S. 111–112, 1970.

63. mit L. Peterson, Cybernetics of Taxation: The Optimization of Economic Participation, in: Journal of Cybernetics 1 (2), S. 5–22, 1970.

64. Obituary for Warren S. McCulloch, in: ASC Newsletter 3 (1), 1970.

1971

65. Preface, in: Shape of Community by S. Chermayeff and A. Tzonis, Penguin Books, Baltimore, S. xvii–xxi, 1971.

66. Interpersonal Relational Networks (Hg.), CIDOC Cuaderno No. 1014, Centro Intercultural de Documentacion, Mexico, 139 S., 1971.

67. Technology: What Will It Mean to Librarians?, Illinois Libraries 53 (9), S. 785–803, 1971.

68. Computing in the Semantic Domain, in: Annals of the New York Academy of Science 184, S. 239–241, 1971.

1972

69. Responsibilities of Competence, in: Journal of Cybernetics 2 (2), S. 1–6, 1972.

70. Perception of the Future and the Future of Perception, in: Instructional Science 1 (1), S. 31–43, 1972.

77. Notes on an Epistemology for Living Things, BCL Report. No. 9.3 (BCL Fiche No. 104/1), Biological Computer Laboratory, Department of Electrical Engineering, University of Illionois, Urbana, 24 S., 1972.

1973

71. mit P. E. Weston, Artificial Intelligence and Machines that Understand, Annual Review of Physical Chemistry, H. Eyring, C. J. Christensen, H. S. Johnston (Hg.), Annual Reviews, Inc., Palo Alto, S. 353–378, 1973.

72. On Constructing a Reality, in: Environmental Design Research, Vol. 2, F. E. Preiser (Hg.), Dowden, Hutchinson & Ross, Stroudberg, S. 35–46, 1973.

1974

73. Giving with a Purpose: The Cybernetics of Philanthropy, Occasional Paper No. 5, Center for a Voluntary Society, Washington, D.C., 19 S., 1974.

74. Kybernetik einer Erkenntnistheorie, in: Kybernetik und Bionik, W. D. Keidel, W. Handler & M. Spring (Hg.), Oldenburg, München, S. 27–46, 1974.

75. Epilogue to Afterwords, in: After Brockman: A Symposium, ABYSS 4, S. 68–69, 1974.

76. mit R. Howe, Cybernetics at Ilinois (Part One), in: Forum 6 (3), S. 15-17, 1974; (Part Two), Forum 6 (4), S. 22–28, 1974.

77.1 Notes pour une épistémologie des objets vivants, in: L'unité de l'homme, Edgar Morin und Massimo Piateli-Palmerini (Hg.), Edition du Seuil, Paris, S. 401–417, 1974.

78. mit P. Arnold, B. Aton, D. Rosenfeld, K. Saxena, Diversity: A Measure Complementing Uncertainty H, in: SYSTEMA No. 2, Jänner 1974.

79. Culture and Biological Man Rezension von Elliot D. Chapple, Culture and Biological Man, in: Current Anthropology 15 (1), S. 61, 1974.

80. Comunicación, Autonomia y Libertad, Entrovista con H.V.F. in: Comunicación No. 14, S. 33–37, Madrid, 1974.

1975

81. mit R. Howe, Introductory Comments to Francisco Varela's Calculus for Self-Reference, International Journal for General Systems 2, S. 1–3, 1975.

82. Two Cybernetics Frontiers, Rezension von Stewart Brand, Two Cybernetics Frontiers, in: The Co-Evolutionary Quarterly 2, Sommer, S. 143, 1975.

83. Oops: Gaia's Cybernetics Badly Expressed, in: The Co-Evolutionary Quarterly 2, Herbst, S. 51, 1975.

70.1 La Percepción de Futuro y el Futuro de Percepción, in: Communicación No. 24, Madrid, 1975.

1976

84. Objects: Tokens for (Eigen-)Behaviors, in: ASC Cybernetics Forum 8, (3 & 4), S. 91-96, 1976, (English version of 84.1).

20.2 Sobre Sistemas Autoorganizados y sus Contornos, in: Epistemologia de la Comunicacion, Juan Antonio Bofil (Hg.), Fernando Torres, Valencia, S. 187–214, 1976.

1977

84.1 Formalisation de Certains Aspects de l Equilibration de Structures Cognitives, in: Epistémologie Génétique et Equilibration, B. Inhelder, R. Garcias und J. Voneche (Hg.), Delachaux et Niestle, Neuchatel, S. 76–89, 1977.

95. The Curious Behaviour of Complex Systems: Lessons from Biology, in: Future Research, H. A. Linstone und W. H. C. Simmonds (Hg.), Addison-Wesley, Reading S. 104–113, 1977.

1978

72.1 Construir la realidad, in: Infancia y Aprendizaje, Madrid, 1 (1), S. 79–92, 1978.

1979

72.3 On Constructing a Reality, in: An Integral View, San Francisco, 1 (2), S. 21–29, 1979.

96. Where Do We Go From Here, in: History and Philosophy of Technology, George Bugliarello und Dean B. Doner (Hg.), University of Illinois Press, Urbana, S. 358–370, 1979.

117. Cybernetics of Cybernetics, in: Communication and Control in Society, Klaus Krippendorff (Hg.), Gordon and Breach, New York, S. 5–8, 1979.

1980

85. Minicomputer – verbindende Elemente, in: Chip, Jänner 1980, S. 8.

86. Epistemology of Communication, in: The Myths of Information: Technology and Postindustrial Culture, Kathleen Woodward (Hg.), Coda Press, Madison, S. 18–27, 1980.

1981

87. Morality Play, in: The Sciences 21 (8), S. 24–25, 1981.

88. Gregory Bateson, in: The Esalen Catalogue 20 (1), S. 10, 1981.

89. On Cybernetics of Cybernetics and Social Theory, in: Self-Organizing Systems, G. Roth und H. Schwegler (Hg.), Campus Verlag, Frankfurt, S. 102–105, 1981.

90. Foreword, in: Rigor and Imagination, C. Wilder-Mott und John H. Weakland (Hg.), Praeger, New York, S. vii–xi, 1981.

91. Understanding Understanding: An Epistemology of Second Order Concepts, in: Aprendizagem/Desenvolvimento 1 (3), S. 83–85, 1981.

1982

92. Obvserving Systems, mit einer Einleitung von Francisco Varela, Intersystems Publications, Seaside, 331 + xvi S., 1982.

93. A Constructivist Epistemology, in: Cahiers de la Fondation Archives Jean Piaget No. 3, Geneve, S. 191–213, 1982.

94. To Know and To Let Know: An Applied Theory of Knowledge, in: Canadian Library Journal 39, S. 277–282, 1982.

1983

116. Foreword, in: Aesthetics of Change, Bradford Keeney, The Guilford Press, New York, S. xi, 1983.

1984

97. Principles of Self-Organization in a Socio-Managerial Context, in: Self-Organization and Management of Social Systems, H. Ulrich und C. J. B. Probst (Hg.), Springer, Berlin, S. 2–24, 1984.

98. Disorder/Order: Discovery or Invention, in: Disorder and Order, P. Livingston (Hg.), Anma Libri, Saratoga, S. 177–189, 1984.

72.4 On Constructing a Reality, in: The Invented Reality, Paul Watzlawick (Hg.), W. W. Norton, New York, S. 41–62, 1984.

99. Erkenntnistheorien und Selbstorganisation, in: DELFIN IV, S. 6–19, Dezember 1984.

105. Vernünftige Verrücktheit (I), in: Verrückte Vernunft, Steirische Berichte 6/84, S. 18, 1984.

127. Implicit Ethics, in: of/of Book-Conference, Princelet Editions, London, S. 17–20, 1984.

1985

100. Cibernetica ed epistemologia: storia e prospettive, in: La Sfida della Complessita, G. Bocchi und M. Ceruti (Hg.), Feltrinelli, Milano, S. 112–140, 1985.

101. Sicht und Einsicht: Versuche zu einer operativen Erkenntnistheorie, Friedrich Vieweg und Sohn, Braunschweig, 233 S., 1985.

102. Entdecken oder Erfinden: Wie läßt sich Verstehen verstehen?, in: Einführung in den Konstruktivismus, Heinz Gumin und Armin Mohler (Hg.), R. Oldenburg, München, S. 27–68, 1985.

103. Apropos Epistemologies, in: Family Process 24, (4), S. 517–520, 1985.

94.1 To Know and to Let Know, in: CYBERNETIC, Journal of the American Society for Cybernetics 1, S. 47–55, 1985.

106. Comments on Norbert Wiener's Time, Communication, and the Nervous System, in: Norbert Wiener: Collected Works, IV, P. Masani (Hg.), MIT Press, Cambridge, S. 244–246, 1985.

107. Comments on Norbert Wiener's Time and the Science of Organization, in: Norbert Wiener: Collected Works, IV, P. Masani (Hg.), MIT Press, Cambridge, S. 235, 1985.

108. Comments on Norbert Wiener's Cybernetics; Men, Machines, and the World About, in: Norbert Wiener: Collected Works, IV, P. Masani (Hg.), MIT Press, Cambridge, S. 800–803, 1985.

1986

47.2 From Stimulus to Symbol, in: Event Cognition: An Ecological Perspective,

Viki McCabe und Gerald J. Balzano (Hg.), Lawrence Erlbaum Assoc., Hillsdale, NY, S. 79–92, 1986.

104. Foreword, in: The Dream of Reality: Heinz von Foerster's Constructivism, Lynn Segal, W.W. Norton & Co., New York, S. xi–xiv, 1986.

109. Vernünftige Verücktheit (II), in: Verrückte Vernunft, Vorträge der 25. Steirischen Akademie, D. Cwienk (Hg.), Verlag Technische Universität, Graz, S. 137–160, 1986.

1987

99.1 Erkenntnistheorien und Selbstorganisation, in: Der Diskurs des Radikalen Konstruktivismus, Siegfried J. Schmidt (Hg.), Suhrkamp, Frankfurt, S. 133–158, 1987.

102.1 Entdecken oder Erfinden. Wie läßt sich Verstehen verstehen?, in: Erziehung und Therapie in systemischer Sicht, Wilhelm Rotthaus (Hg.), Verlag modernes Denken, Dortmund, S. 22–60, 1987.

110. Cybernetics, in: Encyclopedia for Artificial Intelligence I., S.C. Shapiro (Hg.), John Wiley and Sons, New York, S. 225–227, 1987.

110.1 Kybernetik, in: Zeitschrift für Systemische Therapie 5 (4), S. 220–223, 1987.

111. Interviews 1987.

111a. mit U. Telfener: L'Osservatore, in: Psycobiettiva 7(1), S. 1–3, 1987.

111b. mit U. Telfener: Costruttivista radicale, in: Centro Milanesi di Terapia Famiglia 12(2), S. 3–4, 1987.

111c. mit G. Mecucci: Non banalizate l'uomo, in: Scenza e technologia, 13. Feb. 1987.

112. Preface, in: The Construction of Knowledge: Contributions to Conceptual Semantics, Ernst von Glasersfeld, Intersystems Publ. Seaside, S. ix–xii, 1987.

113. Understanding Computers and Cognition, Book Review of Understanding Computers and Cognition: A New Foundation of Design by Terry Winograd and Fernando Flores, in: Technological Forecasting and Social Change, An International Journal 32, #3, S. 311–318, 1987.

114. Sistemi che Osservano, Mauro Ceruti und Umberta Telfner (Hg.), Casa Editrice Astrolabio, Roma, 243 S., 1987.

1988

72.5 On Constructing a Reality, in: Adolescent Psychiatry 15: Developmental and Clinical Studies, Sherman C. Feinstein (Hg.), University of Chicago Press, Chicago, S. 77–95, 1988.

72.6 Costruire una realtà, in: La realta inventata, Paul Watzlawick (Hg.), Feltrinelli, Milano, S. 37–56, 1988.

72.7 La construction d'une realité, in: L'invention de la realité: Contributions au constructivisme, Paul Watzlawick (Hg.), Edition du Seuil, Paris, S. 45–69, 1988.

72.8 Construyendo una realidad, in: La Realidad inventada, Paul Watzlawick (Hg.), Editiorial Gedisa, Barcelona, S. 38–56, 1988.

104.1 Vorbemerkung, in: Das 18. Kamel oder die Welt als Erfindung: Zum Konstruktivismus Heinz von Foersters, Lynn Segal, Piper, München, S. 11–14, 1988.

115. Abbau und Aufbau, in: Lebende Systeme: Wirklichkeitskonstruktionen in der Systemischen Therapie, Fritz B. Simon (Hg.), Springer Verlag, Heidelberg, S. 19–33, 1988.

118. Interviews 1988.

118a. mit P. Minore: Lo stregone di Vienna, in: Il Messagero, 5. Juli 1989

1989

119. Wahrnehmen wahrnehmen, in: Philosophien der neuen Technologie, ARS ELECTRONICA (Hg.), Merve Verlag, Berlin, S. 27–40, 1989.

120. Preface, in: The Collected Works of Warren S. McCulloch, Rook McCulloch (Hg.), Intersystems Publication, Salinas, S. i–iii, 1989.

121. Circular Causality: The Beginnings of an Epistemology of Responsibility, in: The Collected Works of Warren S. McCulloch, Rook McCulloch (Hg.), Intersystems Publications, S. 808–829, 1989.

122. Anacruse, in: Auto-référence et thérapie familiale, Mony Elkaim und Carlos Sluzki (Hg.), Cahiers critiques de thérapie familiale et de pratiques de réseaux #9; Bruxelles, S. 21–24, 1989.

123. Geleitwort, in: Architektonik: Entwurf einer Metaphysik der Machbarkeit, Bernhard Mitterauer, Verlag Christian Brandstätter, Wien, S. 7–8, 1989.

124. The Need of Perception for the Perception of Needs, in: LEONARDO 22 (2), S. 223–226, 1989.

1990

125. Preface, in: Education in the Systems Sciences, Blaine A. Snow, The Elmwood Institute, Berkeley, S. iii, 1990.

126. Sul vedere: il problema del doppio cieco, in: OIKOS 1, S. 15–35, 1990.

128. Non sapere di non sapere, in: Che cos e la conoscenza, Mauro Ceruti und Lorena Preta (Hg.), Saggitari Laterza, Bari, S. 2–12, 1990.

129. Understanding Understanding, in: METHODOLOGIA 7, S. 7–22, 1990.

130. Foreword, in: If You Love Me, Don t Love Me, by Mony Elkaim, Basic Books, New York, S. ix–xi, 1990.

131. Kausalität, Unordnung, Selbstorganisation, in: Grundprinzipien der Selbstorganisation, Karl W. Kratky und Friedrich Wallner (Hg.), Wissenschaftliche Buchgesellschaft, Darmstadt, S. 77–95, 1990.

94.2 To Know and to Let Know, in: 26, 1, Agfacompugraphic, S. 5–9, 1990.

119.1 Wahrnehmen wahrnehmen, in: Aisthesis: Wahrnehmung heute oder Perspektiven einer anderen Ästhetik, Karlheinz Barck, Peter Gente, Heidi Paris, Stefan Richter (Hg.), Reclam, Leipzig, S. 434–443, 1990.

132. Carl Auer und die Ethik der Pythagoräer, in: Carl Auer: Geist oder Ghost, G. Weber und F. Simon (Hg.), Auer, Heidelberg, S. 100–111, 1990.

77.2 Bases Epistemologicas, in: Anthropos (Documentas Anthropos), Barcelona, Supplementos Anthropos, 22, Oktober 1990, S. 85–89.

72.9 Creación de la Realidad, in: Anthropos (Documentas Anthropos), Barcelona, Supplementos Anthropos, 22, Oktober 1990, S. 108–112.

1991

56.1 Was ist Gedächtnis, daß es Rückschau und Vorschau ermöglicht, in: Gedächtnis. Probleme und Perspektiven der interdisziplinären Gedächtnisforschung, hrsg. von Siegfried Schmidt, Frankfurt, Suhrkamp, S. 56–95, 1991.

132.1 Carl Auer and the Ethics of the Pythagoreans, in: Strange Encounters with Carl Auer, G. Weber und F.B. Simon (Hg.), W.W. Norton, New York, S. 55–62, 1991.

133. Through the Eyes of the Other, in: Research and Reflexivity, Frederick Steier (Hg.), Sage Publications, London, S. 63–75, 1991.

134. Las Semillas de la Cibernetica [Obras escogidas: ##20; 60; 69; 70; 77; 89; 94; 96; 97; 98; 103,] Marcelo Pakman (Hg.), Presentación Carlos Sluzki, Gedisa editorial, Barcelona, 221 S., 1991.

135. Self: An Unorthodox Paradox, in: Paradoxes of Selfreference in the Humanities, Law, and the Social Sciences, Stanford Literature Review, Spring/Fall 1990, ANIMA LIBRI, Stanford, S. 9–15, 1991.

136. mit Guitta Pessis-Pasternak: Heinz von Foerster, pionier de la cybernétique, in: Faut-il Brûler Descartes? G. Pessis-Pasternak (Hg.), Edition la Decouvert, Paris, S. 200–210, 1991.

137. Ethique et Cybernétique de second ordre, in: Systèmes, Ethique, Perspectives en thérapie familiale, Y. Ray und B. Prieur (Hg.), ESF editeur, Paris, S. 41–55, 1991.

138. mit Yveline Ray: Entretien avec Heinz von Foerster, in: Systèmes, Ethique, Perspectives en thérapie familiale, Y. Ray und B. Prieure (Hg.), ESF éditeur, Paris, S. 55–63, 1991.

1992

102.2 Entdecken oder Erfinden: Wie läßt sich Verstehen verstehen?, in: Einführung in den Konstruktivismus, Piper München, S. 41–88, 1992.

110.2 Cybernetics, in: The Encyclopedia of Artificial Intelligence, Second Edition, S.C. Shapiro (Hg.) John Wiley and Sons, New York, S. 309–312, 1992.

119.2 Wahrnehmen wahrnehmen, in: Schlußchor, Botho Strauss, Schaubühne, Berlin, S. 89–95, 1992.

139. mit Christiane Floyd: Self-Organization and Reality Construction, in: Software Development and Reality Construction, C. Floyd, H. Zullighoven, R. Budde, und R. Keil-Slawik (Hg.), Springer Verlag, New York und Heidelberg, S. 75–85, 1992.

140. Wissen und Gewissen: Versuch einer Brücke, mit einer Vorbemerkung von Siegfried Schmidt, einer Einführung von Bernard Scott und einer Einleitung von Dirk Bäcker, [Enthält: ## 20; 56; 58; 60; 69; 70; 72; 74; 77; 84; 86; 97; 98; 110; 127; 129], hrsg. von Siegfried Schmidt, Frankfurt, Suhrkamp, 1992.

141. La percezione della quarta dimensione spaziale, in: Evoluzione e Conoscenza, Mauro Ceruti (Hg.), Pierluigi Lubrina, Bergamo, S. 443–459, 1992.

142. mit Wolfgang Ritschl: Zauberei und Kybernetik, in: Menschenbilder, Hubert Gaisbauer und Heinz Janisch (Hg.), Austria Press, Wien, S. 45–56, 1992.

137.1 Ethics and Second Order Cybernetics, in: Cybernetics and Human Knowing, 1.1, S. 9–20, 1992.

143. Letologia. Una teoria dell apprendimento e della conoscenza vis à vis con gli indeterminabili, inconoscibili, in: Conoscenza come Educazione, Paolo Perticari (Hg.), Franco Angeli, Milano, S. 57–78, 1992.

144. Kybernetische Reflexionen, in: Das Ende der großen Entwürfe, H.E. Fischer, A. Fetzer, J. Schweitzer (Hg.), Suhrkamp, Frankfurt, S. 132–139, 1992.

145. Geleitwort, in: Systemische Therapie: Grundlagen klinischer Theorie und Praxis, Kurt Ludewig, Klett-Cotta, Stuttgart, S. 8–10, 1992.

70.2 Perception of the Future, and the Future of Perception, in: Full Spectrum Learning, Kristina Hooper Woolsey (Hg.) Apple Multimedia Lab, Cuppertino, S. 76–87, 1992.

143.1 Lethology, A Theory of Learning and Knowing, vis à vis Undeterminables, Undecidables, Unknowables, in: Full Spectrum Learning, Kristina Hooper Woolsey (Hg.), Apple Multimedia Lab, Cuppertino, S. 88–109, 1992.

1993

146. mit Paul Schröder: Introduction to Natural Magic, in: Systems Research 10 (1), S. 65–79, 1993.

147. mit Mosche Feldenkrais: A Conversation, in: The Feldenkrais Journal #8, S. 17–30, 1993.

148. Das Gleichnis vom Blinden Fleck: Über das Sehen im Allgemeinen, in: Der entfesselte Blick, G.J. Lischka (Hg.), Benteli Verlag, Bern, S. 14–47, 1993.

149. mit Paul Schroeder: Einführung in die 12-Ton Musik, in: KybernEthik, Heinz von Foerster, Merve Verlag, S. 40–59, 1993.

150. KybernEthik [Enthält: ## 146.1; 149; 137.2; 117.1; 100.1; 121.1; 143.1; 69.2], Merve Verlag, Berlin, 173 S., 1993.

137.3 Ethik und Kybernetik zweiter Ordnung, in: Psychiatria Danubiana 5 (1&2), Medicinska Naklada, Zagreb, S. 33–40, Jänner-Juli, 1993.

137.4 Ethics, and Second Order Cybernetics, Psychiatria Danubiana 5 (1&2), Medicinska Naklada, Zagreb, S. 40–46, Jan-Jul, 1993

126.1 On Seeing: The Problem of the Double Bind, in: Adolescent Psychiatry 11, S.C. Feinstein und R. Marohn (Hg.), University of Chicago Press, Chicago, S. 86–105, 1993.

151. On Gordon Pask, in: Systems Research 10 (3), S. 35–42, 1993.

152. Für Niklas Luhmann: Wie rekursiv ist die Kommunikation? Mit einer Antwort von Niklas Luhmann, in: Teoria Soziobiologica 2/93, FrancoAngeli, Milan, S. 61–88, 1993.

152.1 Per Niklas Luhmann: Quanto e ricorsiva la communicazioni? Con un riposta di Niklas Luhmann, in: Teoria Soziobiologica 2/93, FrancoAngeli, Milan, S. 89–114, 1993.

57.1 Gesetze der Form, in: Kalkül der Form, Dirk Bäcker (Hg.), Suhrkamp, Frankfurt, S. 9–11, 1993.

1994

153. mit Wolfgang Möller-Streitborger: Es gibt keine Wahrheit, nur Verantwortung, in: Psychologie Heute, März 1994, S. 64–69, 1994.

154. Wissenschaft des Unwissbaren, in: Neuroworlds, Jutta Fedrowitz, Dick Matejovski und Gert Kaiser (Hg.), Campus Verlag, Frankfurt, S. 33–59, 1994.

155. Inventare per apprendere, apprendere per inventare, in: Il senso dell imparare, Paolo Perticari und Marianella Sclavi (Hg.), Anabasi, Milano, S. 1–16, 1994.

126.2 Vision y conocimiento: Disfunciones de segundo ordine, in: Nuevas Paradigmas Cultura y Subjectividad, Dora Fried Schnitmann (Hg.), PAIDOS, Buenos Aires, S. 91–114, 1994.

1995

156. WORTE, in: Weltbilder/Bildwelten (INTERFACE II), Klaus Peter Denker und Ute Hagel (Hg.), Kulturbehörde Hamburg, Hamburg, S. 236–247, 1995.

157. Wahrnehmen wahrnehmen – und was wir dabei lernen können, in: Schein und Wirklichkeit, Österreichische Werbewirtschaftliche Gesellschaft, Wien, S. 15–27, 1995.

158. Vorwort, in: Vorsicht: Keine Einsicht!, in: Rokarto 1, Thouet Verlag, Aachen, S. 1, 1995.

152.2 For Niklas Luhmann: How Recursive is Communication?, in: Special Edition, ASC Annual Conference, Chicago, Illinois, 5/17-21/95; The American Society for Cybernetics, Philadelphia, PA 19144.

74.1 Cybernetics of Epistemology, in: Special Edition, ASC Annual Conference, Chicago, Illinois, 5/17-21/95; The American Society for Cybernetics, Philadelphia, PA, 19144.

159. Die Magie der Sprache und die Sprache der Magie, in: Abschied von Babylon: Verständigung über Grenzen der Psychiatrie, Bock, Th. et al. (Hg.), Psychiatrie-Verlag Bonn, S. 24–35, 1995.

160. mit Stefano Franchi, Gúven Gúzeldere und Eric Minch: Interview with Heinz von Foerster, in: Constructions of the Mind: Artificial Intelligence and the Humanities, Stanford Humanities Review 4, No. 2, S. 288–307, 1995.

137.5 Ethics and Second Order Cybernetics, in: Constructions of the Mind:

Artificial Intelligence and the Humanities, Stanford Humanities Review, 4, No. 2, S. 308–327, 1995.

161. Mit Gertrud Katharina Pietsch: Im Gespräch bleiben, in: Zeitschrift für Systemische Therapie 13 (3), Dortmund, S. 212–218, Juli, 1995.

162. Wahrnehmen Werben Wirtschaft, in: Werbeforschung und Praxis 3/95, Werbewirtschaftliche Gesellschaft, Wien/Bonn, 73, 1995.

163. mit Stephen A. Carlton (Hg.), Cybernetics of Cybernetics, Second Edition, Future Systems Inc., Minneapolis, 523 S., 1995.

164. Metaphysics on an Experimental Epistemologist, in: Brain Processes, Theories and Models, Roberto Moreno-Diaz und José Mira-Mira (Hg.), The MIT Press, Cambridge, Massachusetts, S. 3–10, 1995.

170. Magic and Cybernetics, in: Vertreibung der Vernunft. The Cultural Exodus from Austria, Friedrich Stadler und Peter Weibel (Hg.), Springer Verlag, Wien, S. 323–328, 1995.

1996

165. Schule neu erfinden: Lethologie, eine Theorie des Erlernens und Erwissens angesichts von Unwißbarem, Unbestimmbarem, Unentscheidbarem, in: Die Schule neu erfinden, R. Voss (Hg.), Leuchthand, Berlin, S. 14–32, 1996.

166. Wahrnehmen oder Falschnehmen, in: Sinn und Sinne im Dialog, Waltraud und Winfried Doering, Gude Dose, Mario Stadelmann (Hg.), Borgmann, Dortmund, S. 115–130, 1996.

167. Foreword, in: Constraints and Possibilities, The Evolution of Knowledge and the Knowledge of Evolution, Mauro Ceruti, Gordon and Breach, Lausanne, S. ix–xi, 1996.

167.1 Prefazzione, in: Il vincolo e la possibilità, Mauro Ceruti, Feltrinelli, Milano, S. x–xii, Second Edition, 1996.

168. mit Bernhard Pörksen: Ich versuche einen Tanz mit der Welt, in: Das Sonntagsblatt, Hamburg, S. 28–29, 26. Juli 1996.

137.6 Ethik und Kybernetik zweiter Ordnung, in: Bibliothek der Feldenkrais Gilde, No. 9, Stuttgart, S. 1–20, 1996.

171. mit Gertrudis Van de Vijver: Who is Galloping at a Narrow Path?, in: Revue de la pensee d'aujourd hui, Vol. 24-11, Tokyo, S. 329–338, 1996.

172. La società industriale del futuro, in: Pluriverso 1/4, Milano, S. 109–115, 1996.

84.2 Objects: Tokens for (Eigen-)Behaviors, in: The Journal of Electro-Acoustic Language 1/1, Los Angeles, S. 65–79, 1996.

173. Vorwort, in: Die Kybernetik der Sozialarbeit: Ein Theorieangebot, Theodor M. Bardmann und Sandra Hansen, Kersting, Aachen, S. 7–9, 1996.

133.1 Attraverso gli occhi dell' altro, in: ALBUM FRASE, Guerini e Associati, Milano, 21–50, 1996.

168.1 mit B. Pörksen: Medizin gegen den Dogmatismus, in: Information/Philosophie 24/5, Meinert, Hamburg, S. 40–44, Dez. 1996.

168.2 mit B. Pörksen: Ein Tanz mit der Welt, in: KURSIV. Eine Kunstzeitschrift aus Oberösterreich, 3-3/96, S. 3–4, 1996.

174. Der Wiener Kreis – Parabel für einen Denkstil, in: Wissenschaft als Kultur: Österreichs Beitrag zur Moderne, F. Stadler (Hg.), Springer, Wien, S. 29–48, 1996.

126.3 Visao e conhecimiento: disfuncoes de segunda ordem, in: Novos Paradigmas, Cultura e Subjetividade, Dora Fried Schnittmann (Hg.), Artes Medicas, Porto Alegre, S. 59–74, 1996.

1997

171.1 mit Gerntrudis van der Vijver: Who is Galloping at a narrow Path? in: Cybrnetics and Human Knowing 4/1, S. 3–14, 1997.

165.1 (143.5) # 165, Second Edition, 1997.

175. mit Hanna Krause: Mitternacht am Times Square, in: Wie wird Wissen wirksam?, Ralph Grossmann (Hg.), Interuniversitäres Institut für Interdisziplinäre Forschung iff, Springer, Wien, S. 25–30, 1997.

176. Interviews 1997

176a. mit Albert Müller und Karl H. Müller: Im Goldenen Hecht, in: Österreichische Zeithscrift für Geschichtswissenschaften 8/1997/1, Wien, S. 129–143, 1997.

176b. Rückschau und Vorschau. Heinz von Foerster im Gespräch mit Albert Müller und Karl H. Müller, in: Konstruktivismus und Kognitionswissenschaft, Albert Müller, Karl H. Müller, Friedrich Stadler (Hg.), Springer, Wien/New York, S. 221–234, 1997.

176c. Tanz mit der Welt, Nikola Bock, in: Konstruktivismus und Kognitionswissenschaft, Albert Müller, Karl H. Müller, Friedrich Stadler (Hg.), Springer, Wien/New York, S. 199–220, 1997.

176d. Wir sind verdammt, frei zu sein! Ein Gespräch mit Heinz von Foerster, in: Zirkuläre Positionen. Konstruktivismus als praktische Theorie, T. M. Bardmann (Hg.), Opladen 1997, Westdeutscher Verlag, S. 49–56.

143.3 Lethology: A Theory of Learning and Knowing vis a vis Undeterminables, Undecideables and Unknowables, in: Revista, Universidad EAFIT, 107 Jilo, Agosto, Septiembre, Medellin, S. 15–32, 1997.

177. Die Kunst das Lernen zu lernen, in: Lernen ist Leben, Isidor Trompedeller (Hg.), Autonome Provinz Bozen, Abteilung Schule und Kultur dür die deutsche und ladinische Volksgruppe, Bozen, S. 8–22, 1997.

178. L'arte dell apprendimento, in: PLURIVERSO 2/2, S. 79–86, 1997.

179. mit Albert Müller und Karl H. Müller: Der Anfang von Himmel und Erde hat keinen Namen, Döcker Verlag, Wien 280 S., 1997.

1998

180. What's wrong with Stephan von Huene? Eine Antwort von Heinz von Foerster, in: Whats wrong with culture? Stephan von Hiene (Hg.), Neues Museum Weserburg, Bremen, 101–102, 1998.

181. Über Perzeption. Eine Sokalogische Abhandlung in vier Abschnitten, in: Tumult, Wien, 1998.

182. mit Bernhard Pörksen: Wahrheit ist die Erfindung eines Lügners, in: Die Zeit 15. Jänner, Hamburg, S. 41–42, 1998.

183. mit Bernhard Pörksen: Naturgesetze können von uns geschrieben werden, in: Communicatio Socialis, Internationale Zeitschrift für Kommunikation in Religion, Kirche und Gesellschaft, Kassel, S. 47–61, 1998.

184. mit Bernhard Pörksen: Wahrheit ist die Erfindung eines Lügners, Auer Verlag, Heidelberg, 135 S., 1998.

185. Über Bewußtsein, Gedächtnis, Sprache, Magie und andere unbegreifliche Alltäglichkeiten, in: Bibliothek der Feldenkrais-Gilde e.V. Nr. 11, München, 4–23, 1998.

186. Sistemica Elemental Desde Un Punto De Vista Superior, Fonda Editorial Universidad EAFIT, Medellin, Colombia, 81pp. 1998.

72.10 On Constructing a Reality, in: Borderline, Lebbeus Woods, Ekkehard Rehfeld (Hg.), Springer, Wien, New York (s.p.), 1998.

187. mit Reinhard Kahl: Triff eine Unterscheidung, in: Paedagogik 50, Juli/August, 65–66, 1998.

1999

101.1 Sicht und Einsicht: Versuche zu einer operativen Erkenntnistheorie, Car Auer Systeme Verlag, Heidelberg, 233 S., 1999 (reprint).

188. mit Ernst von Glasersfeld: Wie wir uns erfinden. Eine Autobiographie des Konstruktivismus, Carl Auer Systeme Verlag, Heidelberg, 250 S., 1999.

179.1 mit Albert Müller und Karl H. Müller: Der Anfang von Himmel und Erde hat keinen Namen, 2. Auflage, Döcker Verlag, Wien 280 S., 1999.

189. Quis custodiet ipsos custodes (Geleitwort), in: Winter, Wolfgang: Theorie des Beobachters. Skizzen zur Architektonik eines Metatheoriesystems, Verlag Neue Wissenschaft, Frankfurt/Main, 1999. s.p.

190. Tesseract, 13; Triviale und Nicht-Triviale Maschinen, 103; Objektivität, 108; H.V.F. Theorem #2, 251; Order from Noise 347; Kybernetik, 368, in: Der Wissensnavigator. Das Lexikon der Zukunft, Arthur P. Schmidt (Hg.), Deutsche Verlagsanstalt, Stuttgart, 1999.

191. An Niklas Luhmann, in: Gibt es eigentlich den Berliner Zoo noch?, Theodor M. Bardmann u. Dirk Baecker (Hg.), Universitätsverlag Konstanz, S. 13–15, 1999.

192. mit Reinhard Kahl: Der Neugierologe, in: GEO 1/1999, S. 107–109, 1999.

2000

193. Mein wunderbarstes Erlebnis, in: Die Zeit, Hamburg, 43, 1.1.2000.

Bemerkung der Herausgeber:
Die Numerierung folgt der privaten Archivierungstechnik Heinz von Foersters, die sich schon einmal für eine Publikation bewährt hat (Wissen und Gewissen, S. 385 ff). Zahlen nach dem Punkt indizieren Wiederveröffentlichungen und Übersetzungen.

Festschriften:
Paul Watzlawick und Peter Krieg (Hg.), Das Auge des Betrachters. Beiträge zum Konstruktivismus. Festschrift für Heinz von Foerster, München, R. Piper, 1991.
Geschichte beobachtet. Heinz von Foerster zum 85. Geburtstag. Österreichische Zeitschrift für Geschichtswissenschaften, Heft 1997/1, Wien: Döcker Verlag.
Ranulph Glanville (Gast-Hg.), Heinz von Foerster, a Festschrift, Systems Research, Vol. 13, Nr. 3, September 1996.
Albert Müller, Karl H. Müller u. Friedrich Stadler (Hg.), Konstruktivismus und Kognitionswissenschaft. Kulturelle Wurzeln und Ergebnisse. Heinz von Foerster gewidmet, Wien u. New York 1997 (=Sonderband der Veröffentlichungen des Instituts Wiener Kreis).

Dokumentarfilme mit Heinz von Foerster:
Tanz mit der Welt, ein essayistischer Dokumentarfilm über Heinz von Foerster, Buch und Regie: Nikola Bock, Co-Autorin und Aufnahmeleitung: Jutta Schubert, Kamera: Hanno Hart, Beta 75 Minuten, Farbe.
Kybern-Ethik, ein Porträt des Physikers Heinz von Foerster, Dokumentarfilm von Susanne Freund, Farbe, ORF-Eigenproduktion, Sendung Kunst-Stücke am 20. Februar 1996.

Autorinnen und Autoren

Edith Karen Elsbeth Ackermann
Dr. phil., Professorin für Entwicklungspsychologie an der Universität Aix-Marseille II und Senior Research Scientist am Mitsubishi Electric Research Laboratory (MERL) in Cambridge, Mass.; lehrt außerdem am Massachusetts Institute of Technology (MIT), School for Architecture (Design Inquiry Laboratory). Zuvor Maître-Assistante an der Faculté de Psychologie et des Sciences de l'Education der Universität Genf, Mitarbeiterin am Centre International d'Epistémologie Génétique (C.I.E.G.) unter der Leitung von Jean Piaget (bis 1979) sowie Mitarbeiterin von Bärbel Inhelder und Guy Céllerier (1976-85). Zahlreiche Publikationen zu Konstruktivismus und kognitiver Entwicklung, darunter: „The Agency Model of Transactions: Toward an Understanding of Children's Theory of Control", in: Psychologie Génétique et Sciences Cognitives (Hg. Montangero, J. & Tryphon, A.), S. 63–75. Fondation des Archives Jean Piaget, Geneva, 1991; „Perspective-Taking and Object-Construction", in: Constructionism in Practice: Designing, Thinking and Learning in a Digital World (Kafai, Y. u. Resnick, M., Hg..), S. 25–37, Northdale, NJ: Lawrence Erlbaum Associates, 1996; „New Trends in Cognitive Development: Theoretical and Empirical Contributions", in: A. Demetriou (Hg.), Cognitive Development: New Trends and Questions. Special Issue of Learning and Instruction: The Journal of the European Association for Research on Learning and Instruction.

Peter Baumgartner
Universitätsdozent für Weiterbildung und Assistenzprofessor am Institut für Interdisziplinäre Forschung und Fortbildung an den Universitäten Innsbruck, Klagenfurt und Wien. Aufbau des Projektschwerpunkts Lernen und Neue Medien und der Austrian Academic Software Initiative (ASI) in Klagenfurt; Forschung und Veröffentlichungen zu Kognitions-

wissenschaft, pädagogischer Theorie und Didaktik interaktiver Medien. 1988–89 Gastforscher bei der GMD, Forschungszentrum Informationstechnik (Bonn). 1997 Gastprofessor an der Universität Münster. Publikationen (u.a.): Der Hintergrund des Wissens. Vorarbeiten zu einer Kritik der programmierbaren Vernunft, Klagenfurt 1993; (mit S. Payr) Speaking Minds. Interviews with Twenty Eminent Cognitive Scientists, Princeton 1995.

Nikola Susanne Bock
Geboren 1963 in Köln, Studium der Geschichtswissenschaft und Germanistik in Bochum und Hamburg sowie der Sozial- und Kulturanthropologie an der Universität Padua; assoziiertes Mitglied der European Association of Social Anthropologists (EASA). Regieassistenz und Aufnahmeleitung bei verschiedenen Filmproduktionen, u.a.: Buch und Regie: Abschied von Babylon, eine 60minütige Dokumentation zum Thema Leben mit Schizophrenie und Psychose (1994); Buch und Regie: Tanz mit der Welt, ein 75minütiger Dokumentarfilm über den Zauberer, Physiker und Kybernetiker Heinz von Foerster (1996). Seit 1995 ständige Produktionsassistenz bei Relevant Film Hamburg. Publikationen (u.a.): Pazifismus zwischen Anpassung und freier Ordnung. Eine Biographie des holländischen Pazifisten Bart de Ligt (1883–1938); „Historical Anthropology and the History of Anthropology in Germany", in: Fieldwork and Footnotes. Studies in the History of European Anthropology, Routledge, London-New York.

Christiane Floyd
Christiane Floyd, Dr. phil., Studium der Mathematik an der Universität Wien. Professorin für Softwaretechnik an der Technischen Universität Berlin (bis 1991), seither an der Universität Hamburg. Forschungen auf den Gebieten Softwareentwicklungsmethoden, menschengerechte Gestaltung von computergestützten Systemen, philosophische Grundlagen der Informatik. Publikationen (u.a.): „Outline of a Paradigm Change in Software Engineering", in: G. Bjerknes, P. Ehn, M. Kyng (Hg.): Computers and Democracy. A Scandinavian Challenge, Dower Publishing Company, Aldershot, Hampshire 1987; C. Floyd, H. Züllighoven, R. Budde, R. Keil-Slawik (Hg.), Software Development and Reality Construction, Springer, Berlin, Heidelberg, New York, Paris, Tokyo, Hong Kong, Barcelona, Bu-

dapest 1992; „Soft-ware-Engineering und dann?", in: Informatik Spektrum, Band 17, Heft 1, Springer, Berlin-Heidelberg-Tokio 1994, S. 29–37. Mit Dittrich, Y., Jayaratna, N., Kensing, F., Klischewski, R. (ed.), Social Thinking – Software Practice. Approaches Relating Software Development, Work, and Organizational Change, Wadern: IFIB, 2000; Software Development Process: Some Reflections on ist Cultural, Political and Ethical Aspects from a Constructivist Epistemology Point of View, In: Cybernetics & Human Knowing – A Journal of second-order cybernetics autopoiesis and cyber-semiotics, Volume 6, No. 2, 1999. S. 5-18., 1999.

Ernst von Glasersfeld
1917 als Österreicher in München geboren, in Südtirol und der Schweiz aufgewachsen, drei Semester lang Studium der Mathematik in Zürich und Wien, den 2. Weltkrieg als Farmer in Irland überlebt. 1949-62 Journalist und Mitarbeiter in Ceccatos Scuola Operative Italiana in Italien. 1962-70 Leiter eines von der U.S. Air Force finanzierten Forschungsprojekts in maschineller Sprachanalyse. 1970-87 Professor für kognitive Psychologie, University of Georgia, USA. Zur Zeit Mitarbeiter am Scientific Reasoning Research Institute, University of Massachusetts, Amherst, USA. Hauptinteressen: Genetische Epistemologie, Kybernetik, Didaktik der Wissenschaft und Mathematik. Publikationen (u.a.): Radikaler Konstruktivismus: Ideen, Ergebnisse, Probleme, Frankfurt am Main, 1996; Grenzen des Begreifens, Bern 1996; Wege des Wissens, Heidelberg 1997.

Gerhard Grössing
Geboren 1957 in Wien, Physik-Studium und Forschungsarbeiten in den USA und Österreich; seit 1990 Leiter des Austrian Institute for Nonlinear Studies (AINS); zahlreiche Fachpublikationen (Quantentheorie, Zelluläre Automaten, komplexe biologische Systeme) und interdisziplinäre Arbeiten (Psychologie, Wissenschaftstheorie, Literatur). Publikationen (u.a.): Das Unbewußte in der Physik (1993); Die Information des Subjekts (1997); „An Experiment to Decide between the Causal and the Copenhagen Interpretations of Quantum Mechanics", in: Annals of the New York Academy of Sciences 755 (1995), S. 438-444; „Fractal Evolution in Deterministic and Random Models" (gemeinsam mit S. Fussy und H. Schwabl), in: International Journal of Bifurcation and Chaos 6, 11

(1996), S. 1977-1995; „A Simple Model for the Evolution" (gemeinsam mit S. Fussy und H. Schwabl), in: Journal of Biological Systems 5 (1997). Quantum Cybernetics: Toward a Unification of Relativity and Quantum Theory via Circularly Causal Modeling, New York: Springer 2000.

Karin Knorr Cetina

Karin Knorr Cetina ist Professorin für Soziologie an der Universität Bielefeld und war Mitglied des Institute for Advanced Study, Princeton. Publikationen (u.a.): The Manufacture of Knowledge (1981), Advances in Social Theory and Methodology (Hg. mit Aaron Cicourel, 1982), Science Observed (Hg. mit Michael Mulkay, 1983), Epistemic Cultures, Harvard University Press 1999.

Albert Müller

Geboren 1959 in Linz, Dr. phil., Studium der Geschichte und Germanistik an der Universität Graz, seit 1984 am Ludwig-Boltzmann-Institut für Historische Sozialwissenschaft, Salzburg und Wien, seit 1998 am Institut für Zeitgeschichte der Universität Wien, Lektor an den Universitäten Salzburg und Wien (Sozialgeschichte und Wissenschaftstheorie), Publikationen zu Problemen der Sozialgeschichte und der Methoden der Geschichtswissenschaften, Mitherausgeber der Studien zur Historischen Sozialwissenschaft (Frankfurt am Main-New York: Campus-Verlag), Mitherausgeber der Österreichischen Zeitschrift für Geschichtswissenschaften (Wien: turia+kant). Betreut den Bestand Heinz von Foerster-Archiv am Institut für Zeitgeschichte der Universität Wien. Mit K.H. Müller Herausgeber von: Heinz von Foerster, Der Anfang von Himmel und Erde hat keinen Namen. Eine Selbst-Erschaffung in 7 Tagen, 2. Aufl., Wien 1999.

Karl H. Müller

Nach einem Studium der Philosophie, der Geschichte und der Nationalökonomie an den Universitäten Graz, Pittsburgh, dem Institut für Höhere Studien in Wien sowie dem Bologna Center zunächst Mitglied der Abteilung Soziologie am Institut für höhere Studien (IHS), seit 1997 Leiter der Abteilung Politikwissenschaft und Soziologie am IHS. Zahlreiche Publikationen und Forschungsprojekte im Bereich von komplexen Modellbildungen und der Strukturierung und der Analyse von Wissens- und Informationsgesellschaften. Publikationen (u.a.): „Elementare Gründe und Grundelemente für eine konstruktivistische Handlungstheorie", in: P. Watzlawick, H.P. Krieg (Hg.), Das Auge des Betrachters. Beiträge zum Konstruktivismus. Festschrift für Heinz von Foerster. München: Piper 1991. Mit A. Müller Herausgeber von: Heinz von Foerster, Der Anfang von Himmel und Erde hat keinen Namen. Eine Selbst-Erschaffung in 7 Tagen, 2. Aufl., Wien 1999.

Sabine Payr

Linguistin und freiberufliche Wissenschaftlerin, seit 1987 im Bereich Software und Telematik in der Bildung. Mitarbeit an zahlreichen Forschungsprojekten, zuletzt Organisation des European Academic Software Award (Klagenfurt 1996). Lektorin an den Universitäten Klagenfurt und Innsbruck (Computergraphik; Didaktik, Design und Bewertung interaktiver Medien). Derzeit Konsulentin des österreichischen Wissenschaftsministeriums im Bereich europäische Forschungsnetzwerke. Publikationen (u.a.): Lernen mit Software (mit Peter Baumgartner), Innsbruck 1994; Speaking Minds. Interviews with Twenty Eminent Cognitive Scientists (Hg. mit Peter Baumgartner), Princeton 1995.

Alexander Riegler

1991 Graduierung als Diplomingenieur in Artificial Intelligence und Cognitive Science an der Technischen Universität Wien; 1993-1996 Forschungsassistent am Institut für Zoologie der Universität Wien, betraut mit dem Projekt „On Sensorimotor Beings", das sich mit der Evolution system-interner Repräsentation in künstlichen Agenten beschäftigt; 1995 Dissertation zu Constructivist Artificial Life; 1995 Gründung der Austrian Society for Cognitive Science; seit 1996 Postdoc an der Universität Zürich mit dem Schwerpunkt auf kognitiver Robotik. Publikationen (u.a.): Does Representation Need Reality?, mit M. Peschl (Hg.), 1997, im Druck; „CALM eine konstruktivistische Kognitionsarchitektur für Artificial Life", in: Dautenhahn, K. et al. (Hg.), Proceedings des Workshops Artificial Life at GMD, Sankt Augustin, Germany, Oktober. 12-13, 1995, GMD-Studien Nr. 271, S. 71-80; „Fuzzy Interval Stack Schemata for Sensorimotor Beings", in: Gaussier, P. & Nicaud, J.-D. (Hg.), Proceedings of the From Perception to Action Conference (perAc94), Los Alamitos, IEEE Computer Society Press, 1994, S. 392-395.

Gebhard Rusch

1954 in Magdeburg geboren. Studium der Linguistik, Literaturwissenschaft, Geschichte und Philosophie in Bielefeld und Siegen, Promotion 1985, Mitherausgeber der Zeitschrift (neuerdings Jahrbuch) DELFIN (Frankfurt am Main: Suhrkamp); Mitherausgeber des Siegener Periodikums für Internationale Empirische Literaturwissenschaft. Seit 1991 Akademischer Rat am Institut für Empirische Literatur- und Medienforschung der Universität Siegen. Publikationen (u.a.): Erkenntnis, Wissenschaft, Geschichte. Von einem konstruktivistischen Standpunkt, Frankfurt am Main, Suhrkamp Verlag, 1987; „Verstehen verstehen. Ein Versuch aus konstruktivistischer Sicht", in: N. Luhmann & K. E. Schorr (Hg.), Zwischen Intransparenz und Verstehen, Suhrkamp Verlag, Frankfurt am Main 1986; „Zur Genese kognitiver Fernsehnutzungs-Schemata. Entwicklung und Struktur von Gattungsschemata im Vorschulalter", LUMIS-Schriften Bd. 43, Siegen 1995.

Siegfried J. Schmidt

Studium der Philosophie, Germanistik, Linguistik, Geschichte und Kunstgeschichte in Freiburg, Göttingen und Münster. Promotion 1966 über den Zusammenhang zwischen Sprache und Denken von Locke bis Wittgenstein. 1965 Assistent am Philosophischen Seminar der TH Karlsruhe, 1968 Habilitation für Philosophie, 1971 Professor für Texttheorie an der Universität Bielefeld, 1973 dort Professor für Theorie der Literatur. Seit 1979 Professor für Germanistik/Allgemeine Literaturwissenschaft an der Universität-GH Siegen und seit 1984 Direktor des Instituts für Empirische Literatur- und Medienforschung (LUMIS) der Universität Siegen, nun Profesoor in Münster. Forschungsschwerpunkte: Erkenntnis- und Wissenschaftstheorie, Linguistik, Empirische Literatur- und Medienwissenschaft. Publikationen (u.a.): Kognitive Autonomie und soziale Orientierung, Frankfurt am Main 1994; Die Welten der Medien. Grundlagen und Perspektiven der Medienbeobachtung, Braunschweig-Wiesbaden 1996; Die Kommerzialisierung der Kommunikation. Fernsehwerbung und sozialer Wandel 1956-1988 (mit B. Spieß), Frankfurt am Main 1996.

Friedrich Stadler

Geb. 1951 in Zeltweg, Dozent für Wissenschaftsgeschichte und Wissenschaftstheorie und Permanent Fellow am Zentrum für Internationale und Interdisziplinäre Studien (ZIIS) der Universität Wien; Begründer und wissenschaftlicher Leiter des Instituts ‚Wiener Kreis'; Mitarbeiter des Ludwig-Boltzmann-Instituts für Geschichte und Gesellschaft in Wien; Forschungen und zahlreiche Publikationen zur Kultur- und Geistesgeschichte des 19. und 20. Jahrhunderts mit den Schwerpunkten österreichische Philosophie und Wissenschaft bzw. Emigration/Exil. Publikationen (u.a.): Vom Positivismus zur „Wissenschaftlichen Weltauffassung". Am Beispiel der Wirkungsgeschichte von Ernst Mach in Österreich von 1895 bis 1934, Wien-München, Löcker; (Hg.), Vertriebene Vernunft I und II, Wien-München, Jugend und Volk, 1987, 1988; (Hg. mit Peter Weibel) The Cultural Exodus from Austria, Wien-New York, Springer, 1995; Studien zum Wiener Kreis. Ursprung, Entwicklung und Wirkung des Logischen Empirismus im Kontext, Frankfurt am Main, Suhrkamp 1997 (eine englische Ausgabe erscheint 2001 bei Springer).

Peter Weibel

Geb. 1945 in Odessa, zwischen 1979 und 1996 tätig als: Gastprof. für Medienkunst an der Gesamthochschule Kassel; Gastprof. am College of Art and Design, Halifax, Canada; Prof. für Gestaltungslehre und bildnerische Erziehung an der Hochschule f. angew. Kunst in Wien; Prof. für Fotografie an der Gesamthochschule Kassel; Prof. für visuelle Mediengestaltung an der Hochschule f. angew. Kunst in Wien; Assoc. Prof. for Video and Digital Arts, State University of New York at Buffalo; Direktor des Städelschule-Instituts für Neue Medien in Frankfurt; Kurator der Neuen Galerie am Landesmuseum Joanneum Graz; Kommissär des Österr. Pavillons der Biennale von Venedig. Publikationen (u.a.): (Hg. mit Edith Decker), Vom Verschwinden der Ferne. Telekommunikation und Kunst, Köln, DuMont 1990; (Hg. mit Friedrich Stadler), Vertreibung der Vernunft. The Cultural Exodus from Austria, Wien-New York, Springer, 1995; (mit Werner DePauli-Schimanovich), Kurt Gödel. Ein mathematischer Mythos, Wien, Hölder-Pichler-Tempsky, 1997.

SpringerPhilosophie

Friedrich Stadler

The Vienna Circle –
Studies in the Origins, Development,
and Influence of Logical Empiricism

Übersetzung der deutschen Ausgabe ins Englische von Camilla Nielsen et al.

2000. Etwa 900 Seiten. Etwa 47 Abbildungen.

Format: 15 x 21 cm. Text: englisch

Gebunden DM 140,–, öS 980,– (unverbindliche Preisempfehlung)

ISBN 3-211-83243-2

Veröffentlichungen des Instituts Wiener Kreis, Sonderband

Das Werk bietet im ersten Teil eine umfassende wissenschaftshistorische und systematische Untersuchung des Wiener Kreises bis zu seiner Auflösung und Vertreibung vor dem Zweiten Weltkrieg. Mit Bezug auf bisher nicht veröffentlichte Archivmaterialien und die neuere Forschungsliteratur werden zahlreiche Klischeevorstellungen über den „Positivismus" ad absurdum geführt.
Ein dokumentarischer zweiter Teil bietet erstmals eine biobibliographische Gesamtschau zum Kern und zur Peripherie des Wiener Kreises – u. a. mit Kurzbiographien, Schriftenverzeichnis und neuester Forschungsliteratur.

Diese erste englischsprachige, vergleichende, historische Arbeit zum berühmten „Wiener Kreis" präsentiert den Zirkel um Moritz Schlick und die verwandten Kreise (um Karl Menger, Otto Neurath, Ludwig Wittgenstein, Heinrich Gomperz und Karl Popper) im intellektuellen Umfeld und in seinem kulturellen Kontext.

 SpringerWienNewYork

A-1201 Wien, Sachsenplatz 4–6, P.O. Box 89, Fax +43.1.330 24 26, e-mail: books@springer.at, Internet: www.springer.at
Birkhäuser, D-69126 Heidelberg, Haberstraße 7, Fax: +49.6221.345-229, e-mail: orders@springer.de
Birkhäuser, CH-4010 Basel, P.O. Box 133, Fax +41.61.2050-155, e-mail: orders@birkhauser.ch
Chronicle Books, USA, San Francisco, CA 94105, 85 Second Street, Fax +1.800.858-7787, e-mail: sales@papress.com

SpringerPhilosophie

Friedrich Stadler (Hrsg.)

Elemente moderner Wissenschaftstheorie

Zur Interaktion von Philosophie,
Geschichte und Theorie der Wissenschaften

2000. XXVI, 220 Seiten. 16 Abbildungen.

Broschiert DM 64,–, öS 448,–

ISBN 3-211-83315-3

Veröffentlichungen des Instituts Wiener Kreis, Band 8

Im Spannungsdreieck von Philosophie, Natur- und Geisteswissenschaften ist die heutige Wissenschaftstheorie gefordert, die Früchte eines metatheoretischen und methodologischen Denkens zu präsentieren. Jenseits der künstlichen Trennungen zwischen Geschichte, Theorie und Soziologie der Wissenschaften zeigt dieser Band einen indirekten Dialog zwischen den Naturwissenschaften, der Mathematik und Psychologie zusammen mit problemgeschichtlichen Fallstudien.

Die renommierten Autoren liefern dementsprechend die aktuellsten Ergebnisse ihrer Forschung in der Physik (Problem des Reduktionismus), Biologie (Evolution), Mathematik (Grundlagendebatte), Psychologie (Leib-Seele-Problem) bis hin zur interdisziplinären „Kunstforschung als exakte Wissenschaft". Damit werden sowohl die aktuellsten Ergebnisse der Einzelwissenschaften und der Wissenschaftstheorie im Problemzusammenhang von Begründung und Grundlegung vorgestellt, sowie der Kontext zur zeitgenössischen Wissenschaftstheorie und Wissenschaftsgeschichte hergestellt.

 SpringerWienNewYork

A-1201 Wien, Sachsenplatz 4–6, P.O. Box 89, Fax +43.1.330 24 26, e-mail: books@springer.at, Internet: www.springer.at
Birkhäuser, D-69126 Heidelberg, Haberstraße 7, Fax: +49.6221.345-229, e-mail: orders@springer.de
Birkhäuser, CH-4010 Basel, P.O. Box 133, Fax +41.61.2050-155, e-mail: orders@birkhauser.ch
Chronicle Books, USA, San Francisco, CA 94105, 85 Second Street, Fax +1.800.858-7787, e-mail: sales@papress.com

SpringerPhilosophie

Thomas Uebel

Vernunftkritik und Wissenschaft: Otto Neurath und der erste Wiener Kreis

2000. XXI, 432 Seiten.
Broschiert DM 98,–, öS 686,–
ISBN 3-211-83255-6
Veröffentlichungen des Instituts Wiener Kreis, Band 9

Im Rahmen der neueren Philosophie- und Wissenschaftsgeschichte wird in diesem Buch ein oft vernachlässigter wichtiger Aspekt der Vorgeschichte des Wiener Kreises rekonstruiert. Der Autor kontextualisiert die frühen fachwissenschaftlichen Arbeiten der Kerngruppe von Hahn, Frank und Neurath aus der Vorkriegszeit und entwickelt ihre Verbindung zur philosophischen Dimension der Wiener Moderne.

Hiervon ausgehend werden verschiedene Thesen des Wiener Kreises in ihrer spezifischen Weiterentwicklung analysiert und als reintegrierbar in den philosophischen Diskurs der Moderne erwiesen. Neuraths Bild des Wissens, das uns den Seefahrern gleichsetzte, die ihr Schiff auf offener See reparieren müssen, ist als ein Beitrag zum Projekt der Selbstvergewisserung der Vernunft jenseits traditioneller Bindungen zu verstehen.

 SpringerWienNewYork

A-1201 Wien, Sachsenplatz 4–6, P.O. Box 89, Fax +43.1.330 24 26, e-mail: books@springer.at, Internet: www.springer.at
Birkhäuser, D-69126 Heidelberg, Haberstraße 7, Fax: +49.6221.345-229, e-mail: orders@springer.de
Birkhäuser, CH-4010 Basel, P.O. Box 133, Fax +41.61.2050-155, e-mail: orders@birkhauser.ch
Chronicle Books, USA, San Francisco, CA 94105, 85 Second Street, Fax +1.800.858-7787, e-mail: sales@papress.com

Springer-Verlag
und Umwelt